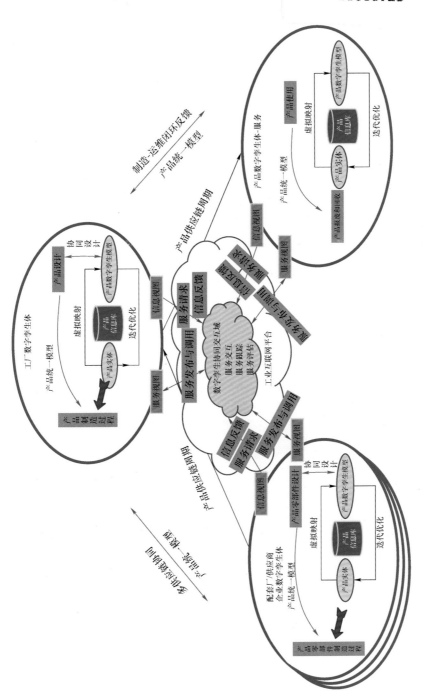

图 3-9 基于产品统一模型的供应链数字孪生系统结构

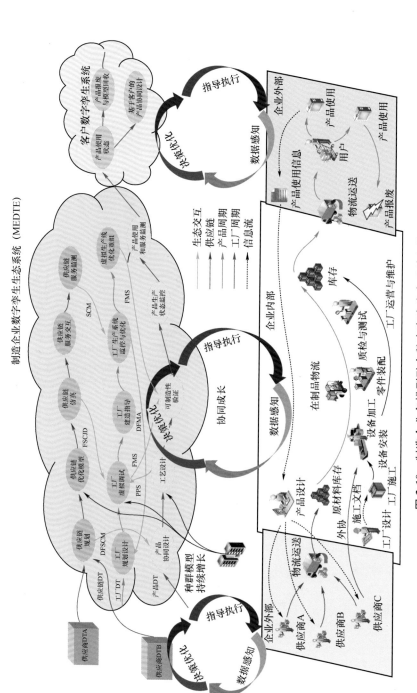

图 3-10 制造企业多模型融合数字孪生生态系统架构

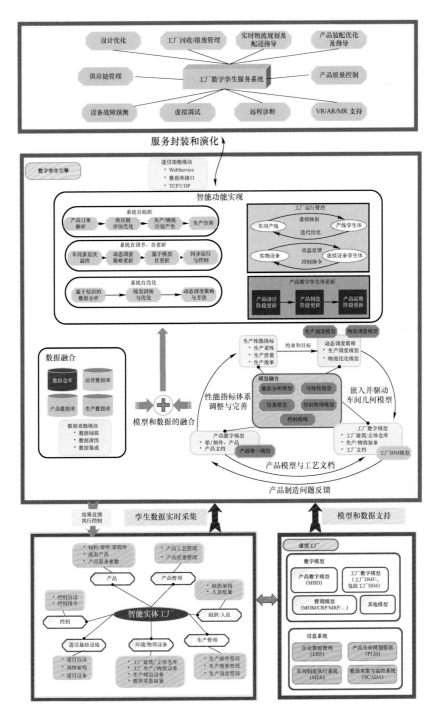

图 4-12 工厂数字孪生系统总体架构

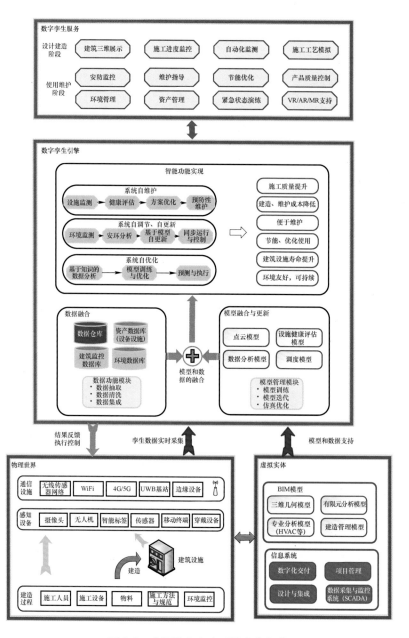

图 5-1　建筑数字孪生系统参考架构

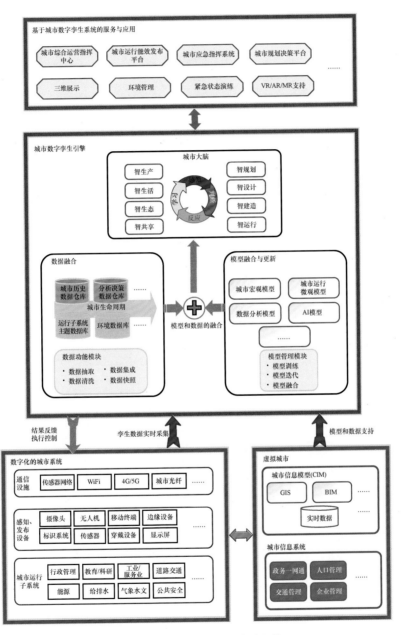

图 5-2　城市数字孪生系统的架构

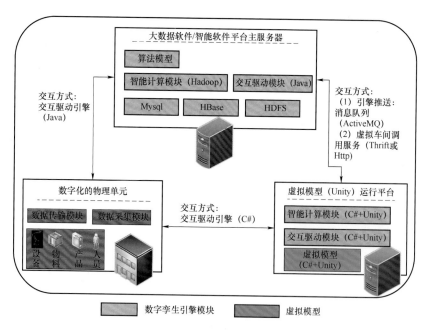

图 7-36　数字孪生部署方案

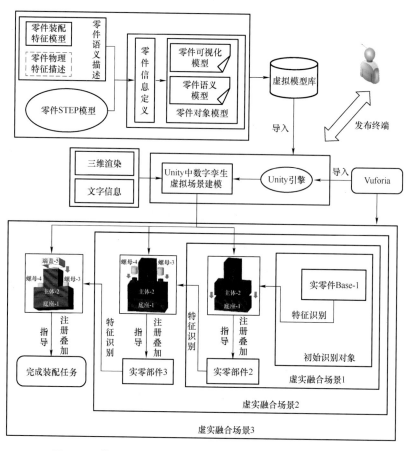

图 7-57　基于 AR 的零件装配可视化指导功能案例设计结构

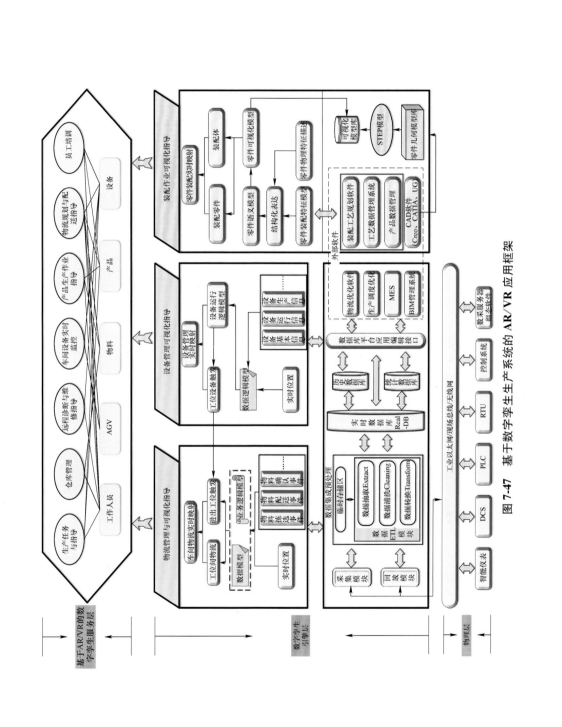

图 7-47 基于数字孪生生产系统的 AR/VR 应用框架

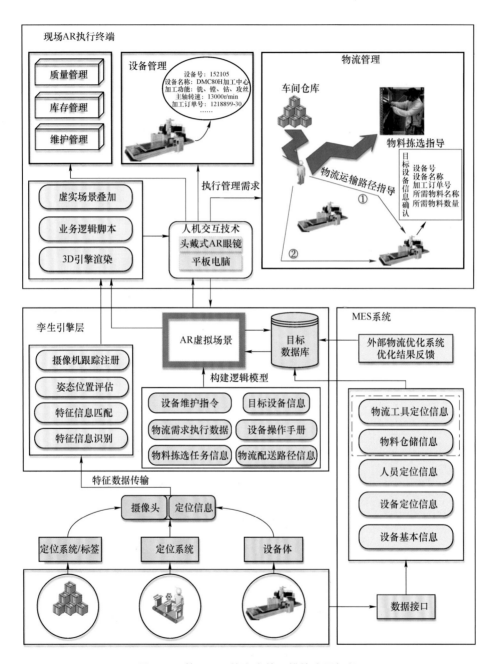

图 7-48　基于 **AR** 的生产管理模块应用框架

"十四五"时期国家重点出版物出版专项规划项目

新基建核心技术与融合应用丛书

工业控制与智能制造丛书

数字孪生技术与工程实践

——模型＋数据驱动的智能系统

陆剑峰　张　浩　赵荣泳　著

机械工业出版社

本书作者多年来从事复杂生产系统建模、数字化工厂技术的推广应用以及数字孪生技术的研究，有着丰富的技术积累和实战经验。本书在分析数字孪生基本概念的基础上，以智能制造和智能建造为基本切入点，阐述了模型驱动方法和数据驱动智能的融合技术，为数字孪生的构建、设计和实现提供了技术指引。同时，结合典型软件平台，给出了数字孪生系统的典型开发方法和具体实施案例，为国内外企业实施数字孪生系统提供有益的参考。

本书可供生产制造企业数字化转型实施人员，从事智能制造、智能建造、智慧城市、自动化、人工智能领域的工程技术人员，以及对数字孪生、工业物联网、工业 4.0、智能制造、数字化工厂等感兴趣的各界人士阅读参考，也可以作为智能制造、人工智能、智能建造相关专业高年级本科生和研究生的教材。

图书在版编目（CIP）数据

数字孪生技术与工程实践：模型+数据驱动的智能系统/陆剑峰，张浩，赵荣泳著 . —北京：机械工业出版社，2022.1（2024.5 重印）
（工业控制与智能制造丛书）
ISBN 978-7-111-69592-9

Ⅰ.①数… Ⅱ.①陆… ②张… ③赵… Ⅲ.①数字技术-应用-生产自动化 Ⅳ.①TP273

中国版本图书馆 CIP 数据核字（2021）第 233150 号

机械工业出版社（北京市百万庄大街 22 号　邮政编码 100037）
策划编辑：付承桂　　　　　　责任编辑：付承桂　阎洪庆
责任校对：张　征　王明欣　封面设计：鞠　杨
责任印制：单爱军
河北京平诚乾印刷有限公司印刷
2024 年 5 月第 1 版第 5 次印刷
170mm×230mm · 21.5 印张 · 4 插页 · 325 千字
标准书号：ISBN 978-7-111-69592-9
定价：89.00 元

前 言
PREFACE

2013 年夏，在一个和上汽大众（彼时还是"上海大众"）的技术人员探讨数字化工厂应用发展的内部会议上，第一次听到了西门子提出的"数字化双胞胎"的概念。德国大众对数字化工厂规划技术的应用十分重视，在 2009 年前后就提出所有新车型在被真正制造前需要在数字化工厂中经过验证。数字化工厂通过构建虚拟生产线，对产品进行可制造性分析，并且对工厂规划方案进行验证。数字化工厂技术广泛应用后，工厂数字模型如何继续利用好并且发挥更大的作用，一个思路就是"数字化双胞胎"，现在更广泛的叫法是"数字孪生"。

以"数字孪生"为名在国内公开发表的第一个成果是在 2014 年。而在 2016 年年底，世界著名咨询公司 Gartner 将数字孪生列入 2017 年十大战略性科技之一，数字孪生的概念开始在学术界、工业界得到重视并加以应用。

产品孪生的概念，最早于 20 世纪 60 年代由美国国家航空航天局（NASA）提出，当时的概念是发射到太空中的飞行器，地面需要有一个"物理孪生"，以便模拟各类指令的操作，保障太空飞行器各类动作的正确性和安全性。这个思想沿用至今。2021 年 4 月 29 日，我国发射的天和核心舱，在地面上有一模一样的装备同步运行，它被形象地称作"地面空间站"，地面工作站通过接收在轨的遥测数据，可以设置成与天上一样的飞行状态，来验证整个飞行程序和操作指令。

当这个产品孪生在数字空间存在时，就是"数字孪生"。数字孪生以模型和数据为基础，通过多学科耦合仿真等方法，完成现实世界中的物理实体到虚拟世界中的镜像数字化模型的精准映射，并充分利用两者的双向交互反馈、迭代运行，以达到物理实体状态在数字空间的同步呈现，通过镜像化数字化模型

的诊断、分析和预测，进而优化实体对象在其全生命周期中的决策、控制行为，最终实现实体与数字模型的共享智慧与协同发展。

数据和模型，是数字孪生系统的两个基本面。数据代表了物理实体，是从物理实体运行过程采集而来，代表实际；模型代表虚拟，是从数字模型分析、仿真而来，虚实融合就是模型和数据的融合。基于数字孪生的智能化应用，可以从模型和数据相结合的优化来考虑。传统的基于模型的或者基于知识的优化，在面向复杂大系统或者巨系统的情况时，可能会遇到效率不高、难以实现等问题；而单纯基于数据的优化，在工业、建筑业等已经拥有大量机理模型和物理、化学等演变规律知识的学科与行业中，往往事倍功半，容易在数据中迷失方向。数字孪生的优势，在于基于模型和知识，结合实际系统中采集的数据，融合后进行优化，充分发挥模型和数据各自的优势。人工智能先驱，图灵奖获得者 Judea Pearl 指出，基于统计的、无模型的机器学习方法存在严重的理论局限，难以用于推理和回溯，难以作为强人工智能的基础。实现类人智能和强人工智能需要在机器学习系统中加入"实际模型的导引"。因此，脱离机理模型的大数据分析不适合复杂工业环境，需要两者结合，才能实现有效的应用。

从孪生对象的组成来说，数字孪生的应用可以分成产品数字孪生和系统数字孪生。

产品是生产活动的结果，是满足特定需求的物品或服务。产品数字孪生，就是在信息空间构建了产品的数字孪生体，对于物理产品，一般包括产品的三维几何模型及其相关的机理模型和数据模型；对于服务产品，一般包括活动过程模型及其相关的机理模型和数据模型。

系统是由相互作用、相互依赖的若干组成部分结合而成的，具有特定功能和一定结构的有机整体。一个系统可能是更大系统的组成部分。一个柔性加工单元、一条流水线、一个车间、一个工厂、一座城市都是一个系统，但是系统的复杂程度不一。

对于制造行业来说，产品数字孪生和生产系统数字孪生是既有区别又密切相关的两类数字孪生。产品是生产系统的生产对象和生产结果，生产系统的优化运行可以影响到产品的质量和成本；同时，产品的设计需求又会对生产系统提出新的要求，促进生产系统的不断演化。因此，整个制造相关的不同数字孪生系统构成了一个制造数字孪生生态。

从产品到工厂，由于对象复杂程度不同，涉及的要素不同，其数字孪生系统的组成、实施方案、实施难度也不同。相比工厂数字孪生系统和建筑数字孪生系统，更加复杂的是城市数字孪生系统。城市运行系统是一个典型的复杂巨系统，其数字孪生系统的构建，不同于产品数字孪生系统和工厂数字孪生系统，需要更加注重数据和模型基础库的建设，通过不断丰富数字孪生服务功能，满足多领域、多业务场景的应用需求。

数字孪生常常与智能制造、人工智能、虚拟现实/增强现实、工业互联网、云计算和大数据等热点技术名词联系在一起，而其中一个最为接近的名词是信息物理系统（Cyber-Physical System，CPS）。数字孪生为实现 CPS 的融合提供了有效途径和方法，实现 CPS 的融合是数字孪生的目标与核心挑战之一。而 CPS 理念也为数字孪生的建设提供了指导，不同的 CPS 单元、CPS 系统也为数字孪生系统的实现提供了基础。

近几年，数字孪生正从概念阶段走向实际应用阶段，驱动制造业、建造业等实体产业进入数字化和智能化时代。随着企业数字化转型需求的提升以及政策的持续支持，数字孪生将会出现更深入的应用场景，为实体经济发展带来新的动力。

数字孪生是一个"系统"技术，也就是说，要实现的数字孪生系统是一个系统工程，包括多方面技术的综合。这也导致了不同的技术专家、不同的公司对数字孪生的理解和解读不同。数字孪生是什么？ 它是如何产生和发展的？数字孪生能解决什么问题？ 数字孪生如何构建？ 本书用 7 章内容来进行说明。第 1 章介绍数字孪生的发展背景；第 2 章介绍数字孪生的相关技术，以及一个通用的数字孪生实现框架；第 3 章介绍智能制造领域的数字孪生生态，分析了组成数字孪生生态的产品数字孪生、生产系统数字孪生和供应链数字孪生之间的关系；第 4 章介绍生产系统数字孪生，也就是数字孪生工厂的实现方法；第 5 章介绍智能建造以及智慧城市的数字孪生应用；第 6 章介绍基于数字

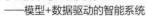

孪生系统的典型智能化方法，作为数字孪生系统的智能化应用参考；第 7 章以 Unity 平台为例，介绍生产系统数字孪生系统的具体开发方法和应用案例。

本书介绍了数字孪生的基本组成、应用框架以及典型开发方法，可以为相关领域的技术人员在实际工作中提供参考，也可以作为智能制造、人工智能、智能建造相关专业高年级本科生和研究生的教材。

本书撰写工作由同济大学 CIMS 研究中心的陆剑峰副教授、张浩教授、赵荣泳副教授合作完成。另外，同济大学电子与信息工程学院的博士研究生夏路遥、韩调娟和硕士研究生李兆佳、徐梦霞等，以及企业数字化技术教育部工程研究中心的孙久文工程师，都为本书的成稿做出了贡献。

本书的出版得到依托同济大学的企业数字化技术教育部工程研究中心的资助。本书部分研究工作得到国家自然科学基金重大项目"互联网与大数据环境下面向高端装备制造的智能工厂运营优化"（项目编号：71690230/71690234）、政府间国际科技创新合作重点专项"基于 3D 实时位置信息的智能工厂物流优化与碰撞规避技术研究"（项目编号：2017YFE0100900）支持。部分方法也来自国家自然科学基金"含双向充电桩的新能源微电网运行机制建模及优化策略"（项目编号：71871160）、工业和信息化部工业互联网专项、上海市经济和信息化委员会人工智能创新发展专项等项目的研究成果。本书在出版过程中得到机械工业出版社付承桂编辑的大力帮助，在此表示感谢。

数字孪生的实施和应用是一个包括多学科、多领域技术集成的系统工程，不同技术人员会有不同的方法与解决方案；数字孪生所依托的信息技术和人工智能技术也在不断发展，因此其相关概念也在不断发展中。由于作者水平有限，难免存在不足、片面甚至错误之处，恳请广大读者给予批评指正。

作　者

目　录
CONTENTS

第3章

面向智能制造的数字孪生生态

第4章

数字化工厂和数字孪生工厂

第1章
数字孪生的发展

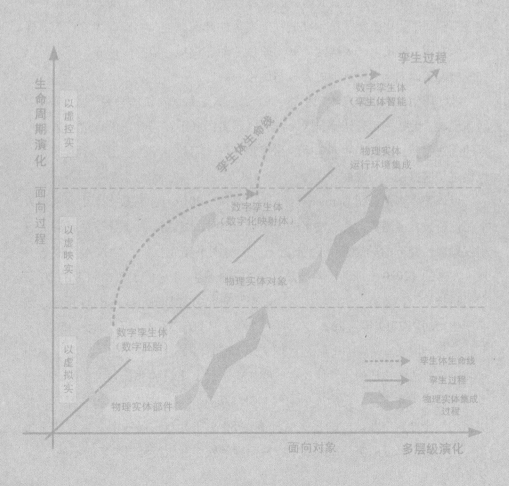

当前，世界处于百年未有之大变局，数字化转型是我国经济社会未来发展的必由之路。数字化经济发展是全球经济发展的重中之重，"数字孪生（Digital Twin）"这一词汇正在成为学术界和产业界的一个热点。数字孪生作为近年来的新兴技术，其与国民经济各产业融合不断深化，有力推动着各产业数字化、网络化、智能化发展进程，成为我国经济社会发展变革的强大动力。其思想是在虚拟空间中运用数字化技术完成物理实体的几何属性、物理规律、行为、规则等全方面、多尺度、多维度、多物理量的动态模拟、监控、诊断、预测，以完成物理实体的全生命周期的管控与优化。

数字孪生常常与信息物理系统（CPS）、人工智能、机器学习、虚拟现实/增强现实、大数据和云计算、区块链等热点名词联系在一起，正是这些热点技术的高速发展，推动了数字孪生的出现和发展，而数字孪生应用的不断深入，也促进了这些技术的发展。

世界著名咨询公司 Gartner 连续三年（2017～2019 年）将数字孪生列入十大战略性科技发展趋势，德勤发布的《德勤 2020 技术趋势》中数字孪生是五大可引发颠覆性变革的关键新兴趋势之一，上海图书馆（上海科学技术情报研究所）发布的《2020 全球前沿科技热点研究》报告中评选出了 7 个领域的 20 项前沿科技热点，数字孪生也罗列其中。市场研究公司 Markets&Markets 预测，数字孪生市场从 2019 年到 2025 年将增长十倍，从每年 38 亿美元增长到 358 亿美元，年复合增长率（CAGR）高达 37.8%，汽车和交通运输行业的数字孪生市场将占据最大的市场份额。此外在航空航天领域，飞机的非计划维护活动会给乘客带来压力和不便。美国通用电气（GE）发布的《未来工作》报告显示，此类活动给全球航空业造成的损失估计高达 80 亿美元。采用数字孪生有助于预测停运，可以降低航空公司的成本，从而缓解航空业旅行延误带来的不便。

数字技术的发展，使万物皆可"数字化"与"孪生化"，在未来的世界中，数字孪生技术将应用在我们生活的方方面面。全球知名的未来学家 Thomas Frey 预测，到 2022 年，85% 的物联网平台将使用某种数字孪生技术进行监控，并且在智能家居管理、工业设备监控、远程操控、智慧城市管理、现实世界探索、健康监测与管理、大脑活动的监控与管理等七个方面极大改变现有的工作和生活方式。

围绕数字孪生的学术论文、书籍以及各类讲座层出不穷，百花争艳，不同的人、不同的公司对数字孪生的解读也各不相同。数字孪生是什么？ 它是如何产生和发展的？ 数字孪生能解决什么问题？ 数字孪生如何构建？ 这些问题将在本书中给大家逐步解答。

1.1 物理孪生和数字孪生

北京时间 2021 年 4 月 29 日 11 时 23 分，长征五号 B 遥二运载火箭搭载着空间站天和核心舱从海南文昌航天发射场一飞冲天，正式拉开我国空间站在轨建造序幕。北京时间 2021 年 6 月 17 日 15 时 54 分，神舟十二号载人飞船采用自主快速交会对接模式成功对接于天和核心舱前向端口，与此前已对接的天舟二号货运飞船一起构成三舱（船）组合体，整个交会对接过程历时约 6.5 小时。这是天和核心舱发射入轨后，首次与载人飞船进行的交会对接。按任务实施计划，3 名航天员随后从神舟十二号载人飞船进入天和核心舱，中国人第一次进入了自己的空间站！

在中国航天科技集团空间技术研究院的实验室，一台与太空中运行的天和核心舱一模一样的装备也正在运行中，它被形象地称作"地面空间站"。这是地面的 1∶1 的物理在轨运营支持系统，主要作用是它可以接收在轨的遥测数据，可以设置成跟天上一样的飞行状态，来验证整个飞行程序。同时，如果需要对空间站进行维护调整，可以在地面空间站上进行模拟操作，各类操作步骤优化和确定后再指导太空中的航天员进行操作，以保证太空中各类动作一次成功完成。

这个地面空间站和太空中的空间站是一起设计和制造的，通过太空空间站的数据导入，让地面空间站的运行和太空空间站一致，这个地面空间站可以看作是太空空间站的"物理孪生体"。图1-1所示的在中国科学技术馆展出的1∶1实物验证件，是天和核心舱众多实物孪生体中的一个。

图1-1　天和核心舱 1∶1 实物验证件

《辞海》中对"孪生"的释义是："双生。一胎生两个婴儿。《方言》第三：'自关而东赵、魏之间，凡人兽乳而双产谓之孪生。'"两个孪生体往往是十分相似的，也称为"双胞胎"。这个概念引用到产品和系统，就是指一模一样的两个或多个产品或系统。和人的"双胞胎"不同，双胞胎一出生，就是孪生无疑，而同一个时间下线的两件一样的工业产品，还不能称为"孪生体"。因为当代的工业体系，能保证同时生产出来的产品是"一模一样"的，其性能也是基本一致的。但是如果两件产品运行环境不同、运行参数不同，其行为和寿命是不同的。只有不同的两件产品在后期运行过程中，通过数据同步，实现两件产品运行过程状态一致，才能称之为"孪生体"。物理孪生的概念在20世纪60年代就由美国国家航空航天局（NASA）提出，当时的概念就是在太空中的飞行器，地面需要构建一个物理孪生，模拟各类指令的操作，保障太空飞行器各类动作的正确性和安全性。

如果物理对象在数字空间有一个与其一致的孪生体，那就是"数字孪生"。2003年，美国密歇根大学Michael Grieves教授提出"与物理产品等价的虚拟数字化表达"概念，这可以看作是产品数字孪生的一个启蒙。2010年，NASA描述了航天器数字孪生的概念和功能。2011 年 3 月，美国空军研究实验室（Air Force Research Laboratory，AFRL）结构力学部门的 Pamela A. Kobryn 和 Eric J. Tuegel 做了一次演讲，题目是 "Condition-based Maintenance Plus Structural Integrity（CBM+SI）& the Airframe Digital Twin（基于状态的维护+结构完整性 & 战斗机机体数字孪生）"，首次明确提到了数字孪生（Digital Twin）这个词汇。2012 年，NASA 和 AFRL 合作共同提出了未来飞行器的数字孪生体范例，以应对未来飞行器高负载、轻质量以及极端环境下服役更长时间的需求[1,2]。

航天器的信息镜像模型（Information Mirroring Model），主要利用数字孪生技术对航空航天飞行器进行健康维护与保障。具体实现流程是，需要在虚拟空间中建立真实飞行器各零部件的模型，然后在物理实体飞行器上装置各类传感器，用于对飞行器各类数据的收集，通过此种方式来达到模型状态和真实状态的完全同步，如此一来，飞行器每次使用完后可以根据飞行器的实际情况和过往载荷，及时分析与评估飞行器的健康情况，是否需要保养维修，能否承受下次任务等。信息镜像模型如图 1-2 所示，它是数字孪生模型的概念模型，主要包括三个部分：现实世界的物理产品、虚拟世界的虚拟产品、连接虚拟和现实空间的数据和信息。

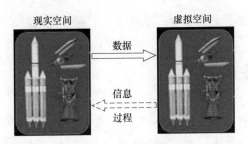

图 1-2　信息镜像模型[3]

由于当时的信息技术、硬件计算能力、智能化算法方面的局限，数字孪生概念提出初期并未引起国内外学者的广泛重视。近年来，数字孪生无论在理论还是应用层面都得到较为全面快速的发展，覆盖范围也从原先较为单一的产品设计阶段扩展到生产制造、工艺优化、使用运维、故障预测、产品健康管理等方面。其之所以能迅速发展主要得益于：

1）基于模型的定义（MBD）、基于模型的系统工程（MBSE）、基于数据驱动的全要素、精准细致的建模方式等技术使得产品全生命周期的准确表达成为可能。

2）计算机硬件平台性能的大幅提升，云计算、边缘计算、雾计算等大规模、高性能计算方式的普及，4G/5G等新一代移动通信技术快速发展，强化学习、深度学习等智能算法的广泛应用，增强现实等新型人机交互方式的出现，为海量动态数据实时采集、存储与处理，虚拟与现实世界的交互联动融合，实体对象行为的推演和决策提供了重要的技术支撑。

3）各研究机构、企业以及政府等开始意识到数字孪生技术巨大的潜在价值，参与到数字孪生技术的理论研究与工程实践中，形成了良性的研究氛围。

数字孪生以物理模型、信息世界中建立的与物理实体相对应的多维度、多尺度、多物理量、多方位、高保真度/高拟实性的数字化模型和多源异构、多维、多模态的孪生数据为基础，通过虚实两侧的双向全要素、全过程的细致、精准、忠实的映射，交互联动，协同发展，完成实体对象、系统状态的实时模拟、预测以及其决策行为的优化和管理调控。数字孪生为实现CPS深度融合提供了合理、有效的途径和方法，是观察、认知、理解、引导、控制、改造物理世界的可行手段，是数字化、智能化、服务化等先进理念的重要使能技术，因而得到了国内外学术界、工业界、金融界、政府部门的广泛关注[4-6]。

1.2 数字孪生的概念

数字孪生，也有很多学者和机构称之为数字镜像、数字映射、数字双胞胎、数字双生、数字孪生体等。数字孪生不局限于构建的数字化模型，不是物理实体的静态、单向映射，也不应该过度强调物理实体的完全复制、镜像，虚实两者也不是完全相等；数字孪生不能割离实体，也并非物理实体与虚拟模型的简单加和，两者也不一定是简单的一一对应关系，可能出现一对多、多对一、多对多等情况；数字孪生不等同于传统意义上的仿真/虚拟验证、全生命周期管理，也并非只是系统大数据的集合。2017~2019年，Gartner公司在连续三年将数字孪生列为十大新型技术的时候，对数字孪生的定义分别为：数字孪生是实物或系统的动态软件模型（2017），数字孪生是现实世界实物或系统的数字化表达（2018），数字孪生是现实生活中物体、流程或系统的数字镜像（2019）。但就目前而言，对于数字孪生没有统一共识的定义，不同的学者、企业、研究机构等对数字孪生的理解也存在着不同的认识。

Michael Grieves 教授认为，数字孪生是一组虚拟信息结构，可以从微观原子级别到宏观几何级别全面描述潜在的物理制成品。在最佳状态下，可以通过数字孪生获得任何物理制成品的信息。数字孪生有两种类型：数字孪生原型（Prototype）和数字孪生实例（Instance）。数字孪生包括三个主要部分：①实体空间中的物理产品；②虚拟空间中的虚拟产品；③将虚拟产品和物理产品联系在一起的数据和信息的连接[7]。

李培根院士认为，数字孪生是"物理生命体"的数字化描述。"物理生命体"是指"孕、育"过程（即实体的设计开发过程）和服役过程（运行、使用）中的物理实体（如产品或装备），数字孪生体是"物理生命体"在其孕育和服役过程中的数字化模型。数字孪生不能只说物理实体的镜像，而是与物理实体共生。数字孪生支撑从（产品）创新概念开始到得到真正产品的整个过程。

北京航空航天大学陶飞教授认为，数字孪生是以数字化方式创建物理实体的虚拟模型，借助数据模拟物理实体在现实环境中的行为，通过虚实交互反馈、数据融合分析、决策迭代优化等手段，为物理实体增加或扩展新的能力。作为一种充分利用模型、数据、智能并集成多学科的技术，数字孪生面向产品全生命周期过程，发挥连接物理世界和信息世界的桥梁和纽带作用，提供更加实时、高效、智能的服务。

NASA 认为，数字孪生是充分利用物理模型、传感器更新、运行历史等数据，集成多学科、多尺度、多物理量、多概率的仿真过程，从而在虚拟空间反映相对应的飞行实体的全生命周期过程。GE Digital 公司认为，数字孪生是资产和流程的软件表示，用于理解、预测和优化绩效以改善业务成果。数字孪生由三部分组成：数据模型、一组分析工具或算法，以及知识。西门子公司认为，数字孪生是物理产品或流程的虚拟表示，用于理解和预测物理对象或产品的性能特征。数字孪生用于在产品的整个生命周期，在物理原型和资产投资之前模拟、预测和优化产品和生产系统。SAP 公司认为，数字孪生是物理对象或系统的虚拟表示，但其远远不仅是一个高科技的外观。数字孪生使用数据、机器学习和物联网来帮助企业优化、创新和提供新服务。PTC 公司认为，数字孪生（PTC 公司翻译为数字映射）正在成为企业从数字化转型举措中获益的最佳途径。对于工业企业，数字孪生主要应用于产品的工程设计、运营和服务，带来重要的商业价值，并为整个企业的数字化转型奠定基础。

总的来说，数字孪生可以概括为：**以模型和数据为基础，通过多学科耦合仿真等方法，完成现实世界中的物理实体到虚拟世界中的镜像数字化模型的精准映射，并充分利用两者的双向交互反馈、迭代运行，以达到物理实体状态在数字空间的同步呈现，通过镜像化数字化模型的诊断、分析和预测，进而优化实体对象在其全生命周期中的决策、控制行为，最终实现实体与数字模型的共享智慧与协同发展。**

本书后面表述中，"数字孪生"这个词是整个技术的统称，数字孪生这个词出现在某个名词前，有时候也会指代"数字孪生系统"。例如"数字孪生车间"就是"车间数字孪生系统"；"数字孪生体"指物理实体在虚拟空间的数字化镜像，是物理实体在数字空间的映射，是和物理实体对应的一个概念；"数字孪生系统"是指构成数字孪生应用的包括物理实体、数字孪生体以及必要的互联模型的整个系统。

数字孪生强调的是虚实两侧的实时互联互通与反馈、双向映射、双向驱动的迭代优化过程，强调的是虚实两侧的动态关联以及通过建立高保真度虚拟模型来完成以虚控实的思想，还有其适用于不同的领域、应用场景、需求/服务的通用实践框架[4]。

数字孪生为实现信息物理系统（CPS）的融合提供了有效途径和方法，实现 CPS 的融合是数字孪生的目标与核心挑战之一。数字孪生的核心理念在于构建与物理实体等价的数字化虚拟模型，在虚拟侧完成实体对象的仿真、分析、预测、优化，并通过虚实两侧实时的双向映射、双向互联互通与反馈、双向驱动、迭代运行来实现以虚拟世界的优化结果引导、管理物理世界，控制物理实体的精准执行，即**以虚映实、虚实互驱、以虚控实**。数字孪生的核心价值在于预测，通过高保真度的虚拟模型预测物理实体的演化过程，在此基础上完成不同场景、目标、约束条件下的决策与管控优化。而构建虚拟模型和实现预测价值的核心要素均在于系统的运行数据，即数字孪生采用了有别于传统单一依靠机理模型的建模方式，结合实际数据完成复杂系统模型的建立并以数据驱动模型的更新；预测的基础在于数据挖掘后形成系统信息与知识。总之，基于数字孪生构建的系统实现 CPS 融合的过程是数据和模型双驱动的迭代运行与优化的过程。此外，构建于数字孪生之上的系统契合了如今智能化的先进理念——能够根据当前状态预测实体对象的发展变化并优化该对象的决策控制行为，以最优结果驱动物理世界的运行，即智能化能依靠未来的预测数据和当前的控制策略来主动地引导被控对象的变化过程，数字孪生实现 CPS 融合的过程也是实现系统智能化的过程。

近几年，数字孪生正从概念阶段走向实际应用阶段，驱动制造业、建造业等实体产业进入数字化和智能化时代。随着企业数字化转型需求的提升以及政策的持续支持，数字孪生将会出现更深入的应用场景，为实体经济发展带来新的动力。

1.3　数字孪生的特征

数字孪生的概念在不断发展过程中，国内外有很多文献分析总结了数字孪生的内涵和特征[8-14]，但是不同的应用场景下的数字孪生系统、数字孪生系统所在生命周期中的不同阶段都呈现出不同的特征，因此，很难通过一个标准的特征来说某个应用系统"是"或者"不是"数字孪生系统。总体来说，和传统的建模仿真、实时监控、组态软件等相比，数字孪生系统有以下特征：

1　多领域综合的数字化模型

1）数字孪生作为仿真应用的发展和升级，与传统的仿真方式有着巨大的区别。数字孪生的模型贯穿物理系统的整个生命周期，以产品数字孪生为例，针对新产品的设计，传统的产品仿真主要涉及产品本身的建模与仿真工作，不包括其工艺优化、制造过程规划、服务运维、回收处置等阶段的模型与仿真。

而数字孪生不仅具备传统产品仿真的特点，从概念模型和设计阶段着手，先于现实世界的物理实体构建数字模型，而且数字模型与物理实体共生，贯穿实体对象的整个生命周期，建立数字化、单一来源的全生命周期档案，实现产品全过程追溯，完成物理实体的细致、精准、忠实的表达。因此，其模型的构建需要考虑产品全生命周期的数据和行为表述。

2）现实产品往往包括机械、电子、电气、液压气动等多个物理系统，一个智能系统往往是数学、物理、化学、电子电气、计算机、机械、控制理论、管理学等多学科、多领域的知识集成的系统。多个物理系统融合、多学科、多领域融合是现实系统的运行特点。物理系统在数字空间的数字模型，需要体现这个融合，实现数字融合模型。这个融合包括了全要素、全业务、多维度、多尺度、多领域、多学科，并且能支持全生命周期的运行仿真。不同的智能系统关注的重点领域不一，多学科耦合程度存在差异，因而其数字模型需要根据不同的应用场景对其组成部分进行融合，以全方面地刻画物理实体。

3）数字孪生体和物理实体应该是"形神兼似"。"形似"就是几何形状、三维模型上要一致，"神似"就是运行机理上要一致。数字孪生体的模型不但包括了三维几何模型，还包括前述的多领域、多学科物理、管理模型。可以根据构建的数字化模型中的几何、物理、行为、规则等划分为多维度空间，还可视为三维空间维、时间维、成本维、质量维、生命周期管理维等多维度交叉作用的融合结果，并形成对应的空间属性、时间属性、成本属性、质量属性、生命周期管理属性；数字孪生模型的构建应按层级逐级展开，形成单元级、区域级、系统级、跨系统级等多尺度层级，各层级逐渐扩大，完成不同的系统功能。

以产品数字孪生应用为例，数字化建模不仅指代对产品几何结构和外形的三维建模，对产品内部各零部件的运动约束、接触形式、电气系统、软件与控制算法等信息进行全数字化的建模技术同样是建设产品数字孪生所用模型的基础技术。一般来说，多维度、多物理量、高拟实性的虚拟模型应该包含几何、物理、行为和规则模型四部分。几何模型包括尺寸、形状、装配关系等；物理模型综合考虑力学、热学、材料等要素；行为模型则根据环境等外界输入及系统不确定因素做出精准响应；规则模型依赖于系统的运行规律，实现系统的评估和优化功能。

4）数据驱动的建模方法有助于处理仅仅利用机理/传统数学模型无法处理的复杂系统，通过保证几何、物理、行为、规则模型与刻画的实体对象保持高度的一致性来让所建立模型尽可能逼近实体。数字孪生技术解决问题的出发点在于建立高保真度的虚拟模型，在虚拟模型中完成仿真、分析、优化、控制，并以此虚拟模型完成物理实体的智能调控与精准执行，即系统构建于模型之上，模型是数字孪生体的主体组成。

2 以模型为核心的数据采集与组织

1）数据是数字孪生的基础要素，其来源包括两部分：一部分是物理实体对象及其环境采集而得；另外一部分是各类模型仿真后产生。多种类、全方位、海量动态数据推动实体/虚拟模型的更新、优化与发展。高度集成与融合的数据不仅能反映物理实体与虚拟模型的实际运行情况，还能影响和驱动数字孪生系统的运转。

2）物理系统的智能感知与全面互联互通是物理实体数据的重要来源，是实现模型、数据、服务等融合的前提。感知与互联主要指通过传感器技术、物联网、工业互联网等将系统中人、机、物、环境等全要素异构信息以数字化描述的形式接入信息系统，实现各要素在数字空间的实时呈现，驱动数字模型的运作。

3）数据的组织以模型为核心。信息模型是对物理实体的一个抽象，而多学科、多领域的仿真模型又需要不同的数据驱动，并且也会产生不同的数据。这些数据通过信息模型、物理模型、管理模型等不同领域模型进行组织，并且通过基于模型的单一数据源管理来实现统一存储与分发，保证数据的有效性和正确性。

3 双向映射、动态交互、实时连接和迭代优化

1）物理系统、数字模型通过实时连接，进行动态交互、实现双向映射。物理系统的变化能及时反映到数字模型中，数字模型所计算、仿真的结果，也能及时发送给物理系统，控制物理实体的执行过程，这样形成了数字孪生系统的虚实融合。孪生数据链接成一个统一的整体后，系统各项业务也得到了有效集成与管控，各业务不再以孤立形式展现，业务数据共享，业务功能趋于完善。

2）适合应用场景的实时连接。"实时连接"在不同的应用场景下，其物理含义是不同的。对于控制类应用（设备的在线监控），实时可能指小于 1s 达到毫秒级，而对于生产系统级应用，可能小于 10s 甚至 1min 都是允许的，对于城市等大系统，部分数据可以以分钟甚至小时为单位进行更新，也算满足"实时连接"的定义。

3）如今的智能产品和智能系统呈现出复杂度日益提高、不确定因素众多、功能趋于多样化、针对不同行业的需求差异较大等趋势，而数字孪生为复杂系统的感知、建模、描述、仿真、分析、诊断、预测、调控等提供了可行的解决方案，数字孪生系统必须能不断地迭代优化，即适应内外部的快速变化并做出针对性的调整，能根据行业、服务需求、场景、性能指标等不同要求完成系统的拓展、裁剪、重构与多层次调整。这个优化首先在数字空间发生，同时也同步在物理系统中发生。

4 推演预测与分析等智能化功能

1）数字孪生将真实运行物体的实际情况结合数字模型在软件界面中进行直观呈现，这个是数字孪生的监控功能。数字孪生的监控一般构建于三维可视化模型之上，各类数据按模型的空间、运行流程、管理层级等不同维度进行展示，能让用户直观感受系统运行状态，便于做出决策。

展示的数据不但包括采集得到的实时数据，也包括基于这些数据结合相关分析模型之后的数据挖掘结果，可以进一步提取数据背后富有价值的信息。分析结果也叠加到展示模型中，可以更好地展示实体对象的内部状态，为预测和优化提供基础。

2）数字孪生系统具备模拟、监控、诊断、推演预测与分析、自主决策、自主管控与执行等智能化功能。信息空间建立的数字模型本身来说即是对物理实体的模拟和仿真，用于全方位、全要素、深层次地呈现实体的状态，完成软件层面的可视化监控过程。而数字孪生不局限于以上基础功能的实现，还应该充分利用全周期、全领域仿真技术对物理世界进行动态的预测，**预测是数字孪生的核心价值所在**。动态预测的基础正是系统中全面互联互通的数据流、信息流以及所建立的高拟实性数字化模型。动态预测的方式大体可以分为两类：

① 根据物理学规律和明确的机理计算、分析实体的未来状态。

② 依赖系统大数据分析、机器学习等方法所挖掘的模型和规律预测未来。

第二类更适合于现如今功能愈加多样化、充满不确定性、难以用传统数学模型准确勾画的复杂控制系统。在虚拟空间完成推演预测后，根据预测结果、特定的应用场景和不同的功能要求，采用合理的优化算法实时分析被控对象行为，完成自主决策优化和管理，并控制实体对象精准执行。

3）数字孪生可看作是一种技术、方法、过程、思路、框架和途径，本质上是以服务为导向，对特定领域中的系统进行优化，满足系统某一方面的功能要求，如成本、效率、故障预测与监控、可靠运维等。而服务展开来说，可分为面向不同领域、用户/人员（专业技术人员、决策人员、终端执行人员等）、业务需求、场景的业务性服务和针对智能系统物理实体、虚拟模型、孪生数据、各组成部分之间的连接相关的功能性服务等。

1.4　数字孪生体的生命周期

数字孪生系统是某个产品、某个系统在其生命周期中的一个具象表达，是一个包括物理实体、虚拟实体以及虚实之间的交互迭代关系，并最终形成以实体对象或行为"以实到虚"全要素层级映射、"以虚控实"为目标的体系，所以称之为 Digital Twins，区别于 Digital Twin（数字孪生体）。而数字孪生体的分形描述与时间延续特征其实就是分别从面向对象和面向过程两个角度描述物理对象，因此分析物理对象全生命周期的数字孪生体，需要将面向对象和面向过程的数字孪生相结合。从面向过程的角度出发，每一个阶段的数字孪生体都与物理实体交互，且不同阶段数字孪生体彼此交互。从面向对象的角度出发，物理对象不断地迭代更新，其数字孪生体在生命周期中的每一个阶段都承载着上一阶段传递的信息。数字孪生体作为物理对象在其生命周期中的另外一个虚拟的"生命体"，在与物理对象相对应全生命周期的每个阶段会被赋予特定的功能。

根据数字孪生体的特征和功能将其生命周期分为三个阶段，数字孪生体是物理对象的另一个"生命体"，而生命体的最初状态是胚胎，因此数字胚胎阶段是数字孪生体的前期阶段。数字胚胎是在物理实体对象设计阶段产生的，数字胚胎先于物理实体对象出现，所以用数字胚胎去表达尚未实现的物理对象的设计意图是对物理实体进行理想化和经验化的定义。这个数字胚胎可以看作是人类大脑或者智能对物理实体对象的物理属性和功能属性进行理性及经验性地认知后的一种虚拟表达，其功能为**以虚拟实**。第二个阶段为数字孪生体中期阶段，即数字化映射体阶段，其功能为**以虚映实**。通过对物理对象的多层级数字化映射，建立面向物理实体与行为逻辑的数据驱动模型，孪生数据是数据驱动的基础，可以实现物理实体对象和数字化映射对象之间的映射，包括模型行为逻辑和运行流程，并且这个映射模拟会根据实际反馈，随着物理实体的变化而自动做出相应的变化。第三个阶段为数字孪生体全生命周期最后阶段，也是数字孪生体具备智能化的阶段，即孪生体智能阶段，该阶段数字孪生体继承了前面两个阶段的数据和模型，同时借助大数据挖掘和智能算法，按照"知识模型-智慧决策-精准执行"的方式精准控制物理实体对象，以达到**"以虚控实"**的功能目标。数字孪生演化过程如图 1-3 所示。

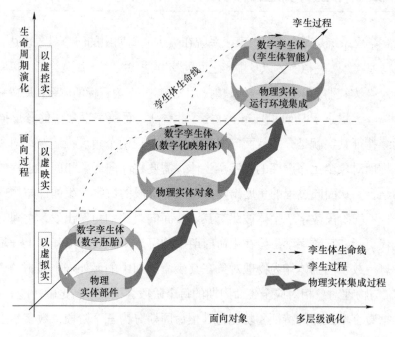

图 1-3　数字孪生演化过程

1.5 数字孪生的应用

近年来,"数字孪生"成为一个热点词汇,很多行业开始进行推广应用。陶飞教授的《数字孪生十问:分析与思考》[4] 和中国电子技术标准化研究院的《数字孪生应用白皮书(2020 版)》[15] 都给出了图 1-4 所示的数字孪生应用领域,主要包括航空航天、汽车、运输、建筑等十大行业。同时,参考文献 [4] 也给出了从产品类型、复杂程度、运行环境、性能、经济与社会效益等不同维度总结的数字孪生适用准则,为企业确定是否需要实施数字孪生提供参考。

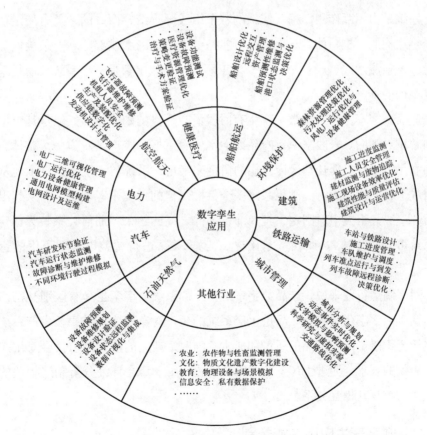

图 1-4 数字孪生的应用领域[4,15]

1.5.1　数字孪生应用对象类别

从孪生对象的组成来说，数字孪生的应用可以分成产品数字孪生和系统数字孪生。

产品是生产活动的结果，是满足特定需求的物品或服务。工业产品一般是有形的物理产品，服务产品一般是无形的满足用户需求的一系列活动及其结果。产品数字孪生，就是在信息空间构建了产品的数字孪生体，对于物理产品，一般包括产品的三维几何模型及其相关的机理模型和数据模型；对于服务产品，一般包括活动过程模型及其相关的机理和数据模型。

系统是由相互作用、相互依赖的若干组成部分结合而成的，具有特定功能和一定结构的有机整体。一个系统可能是更大系统的组成部分。一条柔性加工单元、一条流水线、一个车间、一个工厂、一个城市都是一个系统，但是系统的复杂程度不一。

产品数字孪生和系统数字孪生有时候没有严格的划分边界，但是其应用过程的着重点不同。一般来说，产品数字孪生着重把一个产品看作一个整体，从产品满足、维持、延长其设计性能的角度来考虑；系统数字孪生则更多地从系统组成部分的协同运行、满足系统多个目标优化的角度来考虑。产品从其出厂之后，一般其组成相对固定，其内部各部件之间的约束和通信关系较为稳定，而系统可以通过对其组成部分的结构或逻辑关系进行调整以实现更优的运行目标。

对于制造行业来说，产品数字孪生和生产系统数字孪生是有区别又密切相关的两类数字孪生系统。产品是生产系统的生产对象和生产结果，生产系统的优化运行可以影响到产品的质量和成本；同时，产品的设计需求又会对生产系统提出新的要求，促进生产系统的不断演化。第3章会详细分析制造相关的数字孪生系统及其相互关系。

1.5.2　数字孪生应用功能类别

数字孪生的功能可分为四个类别，包括仿真与映射、监控与操纵、诊断与分析、预测与优化。这四个功能可以看作是依次递进的，但也不是绝对的，需要根据不同的应用场景以及应用对象的复杂程度而确定具体的实现功能。

1）仿真与映射。这个可以看作是数字孪生的基本功能。通过产品或系统的模型对其实物运行过程进行仿真分析，得到虚拟产品或系统的运行性能评价，验证设计方案是否满足要求。和传统的仿真不同，数字孪生的仿真包括物理实体实际运行的映射功能。一般而言，数字模型是先于物理实体而存在，例如，产品在制造前，会有数字模型设计方案，一个生产系统在投产前，也有数字化工厂模型进行分析。但是数字孪生会利用相似产品或系统的实际运行数据来对仿真模型进行修正，同时构建一个虚拟环境进行更加拟实的仿真，让仿真的结果更可信。

2）监控与操纵。数字孪生系统中实体物理对象连接虚拟模型，利用虚拟模型来反映物理实体的实际变化。比如可利用虚拟空间中的虚拟模型达到实时监控的目的，将物理实体的隐藏信息以可视化的方式实时展示给用户，实时观察到实体外在表象下的各种内部状态。

3）诊断与分析。就是利用数字孪生技术对产品或系统进行分析，一般是寻找潜在故障或影响性能发挥的缺陷，以便进行维护调整。利用数字孪生体所包含的各种模型，结合实时数据，可以进行异常分析与推断，从而得出诊断结果。

4）预测与优化。这个功能是数字孪生的高级目标，也是体现数字孪生价值所在。通过建立的数字孪生体，在虚拟空间中进行产品或系统的预测仿真，例如预测可能的故障情形，提前做好维护保养。另外，利用数字模型对决策变量进行预运行，根据仿真结果来选择最优的决策变量，在物理系统中实施，可以避免实际操作过程的失误。

这四个功能在实现上是"由虚拟实""由虚映实"，到"虚实互映"，最后是"由虚控实"，和数字孪生体的演化过程相适应。但是这个过程不是绝对的，对于数字孪生的应用，可以分成两大切入点：

1）由虚切入。在实体存在之前，构建虚拟数字模型，通过虚拟数字模型的仿真来明确实体的实现方案，再结合实体数据采集形成数字孪生系统。例如，产品数字孪生，先构建其产品机理模型进行仿真分析，再制造出实体产品，进行后续的监控、诊断和预测应用。

2）由实切入。对于大量的系统数字孪生，由于在构建系统之前没有虚拟模型，而系统的一部分甚至大部分物理实体已经存在，这个时候需要通过构建虚拟数字模型，实现"监控与操纵"，再根据分析需要，构建不同的仿真模型，进行"仿真映射""诊断分析"以及"预测优化"的应用。例如，数字孪生城市，可以在实现城市监控的基础上，针对应急疏散、灾害预防等领域，构建仿真分析模型，进行预测优化应用。

1.5.3 数字孪生典型应用场景

本书从数字孪生制造、数字孪生建造、数字孪生城市、数字孪生医疗四个方面对数字孪生的应用做一个简单介绍。

1 数字孪生制造

制造业是国民经济的主体产业，也是实体经济发展的核心。随着智能制造推广应用，数字孪生在制造行业的应用越来越广泛。制造行业的数字孪生应用可以分成产品数字孪生和生产系统数字孪生。

（1）产品数字孪生

数字孪生的概念，就是从"航天器"的数字孪生应用而来的。所以产品数字孪生是数字孪生最开始的应用。随着数字孪生技术的推广，航空发动机、轨道交通列车、汽车等行业也开始推广产品数字孪生。

产品数字孪生的应用是覆盖产品全生命周期的，表现在几个方面：

1）仿真映射。随着基于模型的定义（MBD）技术不断深入应用，复杂产品的 MBD 已经越来越普及，给基于模型的仿真提供了基础。除了多学科产品仿真外，利用生产系统的数字模型，可以对产品的可制造性进行分析，提高了产品制造工艺的有效性，缩短了产品上市时间。

2）监控操纵。通过数字孪生的虚实映射，可以实现产品的有效监控和远程操纵。例如，针对地铁自动驾驶的支持，利用仿真模型构建各种交通场景，对自动驾驶控制策略进行训练，在实际运行过程运用；针对航天器的状态分

析，模拟航天员对航天器的操作，评估最佳操作过程，发送给航天员执行。

3）诊断分析。基于产品运行过程的实时数据，结合计算模型，对产品状态进行诊断。例如，美国针对 F-15C 战斗机的维护数字化，实物飞机和其对应的数字模型一起交付，利用机载健康监测系统采集的数据，进行相同飞行剖面的虚拟飞行；虚拟飞行的模拟结果和实际传感器数据进行比较，不断校正模型。这样，数字模型可以分析飞机的结构是否正常，何时需要维护。

4）预测优化。利用产品数字孪生体进行维护预测和优化方案分析。上述的 F-15C 飞机模型就可以用于预测性维护。还比如针对地铁车辆的维护需求，通过基于多属性数据映射的精细化高拟实的多维度多环境建模，推动多领域协同优化以及建模仿真与真实环境的融合交互，实现地铁车辆在复杂运行系统和运行环境下的性能分析和行为预测；结合实时监测数据构建"车-地-网"虚拟运行系统，更精准地预测列车在复杂多样化环境下的运行趋势，优化控制策略；实现基于数字孪生的状态修正、预测维护，包括事故主动预防、故障快速诊断及维护策略优化，满足地铁车辆 30 年生命周期内的高安全高可靠运行。

产品数字孪生覆盖了从产品设计、制造、交付、运行维护乃至报废的全生命周期，其目的是最大程度地满足用户的需求，保证在整个生命周期内产品的稳定和优化运行。

（2）生产系统数字孪生

生产系统的数字孪生应用，是为了更好、更快地生产出高附加值产品而构建数字孪生系统。生产系统的数字孪生应用包括：

1）仿真映射。随着生产系统的越来越复杂，以及智能制造技术的应用，需要利用数字化工厂的方法以提高生产系统规划设计的质量，包括布局设计、工艺设计以及生产过程的仿真分析。生产系统的数字孪生设计模型包含所有细节信息，包括机械、自动化、资源及人员等，并且和产品设计模型无缝连接。 例如，利用专用模型库实现车间的快速规划设计；支持各类虚拟试验仿真，与实际车间同步更新，更好地支持车间的迭代更新。

2）监控操纵。传统的工厂或车间主要通过现场看板、手持设备、触摸屏等二维的可视化平台完成系统监测，无法完整展示系统的全方位信息与运行过程，可视化程度较低。基于机理模型和数据驱动方式建立的数字孪生工厂或车间具有高拟实性的特点，结合3R（VR，AR，MR）技术能将可视化模型从传统的二维平面过渡到高保真度的三维模型，工厂中产品设计、生产制造、工艺优化、过程规划、服务运维、回收处置等阶段均能以较为直观、完整的方式呈现给用户。例如，赵浩然等针对目前数字孪生车间中的实时可视化监控难题，分析了数字孪生车间与三维可视化监控之间的关系，提出了一种多层次的三维可视化监控模式和实时数据驱动的虚拟车间运行模式，对虚拟车间几何建模、车间实时数据管理、车间多层次三维可视化监控和车间状态看板构建方法等四个关键技术进行了详细阐述，并将该设计原型应用在北京卫星制造厂的制造车间中，以实现车间中物流、设备、人员、环境、产品、物料、库存、订单、进度、异常等全流程、全要素的动态三维可视化监控[16]。

3）诊断分析。传统生产过程中难以对生产计划执行过程中的实时状态信息数据进行深入有效的分析，无法实时获取即时生产状态，导致对于生产的管理和控制缺乏实际数据的支撑，无法制定合理的资源调度和生产规划策略，从而导致生产效率的下降。生产数字孪生系统可以提供对生产过程全方位的分析，找出潜在的瓶颈点，提前发出生产预警。

以调度为例，数字孪生驱动下的生产调度基于全要素的精准虚实映射，从生产计划的制定到仿真、实时优化调整等均基于实际车间数据，使得生产调整具有更高的准确性与可执行性。数字孪生驱动下的生产调度主要分为：首先结合车间的实际生产资源情况及生产调度相关模型，制定初步的生产计划，并将生产计划传送给虚拟车间进行仿真验证；虚拟车间对制定的初步生产计划进行仿真，在仿真过程中加入一些通过诊断分析得到的可能干扰因素，保证仿真的拟实性。根据仿真结果，结合相关生产调度模型、数据及算法对生产计划进行调整，多次仿真迭代后，确定最终的生产计划并下发给车间投入生产；在实际生产过程，将实时生产状态数据与仿真过程数据进行对比，如果存在较大的不一致性，那么基于历史数据、实时数据及相关算法模型进行分析预测、诊断、确定干扰因素，在线调整生产计划，实现生产过程的实时优化。

4）预测优化。生产系统是一个开放的、受到多种因素影响的复杂系统，生产系统在运行过程中，会受到内部和外部的各项干扰。例如，内部干扰包括设备故障、残次品的发生等；外部干扰包括原材料供应不及时、物流导致的出货延期等。为了保证生产系统运行优化，需要及时应对各类干扰，提前做好应对措施。利用数字孪生模型，通过历史数据结合预测模型，可以对一些突发事件进行预测，从而降低生产过程的不确定性。例如，针对设备的预防性维护，可降低因为设备故障带来的干扰；针对物流、供应链的预测，可以减少因为原料采购、成品交付等环节可能带来的不确定性。通过预测来提前应对一些扰动风险，优化系统运行。

2　数字孪生建造

建筑可以看作是一种特殊的产品，和一般的工业品不同，建筑更加注重个性化，而且其建造周期长，涉及的工艺比一般的工业产品多。建筑信息模型（BIM）是对建筑进行定义以及维护的模型基础。建筑行业的数字孪生应用，可以看作是一种特殊的"产品数字孪生"，典型应用场景包括：

（1）仿真映射

基于 BIM 技术，构建建筑物的数字模型，可以对其建筑设计元素、结构参数进行分析和验证，同时，也可以对施工方法进行设计和验证。

例如，对于建筑物的安防设计，目前安防系统多是只关注于安防系统本身采集的安防信息，不能与三维建筑物布局融合。利用物联网采集室内安防状态数据，通过人员定位系统采集人员位置信息，并把这些信息与 BIM 进行结合，得到面向室内安防的数字孪生模型。利用机器学习算法、逻辑推理方法等对数字孪生模型中的室内人员、安防状态、交通布局等信息进行分析，通过智能设备和报警设备把安防决策信息传达给安防管理人员和室内受困人员，实现可视化安防数据综合管理、安防危险分析及预警、安防处理辅助决策等服务功能。

对于装配式建筑，其构件的运输与存放的优化、吊装过程安全风险控制、构件安装质量问题是关键。通过采集构件和安装过程的信息，包括构件出场时间、位置、尺寸型号、材料、力学性能、吊装设备型号、功率、设备实时运行参数、温湿度、风速、光照等，结合整个建筑的 BIM，形成面向装配式施工的数字孪生模型。在信息空间对数字孪生体虚拟模型进行分析和仿真，得到安装构件的位置、路径、施工设备参数等信息，发送给施工人员，可以实现构件运输存放优化、施工过程安全风险管理、安装过程质量控制等服务功能。

（2）监控操纵

建造活动在施工现场进行，受到环境影响大，而且施工过程的质量管理也不如车间内的工业生产那么严格。利用数字孪生模型，可以指导、跟踪建筑施工过程，保证安全和质量。

例如，超高层建筑由于自身结构的特殊性，造成测点数量多、监测周期长、监测系统复杂等问题。目前的超高层结构监测还是单纯地通过传感器采集数据，利用二维监测界面查看数据，不能实现监测数据三维可视化，监测过程不能与三维建筑物 BIM 信息很好地融合。巨大的监测数据导致数据管理分散、综合数据处理能力低，根据现场实时情况进行监测仪器安装和采取紧急预警的能力差。基于数字孪生的超高层建筑结构监测方法应用数字孪生理念，通过物联网采集结构施工状态数据，实时数据结合结构模型进行有限元分析以获得结构安全状态信息。这些信息与 BIM 进行结合，得到面向超高层施工过程监测的数字孪生模型。利用超高层建筑智能监测平台，将结构有限元信息、BIM 信息、结构监测信息等通过智能设备传达给监测人员和施工人员，实现三维可视化结构监测数据、结构实时预警准确定位、监测过程智能指导等数字孪生服务功能。

（3）诊断分析和预测优化

大型建筑通常有很高的运营维护成本，然而目前主流的运行和维护管理方式信息化程度低，对隐患的预防和突发事故的应对能力较差。数字孪生能够利用各种技术实现实时的虚实交互和预测反馈，可以提高建筑运维管理的信息化程度和自动化程度。针对大型建筑运维阶段的结构和设备健康管理问题，基于数字孪生的大型建筑运维管理方法，应用数字孪生理念，由包括 BIM 数据和设备参数数据在内的各种数据库进行支撑，融合建筑结构和设备在运行和维护过程中产生的数据，形成建筑结构和设备的数字孪生体。建筑结构和设备实体与虚拟建筑结构和设备模型之间进行同步反馈和实时交互，以达到准确的建筑结构和设备故障预测与健康管理服务的目的，能够快速感知到故障现象并准确定位。开展预防性维护研究，结合传感器采集的数据，通过"虚拟巡检"来发现建筑物内的安全隐患，及时进行维护。数字孪生模型对于建筑物隐蔽工程的检查和维护最有帮助。

3 数字孪生城市

城市作为一个复杂巨系统，优化城市规划、及时掌握城市运行状态、有效应对突发事件是城市管理的关键。城市数字孪生系统可以为城市管理提供分析和优化模型，实现科学决策。城市数字孪生是一种"系统数字孪生"应用，典型应用场景包括：

（1）仿真映射

对于城市规划而言，通过在城市信息模型（CIM）上模拟仿真"假设"分析和虚拟规划，推动城市规划有的放矢提前布局。在规划前期和建设早期了解城市特性、评估规划影响，避免在不切实际的规划设计上浪费时间，防止在验证阶段重新进行设计，以更少的成本和更快的速度推动创新技术支撑的各种规划方案落地。通过CIM以及可视化系统，以定量与定性方式，进行专题分析、模拟仿真、动态评估规划方案以及对城市带来的影响，保证规划楼宇、绿地、公路、桥梁、公共设施时，综合效益实现最优化。基于多源数据和多规融合实现规划管控一张图。整合所有基础空间数据（城市现状三维实景、地形地貌、地质等）、现状数据（人口、土地、房屋、交通、产业等）、规划成果（总规、控规、专项、城市设计、限建要素等）、地下空间数据（地下空间、管廊等）等城市规划相关信息资源，在数字孪生空间实现合并叠加，解决潜在冲突差异，统一空间边界控制，形成规划管控的"一张蓝图"，以此为基础进行规划评估、多方协同、动态优化与实施监督。在充分保证"一张蓝图"实时性和有效性的前提下，通过对各种规划方案及结果进行模拟仿真及可视化展示，实现方案的优化和比选。

（2）监控管理

利用数字孪生系统，可以对城市运行的各个系统进行有效的监控和管理。例如，针对城市交通，将物理世界中复杂的交通系统，使用云计算、物联网、人工智能、大数据、实景三维、语义化等技术构建数字模型，形成数字孪生交通系统，融合多源/异构/多模态交通实时数据，构建交通信息知识图谱，对交通时空大数据进行展示、挖掘、分析，从而实现对交通的监测预警、应急处理，以及拥堵治理、联程联运等功能，以保障交通安全、优化城市交通。

（3）诊断分析

数字孪生城市立足城市运行监测、管理、处理、决策等要求，将各行业数据进行有机整合，实时展示城市运行全貌，形成精准监测、主动发现、智能处置的城市"一盘棋"治理体系、城市运行"一张图"管理。利用 CIM 和叠加在模型上的多元数据集合，打造精准、动态、可视化的数字孪生城市大脑，通过智能分析、模拟仿真，洞悉人类不易发现的城市复杂运行规律、城市问题内在关联、自组织隐性秩序和影响机理，制定全局最优策略，解决城市各类顽疾，形成全局统一调度与协同治理模式。借助智能大屏、城市仪表盘、领导驾驶舱、数字沙盘、立体投影等形式，可一张图全方位展示城市各领域综合运行态势，并根据不同主题分级分类呈现，帮助城市决策者、管理者、普通用户从不同角度观察和体验城市发展现状、分析趋势规律。

（4）预测优化

利用数字孪生模型，对城市事件提前预测，提前做好应对方案。一些突发事件的发生往往措手不及，且事件的演变具有极大的不确定性，人类无法完全预测和消除事件的潜在威胁和现实的破坏，只能在力所能及的范围内尽可能减少突发事件带来的危害。基于城市数字孪生体的数字模型，可以对一些偶发事件进行提前预测；结合仿真模拟以及虚拟现实技术，可以给用户模拟一个真实发生的突发事件的场景，例如火灾或暴雪等事件，让用户犹如身临其境，更加生动地体验在紧急事件发生时每个行动所带来的后果。通过应急现场环境快速还原、应急资源可视化管理、应急预案模拟演练等功能，为城市应急管理提供预案。

4 数字孪生医疗

医疗行业关系到每个人的健康和疾病治疗，是新技术、新方法应用的一个重点行业。数字孪生在医疗行业的应用，可以包括对人的"数字孪生"应用，以及医疗系统的数字孪生应用。

人作为一个特殊的"物理实体"，和一般的工业产品不同，每个人都有其特殊性，其身体素质、生活习惯、环境、心理等都会影响到身体健康，身体的各项检查指标能大致反映人的健康状况。利用个人医疗检查数据，构建个人健康评估数字模型，再结合个人社会大数据采集系统，可以全面地获取个人的行为状况，做出个人健康预测和预警。例如，可以从个人订餐数据获取其饮食偏好，从个人出行数据获取其运动偏好等，这些数据都可以归总到个人健康评估模型中。对个人的健康状态进行分析和预估，及时提出健康预警。

医疗系统的数字孪生应用，参考文献 [17] 给出了一个典型应用场景。该案例针对现代诊疗系统中的患者、医疗设备、治疗方案三要素及其在状态感知、机理模型、智能算法三方面存在的物理信息融合问题进行了探讨，并提出了状态感知、机理模型、智能算法的详细构建方法，最后将该诊疗系统框架推广到临床诊疗、基础医学研究、教育培训、医疗设备研发等领域。该文献中提出的数字孪生诊疗系统(DTTS)的整体框架如图 1-5 所示。

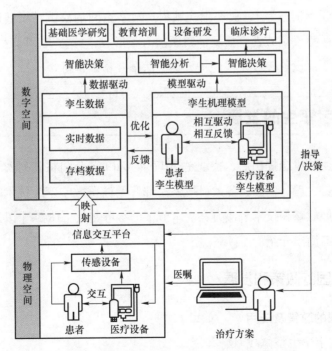

图 1-5　数字孪生诊疗系统（DTTS）的整体框架[17]

DTTS 分为物理空间和数字空间，主要由物理实体、DTTS 孪生数据、DTTS 孪生机理模型和 DTTS 智能决策模块四部分组成。其中，物理空间包括患者（消化、呼吸、循环、内分泌、神经、运动、泌尿以及生殖系统等）、医疗设备（诊断设备、治疗设备和辅助类设备等）、传感设备（各种生理传感设备和设备的状态传感器等）以及用于物理实体（患者和医疗设备）状态数据传输的信息交互平台。数字空间包括 DTTS 孪生数据、DTTS 孪生机理模型和 DTTS 智能决策模块。DTTS 孪生数据主要包括来自物理空间的感知数据，分为实时数据和存档数据。DTTS 孪生机理模型基于物理实体建立，与 DTTS 孪生数据共同实现对患者和医疗设备忠实的、数字化的镜像。DTTS 智能决策模块负责完成辅助临床判断与决策。基于深度学习平台，利用 DTTS 孪生数据和 DTTS 孪生机理模型单独或者融合实现对患者、医疗设备的状态识别以及不同应用场景的指导。

数字空间通过信息交互平台获取物理空间的状态（包括患者的生理病理参数、设备的运行状态等），实现虚实映射。数字空间的决策结果通过信息交互平台反馈给医疗设备或者直接反馈给医护人员形成治疗方案，同时，物理空间中的患者和医疗设备接收来自医护人员的医嘱并精确执行。

1.6　数字孪生的发展

数字孪生的概念提出后，特别是 2017 年 Gartner 公司将其列入十大战略性科技发展趋势之后，各国、各大科技公司都开始注重数字孪生技术的发展，提出相关的发展战略和技术解决方案。本节根据参考文献［18-34］以及部分网络公开信息做一简单介绍。

1.6.1　各国的政策和发展

1　中国的政策及应用

（1）数字孪生整体战略

国家发展改革委和中央网信办在 2020 年 4 月 7 日，发布了《关于推进"上云用数赋智"行动培育新经济发展实施方案》，通常称为"发改高技〔2020〕552 号文件"。它首次指出数字孪生是七大新一代数字技术之一，其他六种技术为大数据、人工智能、云计算、5G、物联网和区块链。同时该文件还单独提出了"数字孪生创新计划"，即为我国数字孪生国家战略，该计划要求"引导各方参与提出数字孪生的解决方案"。虽然我国提出数字孪生国家战略并不是最早的，但把数字孪生作为一个产业提出，则早于英国、美国、德国和日本。七大新一代数字技术中蕴含的数字化、网络化、智能化、服务化的技术特点与第四次工业革命的发展趋势高度融合，也是数字孪生技术作为新经济驱动力的重要体现，其潜在价值巨大。

在 2021 全球数字经济大会上，中国信息通信研究院发布的《全球数字经济白皮书》显示，2020 年，全球 47 个国家数字经济规模总量达到 32.6 万亿美元，同比名义增长 3.0%，占 GDP 比重为 43.7%。我国数字经济规模为 5.4 万亿美元，位居世界第二；同比增长 9.6%，位居世界第一。随着"工业 4.0"的提出，数字孪生等新兴技术逐渐进入人们视野，热度不断攀升，备受行业内外关注。我国也相继制定了网络强国、数字中国的重要发展战略。

（2）数字孪生城市战略

《中共中央关于制定国民经济和社会发展第十四个五年规划和二〇三五年远景目标的建议》提出，坚定不移建设制造强国、质量强国、网络强国、数字中国，必须加快数字化发展，推动产业与经济的数字化，努力建设以人为核心的新型城市，为数字孪生城市的发展指明了道路。数字孪生城市有助于未来城市的可持续发展、渐进式的竞争力提升，是多方高端资源整合的平台载体，是新一代信息技术综合应用的典型例子。近年来，国家发展改革委、科技部、工业和信息化部、自然资源部、住房和城乡建设部等部委密集出台政策文件推动 CIM 及 BIM 相关技术与数字孪生的高度融合与各方产业的快速发展，推动数字孪生城市构建过程中的技术突破。如 2020 年 2 月工信部在《建材工业智能制造数字转型三年行动计划（2020—2022 年）》中提出，运用计算建模、实时传感、仿真技术等手段推动 BIM 技术的深层次发展；2020 年 9 月住房和城乡建设部在《城市信息模型（CIM）基础平台技术导则》

中倡导各地积极开展 CIM 基础平台建设。

在地方信息化发展以及区域试点等关键举措方面，数字孪生技术同样起着重要的作用。2021 年 4 月 1 日，河北雄安新区成立四周年，智能城市建设运动史无前例，在《国务院关于河北雄安新区总体规划（2018—2035 年）的批复》中明确指出，数字城市与现实城市要同步规划、数字城市与物理城市同频共振、同步建设，适度超前布局智能基础设施，推动全域智能化应用服务实时可控，建立健全大数据资产管理体系，打造具有深度学习能力、全球领先的数字城市，可谓数字中国蓝图构建的示范性工程。上海市发布的《关于进一步加快智慧城市建设的若干意见》明确指出，智慧城市是城市能级和核心竞争力的重要体现，是上海建设具有全球影响力的科技创新中心的重要载体，要努力将上海建设成为全球新型智慧城市的排头兵，国际数字经济网络的重要枢纽，引领全国智慧社会、智慧政府发展的先行者，智慧美好生活的创新城市。《智慧海南总体方案（2020—2025 年）》提出，全面引入新理念、新模式、新机制、新应用，充分运用先进技术和前沿科技，以打造"数字孪生第一省"为主要手段，通过将人、车、物、空间等城市数据全域覆盖，形成可视、可控、可管的数字孪生城市，进而实现城市空间价值增值、城市精细化治理以及智能规划决策等。《广东省推进新型基础设施建设三年实施方案（2020—2022 年）》中指出，要积极推动省内智慧城市工程建设，探索构建"数字孪生城市"实时模型，实现实体城市向数字空间的全息投影，构建"万物互联、无时不有、无处不在"的城市大脑神经感知网络，支持广州、深圳等有条件的城市建设"城市大脑"，最终为"数字政府"改革建设提供坚实可靠的数字底座。"十四五"时期，北京城市副中心将以建设世界智慧城市典范为目标，打造数字孪生城市，让城市"能感知、会思考、可进化、有温度"，加快打造数字孪生城市运行底座，融合基础地理、建筑信息等数据开展三维城市建模，并促进数字孪生城市应用试点，以提升市民获得感。

2 其他国家的政策及应用

2020 年，美、英等国将数字孪生从局部探索提升为国家战略，加大对数字孪生城市的重视，分别将数字孪生上升为国家战略政策并积极推进。2020 年 4

月，英国重磅发布《英国国家数字孪生体原则》，讲述构建国家级数字孪生体的价值、标准、原则及路线图。2020 年 5 月，美国组建数字孪生联盟，联盟成员跨多个行业进行协作，相互学习，并开发各类应用。美国工业互联网联盟将数字孪生作为工业互联网落地的核心和关键，正式发布《工业应用中的数字孪生：定义，行业价值、设计、标准及应用案例》白皮书。德国工业 4.0 参考框架将数字孪生作为重要内容。

新加坡、法国等深入开展数字孪生城市建设。随着 5G、物联网产业的快速发展，数字孪生能力进一步凸显，全球各国纷纷把握机遇，实施数字孪生推进计划。新加坡率先搭建了"虚拟新加坡"平台，用于城市规划、维护和灾害预警项目。法国高规格推进数字孪生巴黎建设，打造数字孪生城市样板，虚拟教堂模型助力巴黎圣母院"重生"。

为了确保由欧盟发起的两项计划——绿色协议（Green Deal，在 2050 年实现欧洲地区"碳中和"）和数字化战略（Digital Strategy）顺利实现，气候学家和计算机科学家发起了"目的地地球倡议"（Destination Earth Initiative）项目。这一项目旨在建立一个全面和高精度的数字孪生地球，在空间和时间上精确监测和模拟气候发展、人类活动和极端事件等，预计从 2021 年中期开始执行，并运行长达 10 年时间。这一项目由欧洲中期天气预报中心（ECMWF）、欧洲航天局（ESA）和欧洲气象卫星开发组织（EUMETSAT）联合推动。

2020 年，日本东京公开了"东京都 3D 视觉化实证项目"，该项目以现实空间数据化的技术"数字孪生"为目标，旨在解决日益复杂的社会问题，提高都市人的生活质量，最终提高东京的经济效益。在"东京都 3D 视觉化实证项目"中，研究人员通过"数字孪生"技术制作了西新宿、涩谷、六本木区域的 3D 都市模型，利用这些模型进行了模拟实验，验证了它们在人口流动和防灾减灾等方面的效果，从而推动城市基础设施建设。

俄罗斯计划在 2024 年完成有关将"数字孪生"技术引入航空发动机的研究工作。据俄罗斯联合发动机公司（UEC）创新开发部门的资深专家伊凡·季莫菲耶夫（Ivan Timofeev）透露，俄罗斯国内数十家企业将一起解决这个问题，数字孪生将是一个统一的研究系统，它描述产品在整个生命周期中的操作。这项技术的实施将加速俄罗斯航空发动机新产品的开发，减少其测试、认证和投入生产的时间。从专家的角度来看，数字孪生的创建将增加俄罗斯国产发动机的竞争优势。

意大利国家铁路集团 FerroviedelloStato Italian 旗下子公司 Italferr S. p. A 作为意大利和国际大型基础设施项目领军企业，在普通铁路、高铁、公路运输等多领域运用数字孪生技术与 BIM 方法，实现了基础设施项目的设计决策、管理方式、施工流程等方面的全面可视化、可洞察，提高了工程质量与团队协作效率，降低了设计成本与施工过程的变更成本，促进了当地的现代化交通体系的完善。2018 年 8 月莫兰迪桥倒塌后，意大利热那亚市的 Pergenova Consortium 公司委托 Italferr 在 Polcevera 河上设计新建一座 200 米长的高架桥路段。Italferr 创建了数字孪生模型，以支持设计阶段的 BIM 工作流。数字孪生模型广泛应用于先进的设计环境，可以帮助设计团队在设计过程中随时进行协作和模拟资产的性能。项目团队在基于 ProjectWise 的互联数据环境中创建了数字孪生模型，使用 Bentley 公司的开放式建模和模拟应用程序来管理多专业项目团队的数据流。利用 MicroStation、OpenRoads 和 OpenBuildings Designer 等软件，项目团队创建了地形、道路和相关土木工程以及机械和电气系统的数字模型。

汉南大桥作为韩国基础设施系统的重要组成部分，在经过 40 多年的运行，该大桥以及同时期的数百座大桥大部分出现了不同程度的老化问题，达到预期的使用寿命，亟待修缮。但与此同时需保证修缮期间不影响正常交通。桥梁修缮团队借助数字孪生与新一代 BIM 技术，先对当前桥梁状况做出全面评估，然后制定完善的维护计划以及评估体系。此外，该修缮工程还利用数字孪生模型和图像处理与跟踪方法，对裂缝、材料降解、钢构件腐蚀等问题引入自动损坏检查机制，用于分析桥梁的未来表现。数字孪生技术的成功应用助力汉南大桥修缮不停运。

澳大利亚新南威尔士州政府已启动了悉尼西部地区建筑和自然环境的虚拟 4D 模型，其中包含建筑物、地层平面图、地形、物业边界和公用事业（例如电力、自来水和下水道）等数据。4D 模型是带有时间的 3D 描绘，因此用户可以根据历史或未来场景创建模型。该模型的主要优点是让城市规划师、地产商和政策制定者做出更明智的决策，将公共机构和私营部门的数据汇总，从而更好地预测和管理交通拥堵、监测土地覆盖和结构变化以及预测山火。

1.6.2　相关企业的推动

1　西门子

西门子的核心价值主张和技术路线就是通过数字化技术打造三个"数字化双胞胎"，即在企业的研发环节，建立企业所要生产、制造的产品数字化双胞胎；企业在规划的产品被研发出来，准备制造时，建立包括工艺、制造路线、生产线等内容的生产数字化双胞胎；当产品和生产线投入使用时，建立反映实际工作性能的性能数字化双胞胎（见图 1-6）。建立三个数字化双胞胎后，还应该考虑背后数据的互联互通，产品加工和交付的过程中产生的大量运行数据可用于与设计数据比较，数据的一致与否以及如何保持设计和实际数据的一致性是生产力和创新力的重要驱动，并以此促进下一代产品的迭代更新。而保持互联互通的关键要素就是成熟的工业软件及底层支撑技术。西门子在产品研发与制造过程以及工厂管理的完整价值链上提供三个数字化双胞胎创建和互联互通的一体化解决方案。从产品研发阶段的 NX 三维设计及仿真软件、Teamcenter

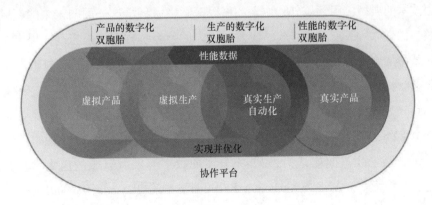

图 1-6　西门子三个数字化双胞胎（来源：西门子数字化战略报告）

产品生命周期管理软件，到 COMOS 工厂工程设计软件、TIA 博途全集成自动化平台、Simatic IT 生成管理软件，再到 PSE 工艺过程模拟软件、Mendix 低代码平台、MindSphere 云平台等，西门子以近乎完美的产品组合来打造现实与虚拟的融合，将数字化双胞胎应用到贯穿产品研发到车间生产的工业场景和流程中。

2 达索

达索系统是三维建模的重要软件之一。经过 40 余年的沉淀，其在与波音、空客、宝马、奔驰、格力、美的、阿迪达斯、爱马仕等不同行业的大客户合作过程中积累了深厚的技术与行业经验，完成了三维建模到仿真建模再到三维体验的更新升级与换代。达索凭借航空业 CAD 设计软件的沉淀以及收购策略，建立了复杂的产品线。2012 年，达索提出 3D EXPERIENCE 战略，并于 2014 年推出 3D EXPERIENCE 平台，通过统一的平台架构，把旗下的产品逐步统一到一个平台上，实现了设计、仿真、分析工具（CATIA、DELMIA、SIMULIA 等）、协同环境（VPM）、产品数据管理（ENOVIA）、社区协作（3DSwym）、大数据技术（EXALEAD）等多种应用的打通，覆盖了航空航天、交通运输、工业设备、高科技、能源等 11 个行业。可以说，3D EXPERIENCE 是达索在对数字孪生技术深入思考后给出的独特、完备的解决方案，着重强调体验一致性、原理一致性、单一数据源、宏观与微观统一。除了瞄准智能制造、智慧城市等数字孪生技术的典型应用领域外，达索还积极探索生命科学这一面向未来的领域，在数字化人体、医疗设备、药品研发、临床试验等多方面积极布局，提出了数字化革命从原来物质世界中没有生命的"Thing"扩展到有生命的"Life"的前沿概念。

3 ANSYS

ANSYS 公司因有限元分析而出名，其以仿真为基础，从仿真的角度出发认识数字孪生。他们认为，"要充分实现数字孪生所蕴藏的巨大价值，仿真是重要途径"。ANSYS Customer Excellence 总监 Peyman Davoudabadi 博士将数字孪生的技术架构概括为五个方面：系统级支持、控制系统、完整技术平台、基于物理场的仿真和集成数字孪生生态系统。通过构建的数字孪

生系统在完成物理资产数字化的前提下，广泛引用多工况仿真技术实现了
设计、运行、服务的产品全生命周期应用。ANSYS 拥有一整套仿真解决方
案，包括平台、物理知识和系统功能，集成多款建模仿真软件（见
图 1-7）。ANSYS Twin Builder 平台作为数字孪生分析的最终载体，支持组
件、子装配体、系统等不同层级的数字孪生体构建，并准确反映各部件间
错综复杂的作用关系，完成系统全方位描述。ANSYS 提出的基于仿真的数
字孪生解决方案数据依赖性低、模型成长性好，能有效降低设计、生产、
维护、工程变更成本，具有高洞察力，可预见潜在故障，用于未来产品改
进与重新设计。以奥地利最大的电力供应商 Verbund 为例，其每台涡轮机
的任何计划外停机成本高达每小时 6 万美元，所以 Verbund 希望预测其涡
轮机在不同负载条件下的磨损情况，以优化涡轮机的输出。通过应用数字
孪生优化涡轮机的运行，Verbund 每年可为每台涡轮机节省约 10 万美元，
而 Verbund 运营着 120 多个工厂，可以部署多达 120 个数字孪生。

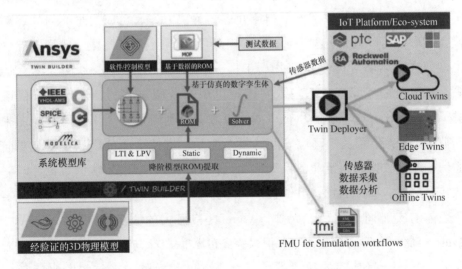

图 1-7　ANSYS 数字孪生技术架构（来源：ANSYS 中国）

为加速不同行业的数字孪生应用，2020 年 5 月，美国 ANSYS 公司、微软
公司、戴尔公司、Lendlease 公司等共同宣布成立数字孪生联盟，旨在制定数字
孪生路线图及行业应用指南，开发相关标准，增强数字孪生的可移植性和互操

作性，推动数字孪生技术在更多行业的应用。该联盟成立短短几个月，就已经吸纳了来自全球政府机构、工业界、学术界的会员单位150余家。美国空军研究实验室、通用电气公司、诺格公司等军工巨头均是该联盟的创始成员，其在数字孪生技术应用方面的成功经验将为加速数字孪生技术的推广应用奠定坚实基础。

2020年8月，数字孪生联盟与工业互联网联盟达成协议，希望加快数字孪生技术的开发、应用速度并创造经济效益。其联合活动主要包括：在标准化要求方面进行协作；通过协调技术组件及其他要素来实现互操作性；协调在术语、安全、模型、支撑技术等方面的工作，以便在各领域中获得应用；组织进行信息交流，联合召开研讨会和进行市场营销。

4 微软

微软是数字孪生的一个软件解决方案供应商，其作为IT企业代表，主张云与AI结合的数字孪生体战略，并在2018年发布了Azure Digital Twins平台，提供了全面的数字模型和空间感知解决方案，可应用于任何物理环境。该平台是一个服务型平台（PaaS），可基于整个环境的数字模型创建孪生体。这些环境可能是建筑物、工厂、农场、能源网络、铁路、体育场等，甚至是整个城市。这些数字模型可用于获取洞察力，以推动产品改进、运营优化、成本降低和客户体验突破。其创新性地使用空间智能图来模拟人、地点、设备、环境之间的复杂关系，支持全面的信息互联与双向通信，可接收物联网及业务系统的输入作为驱动数字孪生体的数据，能够从状态属性、事件触发、组件关系等多方面对模型进行描述，并保证数字孪生体的实时同步更新。此外，Azure具有强大的服务生态（Azure AI、Azure存储、Office 365），能够提供完备的数据存储与历史回溯等服务。借助云服务与全面互联的技术基础，用户可了解到整个系统的实时运行状况，完成远程监控和基于智能算法的预测性维护。

5 美国参数技术公司（PTC）

PTC擅长将数字孪生技术与增强现实技术结合，让数字孪生体变得更加形象化、场景化、更富真实感，强调数字世界与物理世界的紧密相连，以此探索企业数字化转型的本质。借助增强现实技术和已构建完成的数字孪生体，系统可根据用户、场景等不同需求，将不同的虚拟信息等准确无误地叠加到现实的物体之上，广泛应用于产品设计与动态信息展示、员工实操培训、施工现场设备维护、专家远程协同作业、可视化装配指导、客户定制化生产等多个工业应用场景中，能有效提高效率并降低成本，克服工程、制造、服务、销售和营销等多方面的挑战。图1-8为数字孪生与增强现实在汽车行业的应用示意。

图1-8　数字孪生与增强现实在汽车行业的应用（来源：PTC官网）

6　通用电气（GE）公司

GE公司收集了大量资产设备（如航空发动机）的数据，通过数据挖掘分析，能够预测可能发生的故障和时间，确定故障发生的具体原因，GE公司近年来格外重视数字孪生技术的应用与探索。GE公司具有基础平台软件研发和推广能力，借助Cloud Foundry开源框架构建通用PaaS（平台即服务）平台，技术实力强，对各领域有较透彻的理解，具有较强的竞争力，占有较大的市场份额。公司已投资建立工业资产的高保真数字孪生模型，到目前已建立了如齿轮和发动机数字孪生模型，并宣称有数十万生产中的数字孪生实例。以风力机为例，Predix提供的通用数字孪生体必须针对特定电厂的具体风力机进行定制。Predix中的风力机通用模型包含：具有材料和组件细节的PLM（产品生命周期管理）系统信息、三维几何模型、可根据物理算法预测行为的仿真模型等。

第2章

数字孪生相关技术和一般架构

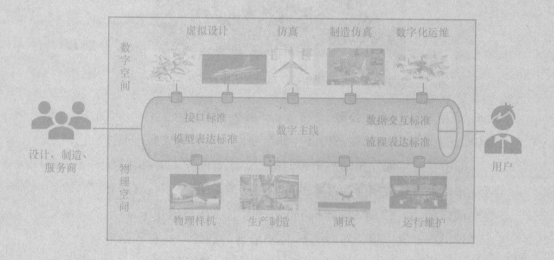

数字孪生技术，是从数字模型、数字样机的相关技术发展而来；而对于生产系统的数字孪生，又和虚拟制造这一技术相关。因此，数字孪生不是全新的技术，它具有建模仿真、虚拟制造、数字样机等技术的特征，并在这些技术的基础上进行了发展。

数字孪生这一词汇出现在 2011 年，但是当时没有引起大家的重视，在制造领域，西门子公司在这个时期基于其 Tecnomatix 平台提出了"数字双胞胎"，在德国大众奥迪品牌线开始应用。直到 2017 年，Gartner 公司将数字孪生列为十大新兴技术之后，该技术才开始在各个行业得以推广。在此期间，新兴信息技术的发展，为数字孪生的实现提供了支撑，也丰富了数字孪生的内涵，推动了数字孪生技术的不断发展。

本章对引出数字孪生这一概念的技术基础，以及推动数字孪生落地和发展的新兴信息技术做一简单介绍（见图 2-1），这些技术也是实现一个数字孪生系统所需要的基本技术支撑。在此基础上，本章给出数字孪生系统的一般架构及主要组成部分。数字孪生不是一种单一的技术，而是一系列技术的综合应用。

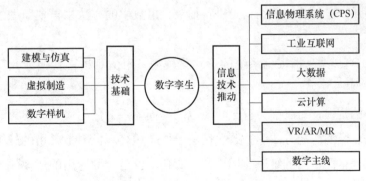

图 2-1　数字孪生相关技术

数字孪生为这些技术在智能制造、智能建造和智慧城市等领域的应用提供了全新的、具体的场景，带动了相关技术的进一步发展。

2.1　数字孪生的技术基础

数字孪生的技术基础，是指在数字孪生这一概念出现之前，就已经广泛研究和应用的技术。这些技术的发展促使"数字孪生"这一概念的产生，同时，数字孪生技术的出现和发展也会对这些技术产生新的发展需求。这些技术主要包括建模仿真技术、虚拟制造技术和数字样机技术。

2.1.1　建模仿真技术

1　模型和数字制造模型

模型是对现实系统有关结构信息和行为的某种形式的描述，是对系统的特征与变化规律的一种定量抽象，是人们认识事物的一种手段或工具。模型大致可以分为三类：

1）物理模型：指不以人的意志为转移的客观存在的实体，如飞行器研制中的飞行模型，船舶制造中的船舶模型等。

2）形式化模型：用某种规范表述方法构建的、对客观事物或过程的一种表达。形式化模型实现了一种客观世界的抽象，便于分析和研究。例如，数学模型，是从一定的功能或结构上进行抽象，用数学的方法来再现原型的功能或结构特征。

3）仿真模型：指根据系统的形式化模型，用仿真语言转化为计算机可以实施的模型。

模型的构建，一般都会有一套规范的建模体系，包括模型描述语言、模型描述方法、模型构建方法等。数学就是一种表达客观世界最常用的建模语言。在软件工程里面常用的统一建模语言（UML）也是一种通用的建模体系，支持面向对象的建模方法。

在制造行业，数字制造模型是数字制造全生命周期中的一个不可缺少的工具。数字制造全生命周期包括数据处理、数字传输、执行控制、事务管理和决策支持等，它是由一系列有序的模型构成的，这些有序模型通常为：功能模型、信息模型、数据模型、控制模型和决策模型，有序通常指这些模型分别是在数字制造的不同生命周期阶段上建立的。

数字制造模型有多种分类方式。从形式上分，有全局结构模型（如制造系统体系结构）、局部结构模型（如柔性制造系统模型）、产品结构模型和生产计划调度模型等；从方法上分，有数学解析模型（如状态空间模型）、图示概念模型（如集成计算机辅助制造定义模型）及图示-解析混合模型（如 Petri 网模型）等；从功能上分，有结构描述模型、系统分析模型、系统设计实施模型和系统运行管理模型等[36]。

在数字制造中，需要用模型加以描述的对象包括：

1）产品：产品的生命周期需要采用各种产品模型和过程模型来描述。

2）资源：机器设备、资金、各种物料、人、计算设备、各种应用软件等制造系统中的资源，需要用相应模型描述。

3）信息：对数字制造全过程的信息的采集、处理和运用，需要建立适当的信息模型。

4）组织和决策：将数字制造的组织和决策过程模型化是实现优化决策的重要途径。

5）生产过程：将生产过程模型化是实现制造系统生产、调度过程优化的前提。

数字制造建模就是运用适当的建模方法将数字制造全生命周期的各个对象、过程等抽象地表达出来，并通过研究其结构和特性，进行分析、综合、仿真及优化。

2　仿真的基本概念

对于仿真，人们一般先进行一些数学处理，然后，通过计算来推理和研究。后来，电子计算机技术产生和发展，人们发现可以利用模拟电路去研究工业控制过程中的实际问题，由此产生了现代控制理论。而这个模拟电路就是工业控制系统的一个模型，通过在这个模型上进行实验，就可以解决实际控制过程中产生的问题。例如，在飞机设计过程中，由于飞机造价的昂贵，用真实的飞机进行实验是不现实的。为了获得飞机外形的气动数据，尤其是飞机机翼的气动数据，必须制作各种不同形状的机翼模型放到风洞中进行实验。风洞实验的结果改进了飞机的设计理论，而利用这个理论又可以去设计新型的飞机。诸如解决这些问题的方法，就是现代仿真技术，在这个时期，人们在利用仿真方法研究或求解问题时，都是利用实物去构造与实际系统成比例的物理模型，在这个模型上进行实验。因此，从一般意义上讲，在对一个已经存在或尚不存在但正在开发的系统进行研究的过程中，为了了解系统的内在特性，必须进行一定的试验，由于系统不存在或其他一些原因，无法在原系统上直接进行实验，只能设法构造既能反映系统特征又能符合系统实验要求的系统模型，并在该系统模型上进行实验，以达到了解或设计系统的目的，于是，仿真技术就产生了[36]。

根据 ISO（国际标准化组织）定义，模拟（Simulation）即选取一个物理的或抽象的系统的某些行为特征，用另一系统来表示它们的过程。仿真（Emulation）即用另一数据处理系统，主要是用硬件来全部或部分地模仿某一数据处理系统，使得模仿的系统能像被模仿的系统一样接收同样的数据，执行同样的程序，获得同样的结果。从这个意义上讲，在计算机中构建真实系统的模型，进行分析的过程应该称为"计算机模拟"，但是目前习惯上还是称为"计算机仿真"。在不引起歧义的情况下，本书统一用习惯用语"仿真"来表述上述的"模拟"和"仿真"的概念。

仿真就是建立系统的模型（数学模型、物理模型或数学-物理效应模型），并在模型上进行实验。仿真是建立在控制理论、相似理论、信息处理技术和计算技术等理论基础之上的，以计算机和其他专用物理效应设备为工具，利用系统模型对真实或假想的系统进行实验，并借助于专家经验知识、统计数据和资料对实验结果进行分析研究并做出决策的一门综合性和实验性的学科。

3　仿真模型

建模与仿真是指构造现实世界实际系统的模型和在计算机上进行仿真的复杂活动，它主要包括实际系统、模型和计算机三个基本部分，同时考虑三个基本部分之间的关系，即建模关系和仿真关系。建模关系是通过对实际系统观测和检测，在忽略次要因素及不可监测变量的基础上，用规范表述方法（如数学的方法）进行描述，从而获得实际系统的简化近似模型。仿真关系主要研究计算机程序的实现与模型之间的关系，其程序能为计算机所接受并在计算机上运行。

仿真研究就是把构建好的形式化模型（如数学模型）放在计算机上运行求解。数学模型是人类用数学语言描述客观事物的一种表达，它不能直接在计算机上进行运算。一个真实系统的数学模型往往相当复杂，依靠人工计算来求解，是非常困难的，必须借助于计算机的高速运算来进行求解。因此，人们就需要把数学模型转换成计算机可以理解的模型，即按照计算机语言和计算机运算的特点（或者说按照一定的算法）进行重新构造模型，这个过程被称为仿真建模。至此，根据仿真模型就可以利用计算机语言编写程序了，再把编写好的程序在计算机上运算求解，并用数字或图形等方式表示计算结果，这就是计算机仿真的基本过程。

根据仿真建模技术的基本原理，建模与仿真分别代表了两个不同的过程，建模是指根据被仿真的对象或系统的结构构成要素、运动规律、约束条件和物理特性等，建立其形式化模型的过程，仿真则是利用计算机建立、校验、运行实际系统的模型，以得到模型的行为特征，从而分析研究该系统的过程。图 2-2 表示了这个过程，整个过程有两个抽象和转换的过程，其一是从物理系统到形式化模型（如数学模型），这个是物理空间到信息空间的一个抽象，其二是形式化模型（如数学模型）到计算机仿真模型的转换，这个过程是为了保障仿真能顺利开展。建模是仿真的基础，仿真是建模的目的。在仿真技术的实际应用中，人们总是追求两者之间具有清晰的关系，主要表现为建模框架和仿真框架的分离，这样便于实现通用的仿真控制和实验环境，使得研究人员可以集中精力于对仿真对象系统的建模研究上，同时实现较高的建模灵活性、可维护性以及代码可重用性。仿真框架则主要提供对仿真系统的控制功能的描述。在传统的面向过程的仿真建模方法中，仿真系统的控制功能被嵌入描述模型的过程，代码中仿真涉及的各种控制功能与模型的建模元素不能明确地区分开，这种建模结构与控制结构混为一体的方式使得模型结构复杂，缺乏可扩展性，难于维护和修改，代码可重用性低。

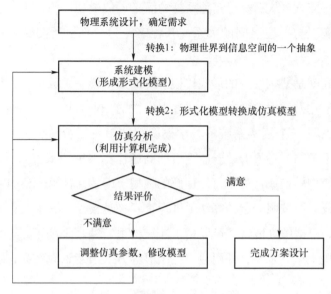

图 2-2　建模和仿真的一般过程

　　在选择建模方法时，应该考虑被讨论的系统的特征，以及所要跟踪问题的性质。常用的仿真建模方法包括静态/动态建模方法、连续/离散建模方法、随机/确定性建模方法以及面向对象和多智能体仿真建模方法。

4　仿真建模方法

　　仿真建模已经在广泛而多样的应用领域中积累了众多的成功案例。随着新的建模方法和技术的涌现，以及计算机性能的快速增长，仿真建模技术将应用到更加广泛的领域中。以生产系统为例，仿真建模的应用如图 2-3 所示。

　　图 2-3 列出了生产系统各个层次对应的仿真建模应用。底层是设备级建模，表示在现实世界中具有最大细节化的实体。在这个层面的仿真，很多是多学科的，包括机械、电子/电气、液压/气动以及控制系统的建模和仿真，用于分析某个产品或某个设备的运行情况，验证设计方案。

　　图 2-3 中最上面的是企业层高度抽象的仿真，针对企业宏观决策、应对策

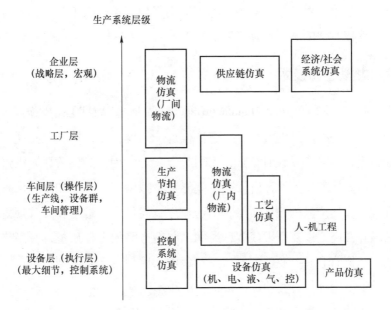

图 2-3　生产系统各个层次对应的仿真建模应用[36]

略等方面的建模与仿真，例如，针对社会、经济因素的系统仿真，供应链仿真等。这些模型往往定性和定量结合，建模涉及的周期长，是针对一个较长时间范围内的仿真。

　　在这两个层面之间的，是一个中间规模和中等细节的建模。例如，物流仿真、生产过程仿真、工艺仿真等。

　　选择合适的抽象层，对于建模至关重要。前面说过，模型是对实际系统的一个抽象，只有明确了模型所需要包含和舍弃的部分，才能构建出复杂程度适合、能真正解决实际问题的仿真模型。

　　仿真建模方法，就是一个映射真实世界的常规模型框架。仿真建模方法给出了适用于仿真的建模语言与一系列术语和条件，目前为止，在生产系统领域，主要建模方法包括：离散事件建模、基于智能体建模和系统动力学建模。

　　每一种建模方法都适用于其特定的抽象层级范围。系统动力学建模适合较高的抽象层级，其在决策建模中已经得到了典型应用；离散事件建模支持中层和偏下层的抽象层级；基于智能体建模适合多抽象层级的模型，既可以实现较低抽样层级的物理对象细节建模，也可以实现公司和政府等较高抽象层级的建模。仿真建模方法的选择要基于所需模拟的系统和建模的目标来决定。

2.1.2 虚拟制造技术

虚拟制造技术（Virtual Manufacturing Technology，VMT）是以虚拟现实和仿真技术为基础，对产品的设计、生产过程统一建模，在计算机上实现产品全生命周期的模拟仿真，从设计、加工和装配、检验、使用到回收，无需进行物理样品的制造，从产品的设计阶段开始就能够模拟出产品性能和制造流程，通过该种方式来优化产品的设计质量和制造流程，优化生产管理和资源规划，最小化产品的开发周期以及开发成本，最优化制造产品的设计质量，最高化企业的生产效率，从而形成企业强大的市场竞争力。比如波音777型飞机，在计算机上完成了整机设计、各类测试、整机装配和不同环境下的试飞，成功地把开发周期从过去的8年缩短到5年；Chrysler公司与IBM公司合作新型车的研制也在虚拟制造环境中进行，在样品车实际生产之前就发现了定位系统以及一些其他的设计缺陷，缩短了研制周期。

虚拟制造是实际制造过程在计算机上的本质实现，即采用计算机仿真与虚拟现实技术，在计算机上实现产品开发、制造管理与控制等制造的本质过程，以增强制造过程各级的决策与控制能力。虚拟制造的特点有：

1）模型化：虚拟制造以模型为核心，本质上还是属于仿真技术，离不开对模型的依赖，涉及的模型有产品模型、过程模型、活动模型和资源模型。

2）集成化：虚拟制造以模型信息集成为根本，虚拟制造对单项仿真技术的依赖决定了它所面临的是众多的适应各单项仿真技术的异构模型，如何合理地集成这些模型就成为虚拟制造成功的基础。

3）拟实化：虚拟制造以拟实仿真为特色，主要指仿真结果的高可信度，以及人与这个虚拟制造环境交互的自然化。虚拟现实（Virtual Reality，VR）技术是改善人机交互自然化的普遍认可的途径。

根据虚拟制造所涉及的工程活动类型不同，虚拟制造分成三类，即以设计为核心的虚拟制造（Design-centered VM）、以生产为核心的虚拟制造

（Production-centered VM）和以控制为核心的虚拟制造（Control-centered VM）。这种划分结果也反映了虚拟制造的功能结构。

1）设计性虚拟制造：把制造信息引入到产品设计全过程，强调以统一制造信息模型为基础，对数字化产品模型进行仿真、分析与优化，从而在设计阶段就可以对所设计的零件甚至整机进行可制造性分析，包括加工工艺分析、铸造热力学分析、运动学分析、动力学分析、可装配性分析等。为用户提供全部制造过程所需要的设计信息和制造信息以及相应的修改功能，并向用户提出产品设计修改建议。

2）生产性虚拟制造：在生产过程模型中融入仿真技术，是在企业资源（如设备、人力、原材料等）的约束条件下，实现制造方案的快速评价以及加工过程和生产过程的优化。它对产品的可生产性进行分析与评价，对制造资源和环境进行优化组合，通过提供精确的生产成本信息对生产计划与调度进行合理化决策。它贯穿于产品制造的全过程，包括与产品有关的工艺、夹具、设备、计划以及企业等。

3）控制性虚拟制造：为了实现虚拟制造的组织、调度与控制策略的优化以及人工现实环境下虚拟制造过程中的人机智能交互与协同，需要对全系统的控制模型及现实加工过程进行仿真，这就是以控制为中心的虚拟制造。

以上三种虚拟制造分别侧重于产品设计、生产制造过程和系统控制三个不同方面。但它们都以计算机建模、仿真技术作为重要的实现手段，通过对产品和生产系统相关元素进行统一建模，用仿真支持设计过程、模拟制造过程，进行成本估算和生产调度。

2.1.3　数字样机技术

1　数字样机的概念

数字样机（Digital mock-up，DMU）技术兴起于 20 世纪 90 年代。数字样机技术是以 CAD/CAE/DFx（Design for X，是一种面向产品生命周期的设计理念，其中 "X" 代表产品生命周期中某一环节，如装配、安装、维护等）技术为基础，以机械系统运动学、动力学和控制理论为核心，融合计算机图形技术、仿真技术以及虚拟现实技术，将多学科的产品设计开发和分析过程集中到一起，使产品的设计者、制造者和使用者在产品设计研制的早期就可以直观形象地对产品数字原型进行设计优化、性能测试、制造仿真和使用仿真，为产品的研发提供了全新的数字化设计方法。

数字样机技术从设计及制造的角度出发，借助于计算机技术对产品的各项参数进行设计、分析、仿真与优化，达到替代或精简物理样机的目的。

数字样机技术使设计者可以在没有制作新产品物理样机的情况下，利用数字模型对新产品的性能和制造过程进行仿真测试实验。通过它，设计者能够及时地发现设计中的错误，提高工作效率和设计质量。这不仅为企业节省了大量设计经费，也能够有效缩短新产品的设计周期。前面所述的波音777、787等型号飞机的设计，就是采用了数字样机技术。

数字样机是建立在三维几何模型基础上的可仿真数字模型，可以对产品进行功能、几何、物理性能等方面的分析。应用数字样机技术可使产品设计者、制造者和使用者，在产品的设计阶段就基于数字化环境直观地了解产品的几何特性，再利用仿真技术对产品的数字模型进行性能测试和制造仿真，及早发现并解决问题，从而达到优化产品的目的。

数字样机技术的出现和逐步成熟为提高设计质量、减少设计错误和提高设计工作效率等方面提供了强大有力的工具和手段，具有重大的意义。数字样机的虚拟数字模型不只是几何模型，还包括多物理场、多学科的分析模型、边界条件模型、分析结果模型，它可以替代物理样机进行产品性能分析和预测。

2　数字样机的相关技术

为了能够更好地替代物理样机对新产品进行分析，真实地反映新产品的特性，数字样机分析软件在进行机械系统运动学和动力学分析时，需要融合其他相关技术。数字样机的开发和实施涉及以下技术：

1）几何形体的计算机辅助设计（CAD）技术。用于机械系统的几何建模，或者用来展现机械系统的仿真分析结果。

在几何建模中，模型主要是二维图形、三维线框和三维实体造型。几何建模技术还包括不同格式的几何模型间的无损变换、几何模型的渲染技术（主要有表面纹理修饰和光照技术）和几何模型的操纵技术（涉及模型的立体显示、消隐、透明等）。

2）计算机辅助工程（CAE）技术，主要是有限元分析（FEA）技术。可以利用机械系统的运动学和动力学分析结果，确定进行机械系统有限元分析所需要的外力和边界条件，或者利用有限元分析对构件应力、应变、强度、温度等进行进一步的分析。

3）模拟各种工况的软件编程技术。数字样机软件运用开放式的软件编程技术来模拟各种力和动力，例如电动力、液压动力、风力等，以适应各种物理、控制系统的要求。

4）控制系统设计与分析技术。数字样机可以运用传统的和现代的控制理论，进行系统控制部分的仿真分析，或者可以应用其他专用的控制系统分析软件，进行机械系统和控制系统的联合分析。

5）优化分析技术。运用数字样机分析技术进行产品各系统的优化设计和分析是一个重要的应用领域，通过优化设计，确定最佳设计结构和参数值，使产品获得最佳的综合性能。

3 数字样机的特点

虽然人们对数字样机的概念有不同的认识，但是数字样机都具有以下三个特点[37]：

1）真实性：真实性是数字样机最本质的属性。采用数字样机的根本目的是取代或者精简物理样机。因此数字样机应是"具有一定的原型产品或系统真实功能并能够与物理原型相媲美的计算机仿真模型"，可以在几何、物理与行为各个方面逼近物理样机。

① 几何真实性。数字样机具有和实际产品相同的几何结构与几何尺寸，相同的颜色、材质与纹理，使得设计者能真实地感知产品的几何属性。

② 物理真实性。数字样机具有和实际产品相同或相近的运动学与动力学属性，能够在虚拟环境中模拟零件间的相互作用。

③ 行为真实性。在外部环境的激励下，数字样机能够做出与实际产品相同或相近的行为响应。

2）面向产品全生命周期：数字样机技术是对物理产品全方位的计算机仿真技术，而传统的工程仿真只是对产品某方面进行测试，以获得产品在该方面的性能。数字样机是由分布的、不同工具开发的甚至是异构子模型所组成的模型联合体，包括产品的 CAD 模型、外观表示模型、功能和性能仿真模型、各种分析模型（可制造性、可装配性等）、使用模型、维护模型和环境模型。

3）多领域多学科：复杂产品设计往往会涉及机械、控制、电子、液压、气动等多个不同的领域。要想对这些复杂产品进行完整、准确的仿真分析，必须将多个不同的学科领域的子系统作为一个整体进行仿真分析，使得数字样机能够满足设计者对产品进行功能验证与性能分析的要求。

2.2　数字孪生推动力——新兴信息技术

在数字孪生概念前后出现和发展的新兴信息技术，推动了数字孪生的实现，进一步丰富了数字孪生的内涵。数字孪生概念的提出以及实施，为这些技术的应用提供了一个新的场景和需求，提出了新的要求，也带动了这些技术的发展。

2.2.1　信息物理系统

1　信息物理系统的基本概念

信息物理系统（Cyber-Physical System，CPS），又可称为"赛博物理系统""信息物理融合系统"等，本书参考《中国制造 2025》中的名词定义，称为"信息物理系统"。这个概念体现了信息空间和物理空间的互相融合，和数字孪生这一概念十分类似，这点也可以从国内相关学者对 CPS 的特征总结"数据驱动、软件定义、泛在连接、虚实映射、异构集成、系统自治"[38, 39] 中看到。CPS 作为德国"工业 4.0"中的核心系统，在 2013 年后引起了大家的关注。

CPS 最早在 1992 年由 NASA 提出。2006 年举办了国际上第一个关于 CPS 的会议，会议上，美国国家科学基金会（NSF）科学家 Helen Gill 对 CPS 的概念进行了详细描述。CPS 引起广泛关注的同时，由于各国发展现状不同，对于

CPS 的理解也有所不同。NSF 认为 CPS 是通过计算核心（嵌入式系统）实现感知、控制、集成的物理、生物和工程系统。在 CPS 中，计算被"深深嵌入"到物理系统中。CPS 的功能由计算和物理过程交互实现。欧盟第七框架计划指出 CPS 包含计算、通信和控制，它们紧密地与不同物理、机械、电子和化学过程融合在一起。工业和信息化部指导、中国信息物理系统发展论坛发布的《信息物理系统白皮书 2017》对 CPS 的定义是，CPS 通过集成先进的感知、计算、通信、控制等信息技术和自动控制技术，构建了物理空间与信息空间中人、机、物、环境、信息等要素相互映射、适时交互、高效协同的复杂系统，实现系统内资源配置和运行的按需响应、快速迭代、动态优化[39]。

CPS 的本质是构建一套信息空间与物理空间之间基于数据自动流动闭环赋能体系，通过**状态感知**、**实时分析**、**科学决策**、**精准执行**，解决实际应用服务过程中的复杂性和不确定性问题，提高资源配置效率，实现资源优化，如图 2-4 所示。CPS 内部的信息空间和物理空间、CPS 之间、CPS 和人之间都有连接。

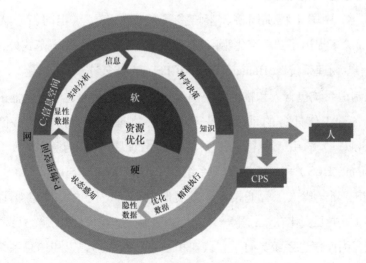

图 2-4　CPS 本质[39]

CPS 的四大核心技术要素分为"一硬"（感知和自动控制）、"一软"（工业软件）、"一网"（工业网络）、"一平台"（工业云和智能服务平台）。其中感知和自动控制是 CPS 实现的硬件支撑；工业软件固化了 CPS 计算和数据流程的规则，是 CPS 的核心；工业网络是互联互通和数据传输的网络载体；工业云和智能服务平台是 CPS 数据汇聚和支撑上层解决方案的基础，对外提供资源控制和能力服务。

CPS 具有层次性，一个智能部件、一台智能设备、一条智能生产线、一个智能工厂都可以成为 CPS。同时 CPS 还具有系统性，一个工厂可能涵盖多条生产线，一条生产线也会由多台设备组成，因此可将 CPS 层次划分为单元级、系统级、体系（System of Systems，SoS）级三个层次。CPS 构建了一个能够联通物理空间和信息空间，驱动数据在其中自动流动，实现对资源优化配置的智能系统。这套系统在有机运行过程中，表现出的典型特征：数据驱动、软件定义、泛在连接、虚实映射、异构集成、系统自治。

CPS 概念是随"工业 4.0"而为广大用户重视，但是 CPS 的概念不只是在制造领域，建筑、城市都可以看作是一个 CPS 系统或者 CPS 体系。

2 人-信息-物理系统

2018 年，中国工程院周济、李培根等院士发表了《走向新一代智能制造》，里面除了提出了"数字化-网络化-智能化"这一智能制造范式外，还提出了"人-信息-物理系统"（Human CPS，HCPS）的概念[40]。

传统制造系统包含人和物理系统两大部分，是完全通过人对机器的操作控制去完成各种工作任务的系统，是一种"人-物理系统（HPS）"。信息系统（Cyber System）的引入使得制造系统同时增加了"人-信息系统"（Human-Cyber System，HCS）和"信息-物理系统"（Cyber-Physical System，CPS），并形成了 HCPS。新一代人工智能技术的发展形成了新一代"人-信息-物理系统"（见图 2-5）。主要变化在于：第一，人将部分认知与学习型的脑力劳动转移给信息系统，因而信息系统具有了"认知和学习"的能力，人和信息系统的关系发生了根本性的变化，即从"授之以鱼"发展到"授之以渔"；第二，通过"人在回路"的混合增强智能，人机深度融合将从本质上提高制造系统处理复杂性、不确定性问题的能力，极大地优化了制造系统的性能。

从系统构成看，HCPS 是以人为中心、由 HPS 进化而来，是由人、信息系

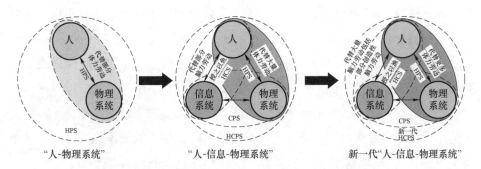

"人-物理系统"   "人-信息-物理系统"   新一代"人-信息-物理系统"

图 2-5　从"人-物理系统"到新一代"人-信息-物理系统"[40]

统和物理系统有机集成的综合智能系统，包括 HPS、HCS、CPS 等子系统，是当代和未来世界有效解决各种问题的一种普适形态和观念，覆盖人类生产和生活的方方面面。其中，物理系统是主体，是制造活动能量流与物质流的执行者；信息系统是主导，是制造活动信息流的核心，辅助或者代替人类对物理系统进行感知、认知、分析决策与控制，使物理系统以最优的方式运行；人是整个系统的主宰和关键，一方面，人是物理系统、信息系统的创造者，信息系统的"智能"是由人赋予的，另一方面，人也是系统的使用者、运营者和管理者。因此，无论物理系统还是信息系统都是为人类服务的。相比于传统 HPS 中人对机械系统的直接作用，在 HCPS 中，部分劳动者从枯燥、繁琐的体力劳动中解脱出来，物理系统（机械）可更好更快地完成大量机械工作（即机械自动化），同时信息系统也有效提高了脑力劳动的自动化水平（即知识自动化），解放了人类的部分脑力劳动。

HCPS 的发展过程实际上也是信息技术不断发展的过程，即从数字化（HCPS 1.0）、网络化（HCPS 1.5）走向智能化（HCPS 2.0）。

3　CPS 与数字孪生的关系

CPS 和数字孪生都体现了泛在连接、虚实映射，因此，两个概念有一定的联系。CPS 更多地可以看作是一个理念，而数字孪生是一种技术实现。从广义上说，数字孪生系统可以看成是一个 CPS 系统或 CPS 体系，体现了物理对象和信息空间虚拟模型之间的互动。

CPS 是一个系统的整体理念，它着重于控制。CPS 的状态感知、实时分析、科学决策、精准执行是一个单元或一个系统的完整功能，缺一不可。如果物理对象离开了信息空间对象的控制，可能就不能运行，不能实现全部功能。

数字孪生侧重于信息空间的数字孪生体，通过数字孪生体的运作来更好地帮助物理系统的运行。从某种意义上说，如果没有数字孪生体的支持，物理系统也可以运行，实现部分甚至全部的功能。以航天器的物理孪生来类比，地面上的孪生体如果发生故障不能运行，不会影响到太空中航天器的功能。从这个意义上说，数字孪生系统的"整体性"没有 CPS 这个概念那么严格。

CPS 概念及其实现能促进数字孪生系统的建设。从目前很多智能系统来说，其本身就是一个 CPS 单元或 CPS 系统，例如，数控机床、智能机器人等 CPS 单元，智能车间、智能交通系统等 CPS 系统，这些单元和系统都体现了信息空间和物理系统之间的互动，其数据、控制和管理模型等都存在于信息空间，为进一步构建数字孪生体实现数字孪生系统打下了坚实基础。数字孪生系统也可以看作是 CPS 理念的一个具体应用实现。

2.2.2 工业互联网与工业互联网平台

1 工业互联网的基本概念

工业互联网是互联网和新一代信息技术在工业全领域、全价值链、全产业链中的融合集成应用，是工业数字化、网络化、智能化发展的关键综合信息基础设施。工业互联网的本质是实现设备、控制系统、信息系统、人、产品之间的网络互联，通过工业大数据的深度感知和计算分析，实现整个工厂的智能决策和实时动态优化。

GE 公司于 2013 年 6 月提出了工业互联网战略，随后于 2014 年 3 月联合 AT&T、思科（Cisco）、IBM 和英特尔（Intel）等公司发起了美国工业互联网联盟（IIC），IIRA（Industrial Internet Reference Architecture）是 IIC 发布的工业互联网参考架构，2019 年 6 月 19 日发布了 1.9 版本。IIRA 注重跨行业的通用性和互操作性，提供一套方法论和模型，以业务价值推动系统的设计，把数据分析作为核心，驱动工业互联网系统从设备到业务信息系统的端到端的全面优化。

2016 年，针对我国工业互联网技术的迫切发展，国内的工业互联网产业联盟（Alliance of Industrial Internet，AII）在参考美国 IIRA、德国 RAMI 4.0 以及日本"工业价值链参考架构"（Industrial Value Chain Reference Architecture，IVRA）的基础上，提出了以网络、数据和安全为主要功能体系的工业互联网体系架构 1.0，如图 2-6 所示。工业互联网体系架构 1.0 定义了网络、数据和安全三大功能体系。网络是工业数据传输交换和工业互联网发展的支撑基础，数据是工业智能化的核心驱动，安全是网络与数据在工业中应用的重要保障。体系架构 1.0 还给出工业互联网三大优化闭环：面向机器设备运行优化的闭环、面向生产运营优化的闭环以及面向企业协同、用户交互与产品服务优化的闭环，从而明晰了网络联通的节点、数据流动的方向和安全保障的要害。

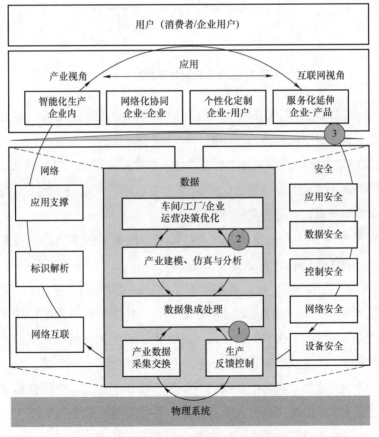

图 2-6　工业互联网体系架构 1.0[41]

2019 年，为了更好地进行体系化的设计、新技术的融合以及实施的可行性，通过对工业互联网体系架构需求的分析，综合考虑体系的系统性、全面性、合理性、可实施性，AII 设计如图 2-7 所示的工业互联网体系架构 2.0，以业务视图、功能架构、实施框架三大板块为核心，自顶向下形成逐层的映射[41]。

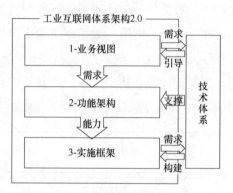

图 2-7　工业互联网体系架构 2.0[41]

1）业务视图定义工业互联网产业目标、商业价值、应用场景和数字化能力，体现工业互联网关键能力与功能，并导向功能架构。

2）功能架构明确支撑业务实现的功能，包括基本要素、功能模块、交互关系和作用范围，体现网络、平台、安全三大功能体系在设备、系统、企业、产业中的作用与关系，并导出实施框架。

3）实施框架描述实现功能的软硬件部署，明确系统实施的层级结构、承载实体、关键软硬件和作用关系，以网络、标识、平台与安全为核心实施要素，体现设备/边缘/企业/产业各层级中工业互联网软硬件和应用。

工业互联网是第四次工业革命的重要基石。伴随着新一轮的科技革命和产业革命，实体经济各个领域的数字化、网络化、智能化发展成为第四次工业革命的核心内容。工业互联网通过人、机、物的全面互联，全要素、全产业链、全价值链的全面连接，对各类数据进行采集、传输、存储、分析并形成智能反馈，推动形成全新的生产制造和服务体系，优化资源要素配置效率，充分发挥制造装备、工艺和材料的潜能，提高企业生产效率，创造差异化的产品并提供增值服务。工业互联网为实体经济各个领域的转型升级提供具体的实现方式和推进抓手，为产业变革赋能。

世界各国非常重视工业互联网技术，并将其列为本国的研发重点。工业互联网技术开始成为全球讨论的热点，同时各国也开始加大了相关技术的研发，争取引导和占领相应的市场。

2 工业互联网平台

工业互联网平台本质上是一个工业云平台，基于工业互联网应用需求，搭建起采集、存储、分析和应用工业数据的生产服务体系，保障生产资源的全面连接、按需供给和智能调度，实现工业生产过程的技术积累和应用创新。作为工业互联网 **"网络、平台和安全"** 三大要素之一，工业互联网平台是工业全要素链接的枢纽，是工业资源配置的核心。 工业互联网平台对制造业数字化转型的驱动能力正逐渐显现，依托平台可以开展工业大数据分析以实现更高层次价值挖掘，平台云化工具可以以较低成本实现信息化与数字化普及，基于平台也可以实现制造资源优化配置和产融对接等应用模式创新，这些都推动了制造业向更高发展水平迈进。

AII 给出了工业互联网平台功能参考架构，如图 2-8 所示。工业互联网平台是面向制造业数字化、网络化、智能化需求，构建基于海量数据采集、汇聚、分析的服务体系，支撑制造资源泛在连接、弹性供给、高效配置的工业云平台，包括边缘、平台（工业 PaaS）、应用三大核心层级。可以认为，工业互联网平台是工业云平台的延伸发展，其本质是在传统云平台的基础上叠加物联网、大数据、人工智能等新兴技术，构建更精准、实时、高效的数据采集体系，建设包括存储、集成、访问、分析、管理功能的使能平台，实现工业技术、经验、知识模型化、软件化、复用化，以工业 APP 的形式为制造企业提供各类创新应用，最终形成资源富集、多方参与、合作共赢、协同演进的制造业生态[42]。

泛在连接、云化服务、知识积累、应用创新是辨识工业互联网平台的四大特征。泛在连接让平台具备对设备、软件、人员等各类生产要素数据的全面采集能力。云化服务，实现基于云计算架构的海量数据存储、管理和计算。通过平台上的知识积累，能够提供基于工业知识机理的数据分析能力，并实现知识

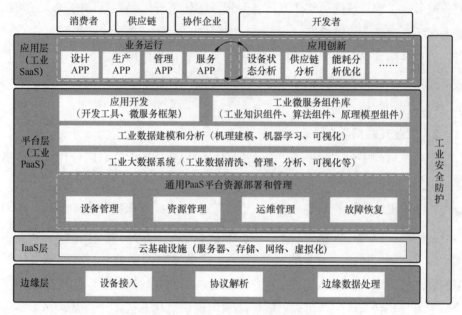

图 2-8　工业互联网平台功能参考架构[42]

的固化、积累和复用。平台应用目标是应用创新，能够调用平台功能及资源，提供开放的工业 APP 开发环境，实现工业 APP 创新应用。在制造行业，工业互联网平台是新型制造系统的数字化神经中枢，在制造企业转型中发挥核心支撑作用。

3　工业互联网与数字孪生

实现基于数字孪生的智能系统的基础是数据的交互共融。工业互联网技术通过物联网、现场总线与工业以太网、互联网等技术来实现万物互联，并通过边缘计算有效地解决物理实体数据传输的实时性和可靠性。物理实体通过传感层将数据通过网络层传递到应用层进行数据处理，最后传递到虚拟模型中。同样在虚拟模型中的仿真结果也逆向反馈到物理实体，通过网络层中数据快速传递能力，结合计算机的强大计算能力，最后实现了物理实体和虚拟模型的实时同步。此外，工业互联网的"万物互联"不仅注重物理实体的互联互通，也包括物理-信息空间的深度融合，这与数字孪生系统的虚实融合相契合，即数字孪生系统最终功能的实现依赖于工业互联网支持下构建的数据平台，并进一步促进工业互联网的应用与推广。

工业互联网平台是数字孪生系统实施的基础平台。数字孪生系统涉及大量的模型和数据的管理与处理，包括模型训练、数据处理、模型和数据的分发等工作，都需要工业互联网平台来提供支持。平台的泛在互联保证了数字孪生应用的便捷接入，为应用推广提供了网络基础。

2.2.3 大数据

1 大数据基本概念

大数据是信息技术高度发展的产物，互联网、物联网、移动计算等信息技术的不断发展和深入应用，产生了海量的数据。2013 年，维克托·迈尔·舍恩伯格在《大数据时代：生活、工作与思维的大变革》一书中指出，大数据带来的信息风暴正在变革我们的生活、工作和思维，大数据开启了一次重大的时代转型。维克托认为，大数据的核心就是预测。这个核心代表着我们分析信息时的三个转变。第一个转变就是，在大数据时代，我们可以分析更多的数据，有时候甚至可以处理和某个特别现象相关的所有数据，而不再依赖于随机采样。第二个改变就是，研究数据如此之多，以至于我们不再热衷于追求精确度。第三个转变因前两个转变而促成，即我们不再热衷于寻找因果关系。该书的出版，引起了业界对大数据研究的热潮。

大数据还没有公认的定义，各个领域的专家从不同的角度对大数据进行了定义。研究机构 Gartner 给出了这样的定义。"大数据"是需要新处理模式才能具有更强的决策力、洞察发现力和流程优化能力来适应海量、高增长率和多样化的信息资产。大数据具有四个典型的特征：Volume（数据量大），Velocity（速度快），Variety（数据种类繁多），Value（数据价值大）。大数据的特征主要表现在四个层面：第一，数据体量巨大，所需要处理的数据从 PB 级别到 EB 级别，甚至是 ZB 级别；第二，数据增长速度快，对数据处理速度也要求快。当今社会，每时每刻都有大量数据被获取和存储。同时，只有快速处理才能有效利用其价值；第三，数据类型繁多，包括文字、图像、视频、地理位置信息等，涵盖结构化、半结构化和非结构化数据；第四，价值密度较低，但商业价值大。表面上看很多数据没有价值，但是通过大量数据的整合处理，可以挖掘出整体蕴藏着的巨大价值。

大数据的获取、传输和存储、分析和处理成为提高企业竞争力的关键因素。伴随着大数据处理技术的应用，"数据资源"成为很多企业或组织的一个新的资产，各行各业的决策从"业务驱动"变成了"数据驱动"，也催生了"数据驱动的建模方法"的应用。

针对大数据的特征，很多传统的数据分析处理技术不能适应大数据环境，例如，大数据的大量数据，给传统的软件和存储模式提出挑战；大数据的分布式、低价值密度、高价值也给软件架构提出新需求；大量异质的、非结构化的数据也给数据存储和处理方法提出新要求。大数据处理的关键技术包括数据采集和预处理、数据存储和管理、数据分析和挖掘。数据科学是伴随大数据发展的一门新兴的学科，深度学习方法的出现也为大数据处理提供了新的模式，并且也给大数据的应用提供了新的手段。

2 工业大数据

大量工业设备在其运行过程中，通过传感器、控制器等采集和处理了大量的数据。这些数据被有效地存储起来，形成了工业大数据。工业大数据作为对工业相关要素的数字化描述和在信息空间的映像，也符合大数据的 4V 特征，相对于其他类型的大数据，工业大数据还具有反映工业逻辑的多模态、强关联、高吞吐量等新特征。

多模态是指工业大数据反映工业系统多方面特征及其各方面要素，涉及工业领域中"光、机、电、液、气"等多学科、多专业信息化软件产生的不同种类的结构化和非结构化数据。比如三维产品模型文件不仅包含几何造型信息，还包含尺寸、工差、定位、材料等其他信息；同时，航空、轨道交通、化工等复杂产品对象的数据又涉及机械、电磁、流体、声学、热学、化学等多学科、多专业。

强关联反映的是工业的系统性及其复杂动态关系，包括两个方面：一个方面是工业系统加工处理对象和工业系统本身的关联，一个产品在加工过程会和工业系统发生关联，而由于产品组成复杂，组成产品的零件、部件和组件会和多个生产系统关联；另外一方面是指工业大数据会有明显的时效性，有时间序列关联，通过时间戳把多个传感器、多维度的感知数据关联起来，综合反映工业系统的状态。

高吞吐量即工业传感器要求瞬时写入超大规模数据。工业大数据来自传感器和工业软件，要满足实时感知，其监控频率高，会高速产生大量的数据。以风力机装备为例，根据 IEC 61400-25 标准，持续运转风力机的故障监测，其数据采样频率为 50Hz，如果单台风力机每秒产生 225KB 传感器数据，按 2 万台风力机计算，全量采集则写入速率要求为 4.5GB/s。总体而言，机器设备产生的时序数据的特点包括海量的设备与测点、数据采集频度高（产生速度快）、数据总吞吐量大、7×24h 持续不断，呈现出"高吞吐"的特征[43]。

3　大数据与数字孪生

数字孪生的特点是"模型+数据"，其区别于传统的仿真或者数字样机，就在于结合模型，数字孪生体能利用大数据处理技术，有效对物理实体运行所产生的大数据进行分析处理和治理。大数据采集和处理是数字孪生体能同步反映物理实体的基本要求。另外，数字孪生体能进行仿真和预测，需要对孪生体运行环境进行同步建模，这也需要采集物理实体运行过程的环境数据，利用大数据技术来构建虚拟环境，提高模型运行的真实性。

数字孪生应用中的监控、分析和预测功能，也离不开大数据分析和处理技术。

2.2.4　云计算

1　云计算基本概念

云计算，是一种将计算资源变成按需可用的公共资源的计算模式。美国国家标准与技术研究院对云计算的定义是，云计算是一种能够通过网络以便利的、按需付费的方式获取计算资源（包括网络、服务器、存储、应用和服务）并提高其可用性的模式，这些资源来自一个共享的、可配置的资源池，并能以最省力和无人干预的方式获取和释放。

云计算和计算机"虚拟化"技术相关，可以将计算资源虚拟成各类服务资源，按需配置和分发。云计算服务分成基础设施即服务（IaaS）、平台即服务（PaaS）和软件即服务（SaaS）三类。

基础设施即服务（Infrastructure as a Service，IaaS），就是将计算资源、存储资源、网络资源等计算机基础资源作为一种虚拟化资源，供用户按需使用。例如，网络虚拟服务器资源，就是将计算资源（CPU 数）、存储资源（内存和硬盘）、网络资源（带宽）打包成一台虚拟服务器，供用户租赁。云计算的一个特点就是弹性可扩展，当用户由于业务需要扩展 CPU、存储或网络资源时，可以通过申请并订购更高级的服务合同来无缝地升级虚拟服务器，而虚拟服务器上的软件部署不用更改和移植。

平台即服务（Platform as a Service，PaaS），是将平台资源作为可以订购的服务资源，供用户使用。平台资源一般是指具有一定基础功能的高级软件资源，例如，Web 服务器就是一个通用的信息发布平台；数据库服务也可以作为一个平台，可以称为数据库即服务（Database as a Service，DaaS）。工业互联网平台就提供了很多专门的平台服务资源，例如，设备接入平台、数据分析平台等。平台服务可以让用户专注于自己的专门应用开发，一些基本的、底层的功能可以让平台服务商去完成。

软件即服务（Software as a Service，SaaS）将软件作为一种可以订阅的服务提供给用户。SaaS 相对来说更多地为最终用户所使用，如果说 IaaS、PaaS 更多的是 toB（商用）应用，SaaS 则包含更多的 toC（零售）应用。例如，微软推出的 Office 365 就是一个 SaaS，用户可以租赁 Office 应用以及相应的网盘功能，在任何一台计算机或移动终端上进行办公应用。SaaS 还包括 ERP（企业资源计划）、CRM（客户关系管理）、MES（制造执行系统）等商业、工业软件的应用，可以降低企业部署成本，提高软件的可用性。

云计算离不开云平台。包括 IaaS，其一般是通过 Internet 网络提供相应的服务。根据云平台的拥有权，可以分成公有云、私有云和混合云。私有云是指用户自己部署的云平台，一般供企业集团内部使用，而公有云是指专门的云服务提供商部署的云平台，企业和个人可以从该平台上租赁不同的资源，完成自己的业务。

2 云计算与数字孪生

基于数字孪生的智能系统中存在着海量、大规模、多源异构的基础静态数据、动态实时运行数据、服务系统产生的优化数据、历史可追溯/可回放数据等，对系统的算力提出了较高的要求，简单地通过堆叠系统硬件来实现算力的扩展往往不能满足实际的性能需求。云计算是基于互联网的分布式计算、并行计算、网格计算等的进一步发展，由于其合理高效且易于大范围部署、可大批量处理等优势，而逐渐运用在数字孪生的各个场景中。此外，基于云计算提供的云服务能实现数据的集中化处理、存储与共享，便于数字孪生系统中的上下游供应商的高效协同合作，实现系统数据的全方位透明化管理。云平台也是开展数字孪生应用的基础平台。

2.2.5 VR/AR/MR

1 虚拟现实（VR）

虚拟现实（Virtual Reality，VR）是在计算机仿真技术、计算机辅助设计与实时计算技术、传感技术、图形学、多媒体技术、网络技术、人工智能、心理学等学科的基础上发展起来的交叉学科，随着虚拟现实技术的逐渐成熟，它已在科学可视化、医学、CAD/CAM、教育娱乐等领域获得广泛的应用。使用虚拟现实技术，用户可以利用计算机生成一种特殊环境，通过使用各种特殊装置将自己"投射"到这个环境中，借助数据手套、三维鼠标、方位追踪器、操纵杆等设备对环境进行控制或操作，从而实现不同的目的。虚拟现实中的"虚拟"指的是运用多种软件技术和硬件资源搭建在计算机系统中的一个虚拟环境（Virtual Environment，VE），"现实"指的是通过多种传感器接口，使得用户"沉浸"到虚拟环境中，产生接近现实的视觉、听觉、触觉感受，并能够通过设备和动作与该环境进行"直接交互"。虚拟现实技术使用户能够在虚拟的环境中拥有真实的体验，用户不再拘泥于刻板而抽象的数字信息，而是使用人类最擅长并且习惯的视觉、听觉、触觉、动作、口令等参与到信息空间虚拟的环境中。

Burdea G 在 1993 年的 Electro 93 国际会议上发表的 "Virtual Reality System and Application"一文中提出虚拟现实技术的三个特征，即"3I"特征：沉浸性（Immersion）、交互性（Interaction）和想象性（Imagination）。

1）沉浸性：计算机生成的虚拟世界给使用者带来一种身临其境的感觉。虚拟环境中，设计者通过深度感知的立体视觉反馈、精细三维声音及触觉反馈等多种感知途径，观察和体验设计过程以及设计结果。一方面，虚拟环境中可视化的能力增强，借助于新的图形显示技术，设计者可以得到高质量、实时、深度感知的立体视觉反馈。另一方面，虚拟环境中的三维声音使得设计者能够更为准确地感受物体所在的方位。触觉反馈使得设计者在虚拟环境中抓取、移动物体时能直接感受到物体的反作用力。在多感知形式的综合作用之下，用户能够完全沉浸在虚拟环境中。

2）交互性：人们能够以很自然的方式与虚拟世界中的对象进行交互操作或者交流，着重强调使用手势、体势等身体动作（主要是通过头盔、数据手套、数据衣等来采集信号）和自然语言等自然方式的交流。计算机能根据使用者的肢体动作及语言信息，实时地调整系统呈现的图像和声音。设计者可以采用不同的交互手段完成同一个交互任务。例如，进行某个零件的定位操作时，设计者可以通过语音命令给出零件的定位坐标点，或者通过手势直接将零件拖到定位点来表达零件的定位信息。各种交互手段在信息输入方面有各自的优势，语音的优势在于不受空间限制，而手势的直接操作优势在于运动控制的直接性。

3）想象性：是指通过用户沉浸在"真实的"虚拟环境中，与虚拟环境进行各种交互，从定性和定量两方面综合集成的环境中得到充分认识。虚拟环境可以使用户沉浸其中并且获取新的知识，提高感性和理性认识，从而使用户深化概念和萌发新意。因而可以说，虚拟现实可以启发人的创造性思维。

2　增强现实（AR）

增强现实（Augmented Reality，AR）能有效地将虚拟场景和现实世界中的场景融合起来并对现实世界中的场景进行增强，进而将其通过显示器、投影仪、可穿戴头盔等工具呈现给用户，完成物理、虚拟世界的实时交互，有效提升用户的感知和信息交流能力。增强现实要求真实、虚拟环境实时交互、有机融合，并且能在现实世界中精准呈现虚拟物体，这与数字孪生技术中物理实体与镜像模型互联互通、虚实融合、以虚控实的特点高度契合，因而被广泛应用于数字孪生中。

增强现实之所以是增强现实，有三个重要因素：①现实世界与虚拟世界双方信息都可被利用；②上述信息可实时且交互利用；③虚拟信息以三维的形式对应现实世界。增强现实的三要素是 1997 年由 Azuma 提出的，作为增强现实的狭义定义已广为人知，如图 2-9 所示。

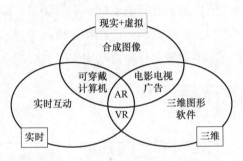

图 2-9 增强现实技术的三要素

（1）虚实交融

现阶段的增强现实设备只能生成简单的三维虚拟信息或者厂商预制的三维虚拟信息。因此，大部分的三维虚拟信息是由计算机软件生成的，生成的三维虚拟信息不能直接被增强现实设备进行显示，必须经过预处理。计算机生成的虚拟信息通过传感技术、三维成像技术或者光学透视技术融合在真实场景中，为用户提供一个虚实融合的世界。

（2）具有实时的交互性

增强现实技术中的交互性主要是指用户能通过一系列的设备或者手势等对增强现实环境下的虚拟信息进行自然的交互操作。这包括两个方面的交互：一方面是当用户的位置发生变化时，增强现实系统需要实时地检测出用户的位置变化和视线的变化，从而将虚拟信息"放置"在正确的位置；另一方面是当用户利用输入输出设备、手势、语音等方式对增强现实系统发出命令时，增强现实系统能准确及时地捕捉到用户的控制信息，紧接着能够识别控制信息中包含的指令，从而对用户的控制指令做出及时的响应，调整虚拟信息的状态。

（3）虚拟信息进行三维注册

增强现实系统能够准确地计算出虚拟信息在真实环境中的位置坐标和状态信息，并将虚拟信息准确无误地显示在真实环境中，使虚拟信息和真实环境进行完美的融合，这一个过程称之为虚拟信息的三维注册。

一个完整的增强现实系统主要包括图像采集模块、虚拟场景模块、跟踪注册模块、虚实融合模块、显示模块、人机交互模块六部分，如图 2-10 所示。图像采集模块由相机获取现实世界的图像；虚拟场景模块利用计算机生成虚拟的信息；跟踪注册模块用于虚拟场景准确定位到现实场景；虚实融合模块将虚拟场景和现实场景高度融合；显示模块用于在特定设备中显示融合后的图像；人机交互模块满足人们在虚拟和现实世界自然交互的需求[78]。

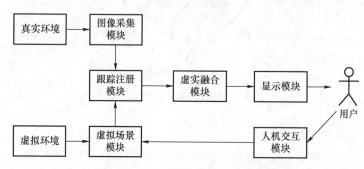

图 2-10　增强现实系统基本组成[78]

由于增强现实应用系统在实现的过程中要涉及多方面的因素，因此增强现实技术所涉及的研究对象范围十分广泛，包括信号处理技术、计算机图形技术、图像处理技术、心理学、人机界面、分布式计算、计算机网络技术、移动计算技术、信息获取技术、信息可视化技术、显示技术和传感器技术等。增强现实系统虽然不需要为用户显示完整的场景，但是需要通过分析大量的定位数据和场景信息，从而保证由计算机生成的虚拟物体可以正确地定位在真实场景中。总结起来，增强现实系统的工作过程中一般都包含以下 4 个基本步骤：

1）获取真实场景信息。

2）对真实场景和相机位置信息进行分析。

3）生成虚拟景物。

4）合并视频或直接显示。

系统需要根据相机的位置信息和真实场景中的定位标记来计算虚拟物体坐标到相机视平面的仿射变换，然后按照仿射变换矩阵在视平面上相应位置绘制虚拟物体，直接通过光学透视式头盔显示器显示，或者与真实场景的视频合并后，一起显示在显示器上。

3　混合现实（MR）

混合现实（Mixed Reality，MR）是物理世界和数字世界的混合，开启了人、计算机和环境之间的自然且直观的 3D 交互。这种新的技术基于计算机视觉、图形处理、显示技术、输入系统和云计算等技术的进步。Paul Milgram 和 Fumio Kishino 在其 1994 年发表的论文 "A Taxonomy of Mixed Reality Visual Displays" 中首次引入 "混合现实" 一词。该论文中探讨了 "虚拟连续体" 的概念以及视觉显示的分类法。从那以后，混合现实的应用包括以下各项，已经超越了显示内容[47]：

- 环境理解：空间映射和定位点。
- 人类理解：手动跟踪、目视跟踪和语音输入。
- 空间音效。
- 物理和虚拟空间中的位置和定位。
- 混合现实空间中的 3D 资产协作。

混合现实是增强现实技术的进一步发展，该技术通过在虚拟环境中引入现实场景信息，在虚拟世界、现实世界和用户之间搭起一个交互反馈的信息回路，以增强用户体验的真实感。混合现实的主要特点在于空间扫描定位与实时运行的能力，它可以将虚拟对象合并在真实的空间中，并实现精准定位，从而实现一个虚实融合的可视化环境。

混合现实是由数字世界和物理世界融合而成，这两个世界共同定义了称为虚拟连续体频谱的两个极端。为了使这两个概念得到更加直观的描述以及更清楚地表明这两者之间的联系，图 2-11 绘制了混合现实频谱，左边定义为物理现实，右边定义为数字现实，在物理世界中叠加图形、视频流或全息影像的体验称为 "增强现实"。遮挡视线以呈现全沉浸式数字体验称为 "虚拟现实"。在增强现实和虚拟现实之间实现的体验形成了"混合现实"，通过它可以[47]：

● 在物理世界中放置一个数字对象（如全息影像），就如同它真实存在一样。

● 在物理世界中以个人的数字形式（虚拟形象）出现，以在不同的时间点与他人异步协作。

● 在虚拟现实中，物理边界（如墙壁和家具）以数字形式出现在体验中，帮助用户避开物理障碍物。

图 2-11　混合现实频谱

混合现实的实现需要在一个能与现实世界各事物相互交互的环境中。如果一切事物都是虚拟的，则属于虚拟现实范畴，如沉浸式虚拟现实设备；如果展现出来的虚拟信息只能简单叠加在现实事物上，则属于增强现实范畴，如基于手机设备的增强现实应用；混合现实的关键点就是与现实世界进行交互和信息的及时获取，在混合现实环境中，实时的物体会被"数字化"，实时形成数字空间的模型，这样和原有的数字空间的虚拟模型可以进行交互，并且可以在数字空间中被改变。在增强现实环境中，数字模型是"叠加"在实景上，模型和实景没有交互，模型不能修改实体景象。图 2-12 中，与增强现实场景相比，混合现实场景中的工具出现在机械手臂的后面，可以体现出实际场景（机器人）和模型的遮挡功能。图 2-13 给出的游戏场景中，敌人"破墙而入"，在自己家的墙面上造成一个墙洞（对物理对象的一个运算），攻击部队从这个墙洞进入并射击，增强现实游戏是不可能营造出这种场景的。

4　虚拟现实、增强现实与混合现实的关系

增强现实技术是由虚拟现实技术的发展而逐渐产生的，因此两者之间虽然存在着密不可分的关系，但也有着明显的差别。

首先，增强现实与虚拟现实在沉浸感的要求上有着明显的区别：虚拟现实

虚拟现实   增强现实   混合现实

图 2-12   虚拟现实、增强现实、混合现实的场景展示

图 2-13   混合现实的游戏场景

系统强调在虚拟环境中用户的视觉、听觉、触觉等感官的完全沉浸，需要将用户的感官与现实世界隔断，从而沉浸在一个完全由计算机生成的虚拟空间之中。要实现这些目标通常都需要借助能够将用户的视觉与环境隔离的特殊显示设备，例如采用沉浸式头盔显示器（Immersive Head Mounted Display）。与之相反的是增强现实系统，它不需要隔离周围的现实环境，而是强调用户在现实世界中的存在性，并且努力维持其感官效果不改变。由于增强现实系统的目的是增强用户对真实环境的理解，需要将计算机产生的虚拟物体与真实环境融为一体，因此必须借助专门的显示设备将虚拟环境与真实环境融合，通常会采用的是透视式头盔显示器（See-Through Head Mounted Display）。

另一方面，增强现实与虚拟现实的配准（Registration，也称作定位、注册）精度和含义不同。在沉浸式虚拟现实系统中，配准是指呈现给用户的虚拟环境与用户的各种感官感觉匹配。这种配准误差是指视觉系统与其他感官系统以及本体感觉之间的冲突。心理学研究表明，各种感官的感觉中往往是视觉占了其他感觉的上风，因此用户会逐渐适应这种由视觉与本体感觉冲突所造成的不适应现象。而在增强现实系统中，配准主要是指计算机生成的虚拟物体与用户周围的真实环境匹配，并要求用户在真实环境运动的过程中依然能够维持正确的配准关系，较大的配准误差不仅会使用户无法从感官上确认虚拟物体在真实环境中的存在性和削弱虚拟物体与真实环境的一体性，甚至会改变用户对其周围环境的感觉，严重的配准误差甚至会导致用户完全错误的行为。

混合现实技术将虚拟现实的虚拟和增强现实的现实部分相结合，同时增加了空间交互功能，可将虚拟物体放置在现实世界内的任意位置产生虚实结合的新型数字场景，是一种融合了虚拟现实和增强现实的新型展现方式。混合现实技术与虚拟现实技术和增强现实技术相比，具有多种优点，不论是从性能上还是形态上都有升级创新，根据比对不同技术（虚拟现实、增强现实、混合现实）的相关设备，可以看出混合现实更具有实时性、灵活性、交互性的特点。将现实物理概念与虚拟数字化技术进行融合，更富有创新多元化特点。

5 虚拟现实/增强现实/混合现实与数字孪生

基于数字孪生的智能系统构建了物理实体的高拟实性虚拟模型，借助近年来逐渐普及的虚拟现实/增强现实/混合现实技术，人机交互手段从传统的鼠标、键盘、触摸屏、固定手持设备等向三维手势、语音、可穿戴眼镜或头盔等高性能硬件、手机/平板电脑等移动终端、全息投影等多方位呈现形式转化。基于数字孪生的智能系统提供了海量逼真的虚拟场景/模型/数据来源、高实时性和可靠的数据传输手段并定义了智能系统的新范式及新应用，虚拟现实/增强现实/混合现实技术及智能硬件则依靠三维注册技术、虚实融合显示技术与新兴的智能交互技术以全新、超现实、更高层次的可视化呈现形式。虚拟现实/增强现实/混合现实技术为用户提供包含视觉、听觉、触觉等多感官的体验，形成真实世界中无法亲身经历的沉浸式体验，便于用户及时、准确、全方位地获取目标系统的基本原理与构造、运转情况、变化趋势等多方位信息，帮助用户更好地进行系统决策，最终以一种启发式的方式以改进系统性能，激发创造灵感，将各类应用往更加智能化、个性化、快速化、灵活化的方向发展。相比虚拟现实/增强现实，混合现实是一个新兴的技术，相关产品也在逐渐成熟，例如，微软发布的 Hololens 眼镜，就是一款支持混合现实的移动设备。随着产品的普及，混合现实应用也会越来越广泛。

2.2.6 数字主线

1 数字主线基本概念

数字孪生作为先进理念的核心支撑技术，其本质实现了物理与信息系统的互联互通，深度融合。数字孪生中的物理实体对象、虚拟模型、服务系统及孪生数据就本身而言是信息孤岛，数字主线（Digital Thread，或者叫数字线程、数字纽带）的引入很好地将这些相对独立的部分糅合成一个无缝、高度一体化的整体。

数字主线是一种可扩展、可配置的企业级分析框架，提供访问、综合并分析系统生命周期各阶段数据的能力，使产品设计商、制造商、供应商、运行维护服务商和用户能够基于高逼真度的系统模型，充分利用各类技术数据、信息和工程知识的无缝交互与集成分析，完成对项目成本、进度、性能和风险的实时分析与动态评估。数字主线围绕复杂产品全生命周期管理需求，实现全业务过程中数据、流程及分析的结构化分类管理，形成贯穿全生命周期的流程、模型、分析方法及应用工具，连接产品全生命周期各阶段孤立功能视图形成一个集成视图。

数字主线为在正确的时间将正确的信息传递到正确的地方提供了条件，使得产品生命周期各环节的模型能够及时进行关键数据的双向同步和沟通，实现模型在各阶段的流动、重用与反馈。在数字主线运行过程中，数字主线各个环节中所收集有关产品的模型和数据，构成了产品实体的数字孪生。数字主线和产品全生命周期的关系如图 2-14 所示。

为了建立数字主线，需要形成一种以 3D 模型定义为基础，为整个企业所共享的、全面集成和协同制造的环境。在企业或供应链中，无论在何处的数据生产者和数据消费者，在制造过程的任何点上，都将连接到一个共同的数据源上。数据标准将从设计阶段开始，延伸到制造，继而到最后装配。数字主线的核心就是如何搭建一个涵盖产品生命周期全过程的协同环境，使统一的模型在产品生命周期各个阶段实现数据的双向流动、重用和不断丰富的过程。数字主

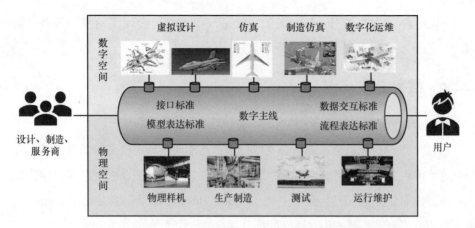

图 2-14　数字主线在产品全生命周期中的关系

线的特点主要包括以下四个方面：

1）统一的数字模型。在数字主线中，所有环节都能为信息完整、标准化、规范化、语义化的数字化模型所表述，可以被相应的数字系统读取和理解。数字主线采用基于模型的系统工程（MBSE）分析框架，通过先进的建模与仿真工具建立一种技术流程。

2）双向流动。传统的产品设计流程，是"设计→制造→试验→使用"这一模式，数据是单向传递。数据主线基于全生命周期内形成的状态统一、数据一致的模型，各环节都能够及时进行关键数据的双向同步和沟通，实现"设计—虚拟综合—数字制造—物理制造—使用维护"各个阶段数据的共享和反馈，为数字孪生应用提供基础。

3）新兴信息技术的支持。数字主线充分利用高速发展的信息技术如非关系型数据库、知识库、数据模型、工业互联网、云计算等技术，基于产品通用数据库和物理模型，采用统一、快速、标准、泛在的通信和交互方式，实现模型和数据的快速传递。

4）数字主线是设计商、制造商、供应商、运行维护服务商和用户之间的强有力的协作纽带，提供制造业的敏捷性和自适应性的需求，能够加速新产品的开发和部署，同时也能够降低风险。

2　数字主线与数字孪生

在基于数字孪生的智能系统中，数字孪生体是对象、模型和数据，数字主线是方法、通道、链接和接口。数字主线为产品数字孪生提供了访问、整合和转换能力，其目标是贯通产品生命周期和价值链。通过数字主线可实现产品生命周期阶段间的模型和关键数据双向交互，使产品生命周期各阶段的模型保持一致，最终实现闭环的产品全生命周期数据管理和模型管理。

依靠数字主线，数字孪生中的物理实体和虚拟模型的交互是实时/准实时的双向连接、双向映射、双向驱动的过程，而非单一方向进行的。一方面，物理实体在实际的设计、生产、使用、运行过程中的全生命周期数据、状态等及时反映到虚拟端，在虚拟端完成模拟、监控、可视化呈现过程，虚拟端是物理实体端的真实、同步刻画与描述，并记录了物理实体的进化过程，两者共生；从这一角度看，物理实体驱动虚拟模型的更新，使得虚拟模型与物理实体保持高度的一致性。另一方面，虚拟模型根据物理实体的数据，结合深度学习等智能优化算法对物理实体行为进行分析、预测，用于优化物理实体的决策过程。在虚拟端完成预演后，及时逆向传到物理实体侧，主动引导和控制物理实体的变化过程，虚拟模型以当前最优结果驱动物理实体的运转。该闭环过程中虚实两者不断交替、迭代进行，虚实融合是实现以虚控实的前提与先决条件，以虚控实是虚实融合的目标和本质要求。没有物理实体侧的数据、状态信息的采集，虚拟端的模型更新演化与决策生成无法进行；没有虚拟端的仿真分析、推演预测、先行验证与优化，物理实体侧的系统功能无法得到优化。两者共享智慧，相互促进，协同发展与进化，最终实现智能系统的自感知、自认知、自分析、自决策、自优化、自调控、自学习。

2.3 数字孪生系统的一般架构

2.3.1 一般架构设计

基于数字孪生的智能系统强调的是物理系统与虚拟系统的协调感知统一，所以基于数字孪生的智能系统最重要的有两个方面：一是数字化的物理系统与虚拟系统的实时连接；另外就是实现数字孪生系统的智能计算模块。本节将实时连接以及智能计算的模块定义为"数字孪生引擎"，最终形成数字孪生系统的通用参考架构，包括物理实体、虚拟实体、数字孪生引擎和数字孪生服务四个部分，如图 2-15 所示。

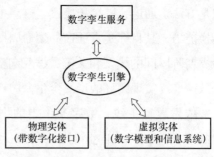

图 2-15　数字孪生系统的通用参考结构

1　物理实体（Physical Entity）

物理实体，是数字孪生所要映射的在物理空间实际存在的一个系统。数字孪生系统所包括的物理实体需要有数字化接口，能进行数据采集和信息映射。物理实体中的各个部分，通过物理连接或活动关系结合起来，其本身可以是一个 CPS 单元、CPS 系统或 CPS 体系。

物理实体中各异构要素的全面互联感知是构建数字孪生系统的前提和关键，智能感知的基础在于泛在的数据采集，常见的数据来源包括各类声光热电力传感器、条形码、计算机/手机/平板电脑/手环等智能终端、系统固有的机器/设备或者智能仪表、系统人员数据、企业的管理数据、本地/云端存储的历史可追溯数据等，数据传输方式通常有现场总线和工业以太网技术、射频识别技术、无线蓝牙技术、工业互联网技术等。

物理实体信息感知的手段包括直接和间接两类。直接手段是指物理实体本身带有传感器，能采集自身的数据；间接手段是通过物理实体外在的环境感知，间接获取物理实体的运行状态。例如，针对某些机械设备，其内置的温度、振动等传感器可以感知其运行状态，而通过视频、声音等方式从外部环境采集设备信息，可以获取其运行的外在表现状态。这些外在传感器的信息也是物理实体数据采集的一部分。

物理实体的另外一个功能是"精准执行"，即能接收虚拟实体、数字孪生引擎发送过来的指令，完成某些动作。依靠高速、低延迟、高稳定的数据传输协议，物理实体能及时接收虚拟系统仿真、分析、优化后的管控命令并精准执行，并将执行结果实时反馈给数字孪生体以进一步迭代优化。

借助互联网、云计算、边云协同等技术，物理实体各组成部分在空间维度上远距离分布式协同控制成为可能，而不必将系统局限在狭小的范围内。物理实体可以具有分散化、社会化、协同化的特点。

简而言之，为了支撑数字孪生系统的实施，物理实体需要具备数字化接入能力。从角色来看，物理实体是数字孪生系统的实现基础，同时也是数字孪生系统最终所要优化的目标对象。

2 虚拟实体（Virtual Entity）

虚拟实体是物理实体对应在信息空间的数字模型，以及物理实体运行过程的相关信息系统。信息系统是物理对象的信息模型抽象，并且包括了一些物理实体运行过程的管理、控制等逻辑。

虚拟实体的模型是指在物理实体设计和运行过程中所构建的几何模型、机理模型以及数据模型。这些模型可以看作是对物理实体的一个定义。对于一个工业产品来说，模型包括三维设计模型、有限元分析模型、制造工艺模型、运行过程的数据模型等。

由于当前的很多产品、系统本身就是一个 CPS 系统，因此，信息系统是物理实体运行过程不可缺少的部分，例如，数控机床所包含的数控操作系统、数控程序，工厂和车间运行相关的 ERP、PLM、MES 等系统，这些信息系统是物理系统运行必不可少的部分，也是物理实体在信息空间所对应的虚拟实体的一部分。

在数字孪生系统里面的虚拟实体，可以看成是物理实体在信息空间的一个数字化映射。在数字孪生技术出现之前，这些虚拟实体的组成部分就已经存在，并且在仿真分析、系统运行管控等方面已经开展丰富的应用。但是这些应用没有充分发挥实时数据的作用，模型之间也没有构建成系统化的联系，因此是局部的、非系统化的"浅层数字映射"。

3 数字孪生引擎（Digital Twin Engine）

数字孪生引擎一方面是实现物理系统和虚拟系统实时连接同步的驱动引擎，另一方面是数字孪生系统智能算法和智能计算引擎核心，为用户提供高级智能化服务。在数字孪生引擎的支持下，数字孪生系统才真正形成，实现虚实交互驱动以及提供各类数字孪生智能化服务，所以数字孪生引擎即是数字孪生系统的"心脏和大脑"。

如前文分析，数字孪生引擎从功能上来说主要包括交互驱动和智能计算。数字孪生应用通过构建拟实的界面，充分利用三维模型等来形象地展示计算和分析的结果，提高人机交互的水平。其智能计算是利用数据驱动模型进行仿真分析与预测，提供传统虚拟实体应用所没有的智能计算结果。

在数字孪生系统出现之前，虚拟实体已经包含了很多反映物理实体运行规律的模型，用来对物理实体进行模拟仿真，同时，虚拟实体中的信息系统也包括了很多物理实体运行过程所采集的数据；但是，这些模型和数据因为分属不同的应用目的而开发，没有很好地融合起来，不能充分发挥作用。数字孪生就是解决传统应用模型和数据分离的各自为政的问题，通过两者的融合充分发挥协同作用。数字孪生引擎的另外一个重要功能，就是完成模型和数据融合，包括相关的数据管理和模型管理功能。

4 数字孪生服务（Digital Twin Service）

数字孪生服务是指数字孪生系统向用户各类应用系统提供的各类服务接口，是物理实体、虚拟实体在数字孪生引擎支持下提供的新一代应用服务，是数字孪生系统功能的体现。

物理实体和虚拟实体在没有数字孪生引擎的支持下，能进行传统意义上的系统运行，完成各自预定的功能。但是，数字孪生引擎能让物理实体、虚拟实体融合在一起，形成数字孪生系统，具有原来物理实体和虚拟实体独立运行所没有的新的功能。一个完整的数字孪生系统包括服务接口支持，也就是功能接口，能让数字孪生系统真正地为用户所用。

数字孪生服务包括仿真服务、监控服务、分析服务和预测服务，同时，由于人机交互要求更高，虚拟现实（VR）、增强现实（AR）和混合现实（MR）是数字孪生应用的重要形式，因此，数字孪生服务也包括对这些应用的服务接口支持。

数字孪生服务根据数字孪生系统的不同，具体实现内容也不同，其设计和实现根据不同的行业、不同的规模而不同，同时，随着数字孪生系统的不断进化，其服务内容也会不断增加，是一个逐步完善的过程。

基于数字孪生服务，根据不同的应用需求，可以开发不同的应用。数字孪生的应用部分可以是传统信息系统的升级，部分是全新开发的应用。由于移动互联、泛在计算的广泛应用，手机、平板电脑、智能眼镜等将是数字孪生应用的一个新的发力点，也是提供给用户沉浸体验的新手段。

综合上述内容，一个数字孪生系统各个部分的组成结构如图 2-16 所示。

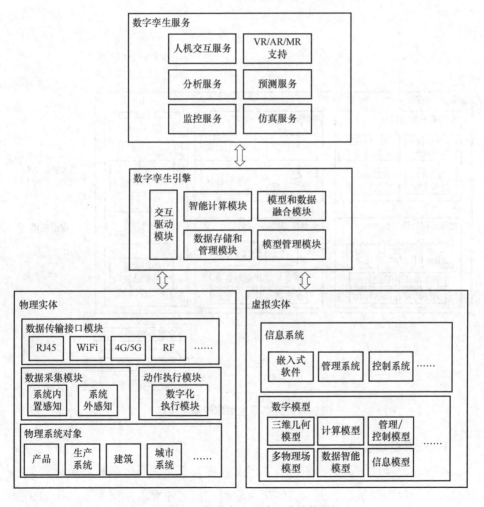

图 2-16　数字孪生系统组成结构图

2.3.2 数字孪生引擎

数字孪生引擎是连接物理实体和虚拟实体，实现数字孪生系统的一个核心模块。"虚拟实体+数字孪生引擎=数字孪生体"，因此，本节对数字孪生引擎的一般组成进行进一步的说明。

图 2-16 给出了数字孪生引擎的基本模块，图 2-17 对其组成给出了进一步的说明。

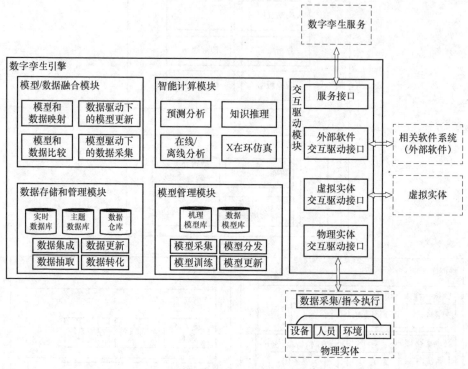

图 2-17　数字孪生引擎的基本组成

1 交互驱动模块

交互驱动模块，是数字孪生引擎用来连接各个相关系统的核心模块，包括物理实体交互驱动接口、虚拟实体交互驱动接口、外部软件交互驱动接口和服务接口。

物理实体交互驱动接口，是从物理实体采集实时数据的接口以及传送给物理实体的指令执行接口。传统的信息系统应用、管控软件中，也包括了对物理实体的数据采集和指令下达，但是数字孪生系统根据模型和数据融合需求，需要更多的数据，以及更精准的指令执行功能，就需要数字孪生引擎的交互接口来提供额外的驱动接口，实现数字孪生的增强功能。

虚拟实体交互驱动接口，是数字孪生引擎的一个主要接口。模型、数据大部分通过这个接口进入数字孪生引擎。一些计算结果也通过这个接口传回给虚拟实体。根据上述分析，虚拟实体包括了数字模型和信息系统，传统的管控功能还是需要通过信息系统完成，而数字孪生引擎所产生的新的数据能辅助模型仿真、信息系统运行更好地完成。

外部软件交互驱动接口，是指物理实体和数字孪生体本身之外的一些软件，为数字孪生系统提供软件环境。例如，一个数字孪生车间，其主要的软件系统是 MES，而企业级的 ERP、SCM、PLM 等软件系统就是数字孪生车间系统的外部软件；对于一个建筑来说，BIM 是其关键模型，而这个建筑所在的小区信息系统、CIM 就是外部软件。外部软件为数字孪生系统的运行提供了参考信息，以及一些功能支撑，所以需要专门的接口来获取相关的模型和数据。

服务接口，是数字孪生引擎为数字孪生服务模块提供各类模型和数据访问的接口。这类接口比较多，根据不同的实际系统需求而进行定义。

2 数据存储和管理模块

数据存储和管理，是数字孪生引擎运行的一个数据支撑环境。虚拟实体的信息系统包括了物理实体运行过程的相关数据，但是这些数据是根据业务需求而定义的，不能满足数字孪生系统运行过程的数据需求，因此，在已有的信息之外，数字孪生引擎需要定义自己的数据存储和管理。从这个意义上说，数字孪生引擎的数据存储和管理是虚拟实体中包含的信息系统中的数据存储之外的一个补充。

这个模块一般包括实时数据库、主题数据库和数据仓库。主题数据库存放的是按各类分析主题整理的实时或半实时数据。数据仓库包括了按一定主题存放的经过分析整理后的数据，用于支持联机分析处理（OLAP）和数据挖掘。

数据抽取、数据转化、数据集成是传统意义上的 ETL（抽取、转化、装

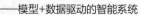

载）过程，数据更新则是根据物理实体和虚拟实体接口，实时在线更新相关数据的过程。

需要说明的是，由于数据的多样性，所以需要根据不同数据特点来选择关系型数据库、非关系型数据库或者是分布式文件系统来存储不同的数据，数字孪生引擎需要支持多模式数据库管理系统的数据应用集成与管理。

3 模型管理模块

模型管理，主要包括机理模型和基于数据的模型。这些模型如果在虚拟实体中已经包含，则在数字孪生引擎中无须重建，但是需要对模型进行跟踪，保证这些模型在数字孪生应用中可用和可管理。

模型采集，是指根据数字孪生智能计算和模型/数据融合需要，从虚拟实体中选择相关模型导入到数字孪生引擎模型库的过程。模型训练，是根据应用需要，从数据中训练新模型的过程。模型更新，是对模型进行完善和更新的过程。模型分发，是根据服务需求，对相关模型分发过程进行管理的模块。

4 模型/数据融合模块

模型和数据的融合，是数字孪生的基本特征。脱离了模型的数据分析，就会脱离物理实体的基本逻辑和应用场景，导致数据分析的无目的性；而离开了实时数据，模型只能作为物理实体设计规划时的静态应用，不能指导实际运行。

模型和数据映射，是建立相关模型和实时数据的关联关系。例如，利用三维几何模型，可以构建实时数据的空间关系，支持数据在三维空间中的展示；对于仿真模型引入实时数据，可以完善仿真参数，让模型运行更加贴合实际过程。

模型和数据的比较，是构建模型运行结果和实际系统运行结果的比较关系，这个对于一些管控方案的评估起到关键作用，也能评估模型参数设定是否合理。

数据驱动下的模型更新，是对传统建模过程中参数不确定的一个补充。在物理实体运行前，很多仿真参数都是假设的，或者是理论模型，不能和实际运行状况吻合。通过数据分析结果来完善模型参数，让模型更拟实，是数字孪生的一个基本功能。

模型驱动下的数据采集，是利用机理模型来指导数据分析的基础。传统的大数据一个特点就是价值密度低，其含义就是大量的数据看起来是没有用的，或者说是"无心"采集的；而在工业领域，由于传感器部署都是需要成本的，没有目的的数据采集在工业领域往往不切实际。利用机理模型分析需求来指导数据采集过程，有限成本下部署最多的数据感知点，是数字孪生应用顺利开展的一个基础。

数据和模型，是数字孪生系统的两个基本面。数据代表了物理实体，是从物理实体运行过程采集而来，代表实际；模型代表虚拟，是从数字模型分析、仿真而来，虚实融合就是模型和数据的融合。

5 智能计算模块

智能计算模块是数字孪生引擎的驱动力，通过智能计算实现数字孪生服务所需要的各类功能。

预测分析，是利用"模型+数据"对物理实体的运行过程进行预测。可以是一个运行规律的计算，也可以是对几种方案的仿真评估。给出虚拟实体未来运行趋势的分析，为物理实体的运行提供优化建议。

知识推理，是利用已有的知识模型，对一些事实进行推理分析，得到推理结果的过程。一般用于规律已知情况下的判断和决策。

在线/离线分析，是利用计算模型，进行在线分析、离线分析。根据所掌握的分析模型以及应用需要，可以选择在线或离线模式。一般来说，大量的计算需要采用离线模式；局部的、明确的一些判断，则可以结合边缘计算架构实现在线模式。

X 在环仿真，是指"硬件在环仿真"或"软件在环仿真"。对于一个物理实体，其规划设计、安装调试过程往往是十分复杂的，利用硬件在环仿真，可以对软件设计进行优化；而软件在环仿真，又可以对硬件设计和安装进行评估和检验。利用模型和数据的融合，这部分功能在数字孪生系统中可以得到很好的支持。

第3章
面向智能制造的数字孪生生态

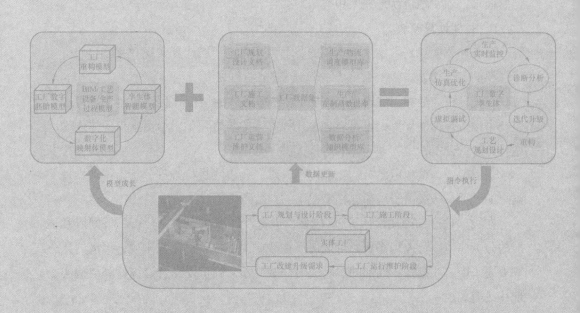

3.1　智能制造与智能工厂

3.1.1　智能制造的内涵与定义

智能制造的概念起源于20世纪80年代人工智能在制造业领域中的应用。1991年，日本、美国、欧共体发起实施的"智能制造国际合作研究计划"中把智能制造系统定义为："智能制造系统是一种在整个制造过程中贯穿智能活动，并将这种智能活动与智能机器有机融合，将整个制造过程从订货、产品设计、生产到市场销售等各个环节以柔性方式集成起来的能发挥最大生产力的先进生产系统。"它从侧面说明了智能制造的一些特点。

进入21世纪，随着信息技术的不断成熟和发展，智能制造的概念不断完善，技术体系逐渐成熟，形成了"新一代智能制造"的概念。它把智能技术、网络技术和先进制造技术等应用于产品设计、生产和服务的全过程中，实现对产品全生命周期和制造系统全生命周期的管理。它改变了制造业中的生产方式、人机关系和商业模式，智能制造不是简单的技术突破，也不是简单的传统产业改造，而是计算机技术、控制技术、通信技术、人工智能技术等和制造业的深度融合、创新集成。

针对新一代智能制造，不同组织和专家在不同时期从不同角度对其概念进行了定义，下面列举一些：

1）2011年6月，美国智能制造领导联盟（Smart Manufacturing Leadership Coalition，SMLC）发表了《实施21世纪智能制造》报告。定义智能制造是先进智能系统强化应用、新产品快速制造、产品需求动态响应，以及工业生产和供应链网络实时优化的制造。其核心技术是网络化传感器、数据互操作性、多尺度动态建模与仿真、智能自动化以及可扩展的多层次网络安全。其融合了从工厂到供应链的所有制造，并使得对固定资产、过程和资源的虚拟追踪横跨整个产品的生命周期。结果将是在一个柔性的、敏捷的、创新的制造环境中，优化性能和效率，并且使业务与制造过程有效地串联在一起。

2）《智能制造发展规划（2016—2020 年）》（工信部联规〔2016〕349 号）指出，智能制造是基于新一代信息通信技术与先进制造技术深度融合，贯穿于设计、生产、管理、服务等制造活动的各个环节，具有自感知、自学习、自决策、自执行、自适应等功能的新型生产方式。《国家智能制造标准体系建设指南（2018 年版）》引用了这个定义。

3）2018 年，周济、李培根等院士联合发表的《走向新一代智能制造》[40]一文中指出，广义而论，智能制造是一个大概念，是先进信息技术与先进制造技术的深度融合，贯穿于产品设计、制造、服务等全生命周期的各个环节及相应系统的优化集成，旨在不断提升企业的产品质量、效益、服务水平，减少资源消耗，推动制造业创新、绿色、协调、开放、共享发展。

4）2021 年 7 月，《国家智能制造标准体系建设指南（2021 年版）》（征求意见稿）提出了智能制造是基于先进制造技术与新一代信息技术深度融合，贯穿于设计、生产、管理、服务等产品全生命周期，具有自感知、自决策、自执行、自适应、自学习等特征，旨在提高制造业质量、效率效益和柔性的先进生产方式。

综合上述众多定义，可以理解**智能制造为一类新一代制造模式和制造方法的总称，是信息化和工业化的高度融合，贯穿产品全生命周期，包含制造及其服务各个环节，具有自学习、自组织和自适应等特征，是人、信息系统、物理系统高度融合的新兴生产方式。智能制造的目标是能适应制造环境的变化，有效缩短产品研发周期、降低运营成本、提升产品质量、降低资源消耗、提高生产效率，满足用户对高品质产品的个性化需求。**随着信息技术和工业技术的不断发展，智能制造的内涵和特点也会不断发展。

3.1.2　智能制造特征

智能制造基本特征为"自学习、自组织、自适应"，具体而言，可以包括快速感知、自我学习、计算预测、科学决策、优化调整、自适应的能力。

1）快速感知。对制造对象和制造过程的感知是新一代智能化的基础。智能制造需要大量的数据支持，利用高效、标准的方法进行数据采集、存储、分析和传输，实现制造对象的自动识别、工作环境的自动判断、针对现实工况的自动感知和快速反应。

2）自我学习。智能制造需要不同种类的知识，利用各种知识表示技术、机器学习、数据挖掘与知识发现技术，实现面向产品全生命周期的海量异构信息的自动提炼知识并升华为智能策略。

3）计算预测。智能制造需要建模与计算平台的支持，利用基于智能计算的推理和预测，实现诸如故障诊断、生产调度、设备与过程控制等制造环节的知识表示与推理。

4）科学决策。智能制造需要信息分析和判断决策的支持，利用基于智能机器和人的行为的决策工具和自动化系统，实现诸如加工制造、实时调度、机器人控制等制造环节的决策与控制。

5）优化调整。智能制造需要在生产环节中不断优化调整，利用信息的交互和制造系统自身的柔性，实现对外界需求、产品自身环境、不可预见的故障等变化及时优化调整。

6）自适应。通过前述功能的实现，智能制造系统能适应各类工况。由于用户对个性化产品的需求越来越多，产品的生命周期越来越短，制造过程需要有对不同产品的适应能力，同时能应对各类扰动而保持系统的优化运行状态。这个自适应正是通过上述的自学习、自组织（优化调整）来实现的。

3.1.3　智能制造系统

新一代智能制造的实施是一个系统工程，涉及智能产品、智能生产及智能服务三个方面。智能生产的主要载体就是智能制造系统，如智能生产线、智能车间与智能工厂。由于用户对产品的质量要求越来越高，产品的复杂程度越来越高，新时代的智能制造系统不是一个独立运行的孤立系统，其与上下游企业、用户形成一个制造生态。在德国"工业4.0"战略里涉及三个集成：横向集成、纵向集成和端到端集成，这是就智能制造系统结构以及和其他系统之间的关系而言的。同样，美国、中国等国家的科研机构都对智能制造系统架构提出了自己的观点。

1　德国"工业4.0"的3个关键特征

　　"工业4.0"的重点是创造智能产品、程序和过程。其中，**智能工厂构成了"工业4.0"的一个关键特征。智能工厂能够管理复杂的事物，不容易受到干扰，能够更有效地制造产品。**在智能工厂里，人、机器和资源如同在一个社交网络里一般自然地相互沟通协作。智能产品理解它们被制造的细节以及将被如何使用。它们积极协助生产过程，回答诸如"我是什么时候被制造的""哪组参数应被用来处理我""我应该被传送到哪里"等问题。其与智能移动性、智能物流和智能系统网络相对接将使智能工厂成为未来的智能基础设施中的一个关键组成部分。这将导致传统价值链的转变和新商业模式的出现。

　　"工业4.0"最优配置目标，只有在领先的供应商策略和领先的市场策略交互协调并能确保其潜在利益都能发挥的情况下才能实现。自此，这种方法被称为双重战略。它包括三个关键特征：

　　1）通过价值链及网络实现企业间"横向集成"。企业通过智能制造系统，联通产品设计、制造、服务的上下游企业，形成一个为用户提供产品和服务的增值链。在生产、自动化工程和IT领域，横向集成是指将各种使用不同制造阶段和商业计划的IT系统集成在一起，这其中既包括一个公司内部的材料、能源和信息的配置（例如，原材料物流，生产过程，产品外出物流，市场营销），也包括不同公司间的配置（价值网络）。这种集成的目标是提供端到端的解决方案。

　　2）企业内部灵活且可重新组合的网络化制造体系"纵向集成"。在智能工厂中，从上往下是计划、执行管理、执行单元的一个纵向的集成。通过工业网络连接，实现跨层的集成自动化。在生产、自动化工程和IT领域，垂直集成是指为了提供一种端到端的解决方案，将各种不同层面的 IT 系统集成在一起（例如，执行器和传感器、控制、生产管理、制造和执行及企业计划等各种不同层面）。

3）贯穿整个价值链的端到端工程数字化集成。整个制造活动中，通过设计和工程的数字化集成，实现不同企业之间、不同业务的跨系统、跨地域的端到端集成，是一个价值链的全数字化实现。

这三个集成体现了智能制造系统的内在和外在的联系。其基础就是数字化和网络化，并且最终依托智能化实现价值创造。

"工业 4.0"将在制造领域的所有因素和资源间形成全新的社会-技术互动。它将使生产资源（生产设备、机器人、传送装置、仓储系统和生产设施）形成一个循环网络，这些生产资源将具有以下特性：自主性、可自我调节以应对不同形势、可自我配置、可利用以往经验、配备传感设备、分散配置，同时，它们也包含相关的计划与管理系统。作为"工业 4.0"的一个核心组成，智能工厂将渗透到公司间的价值网络中，并最终促使数字世界和现实的完美结合。智能工厂以端对端的工程制造为特征，这种端对端的工程制造不仅涵盖制造流程，同时也包含了制造的产品，从而实现数字和物质两个系统的无缝融合。智能工厂将使制造流程的日益复杂性对于工作人员来说变得可控，在确保生产过程具有吸引力的同时使制造产品在都市环境中具有可持续性，并且可以盈利。

在未来，"工业 4.0"将有可能使有特殊产品特性需求的客户直接参与到产品的设计、构造、预订、计划、生产、运作和回收各个阶段。更有甚者，在即将生产前或者在生产的过程中，如果有临时的需求变化，"工业 4.0"都可立即使之变为可能。当然，生产独一无二的产品或者小批量的商品仍然可以获利。

2 "工业 4.0"参考架构模型（RAMI 4.0）

RAMI 4.0（Reference Architecture Model Industrie 4.0）即"工业 4.0"参考架构模型，是从产品生命周期/价值链、层级和架构等级三个维度，分别对"工业 4.0"进行多角度描述的一个框架模型，它代表了德国对"工业 4.0"所进行的全局式的思考。有了这个模型，各个企业尤其是中小企业，就可以在整个体系中找到自己的位置。在对"工业4.0"的讨论中需要考虑不同的对象和主体。其对象既包括工业领域不同标准下的工艺、流程和自动化；也包括信息领域方面，信息、通信和互联网技术等。为了达到对标准、实例、规范等"工业4.0"内容的共同理解，需要制定统一的框架模型作为参考，对其中的关系和细节进行具体分析。

在德国"工业4.0"工作组的努力和各种妥协之下，2015年3月，德国正式提出了"工业4.0"的参考架构模型（RAMI 4.0）[48]，如图3-1所示。

RAMI 4.0的第一个维度，是在IEC 62264企业系统层级架构的标准基础之上（该标准基于ISA-95模型，界定了企业控制系统、管理系统等各层级的集成化标准，参见本书4.1.5节对ISA-95标准的说明），补充了产品或工件的内容，并由个体工厂拓展至"互联世界"，从而体现"工业4.0"针对产品服务和企业协同的要求。

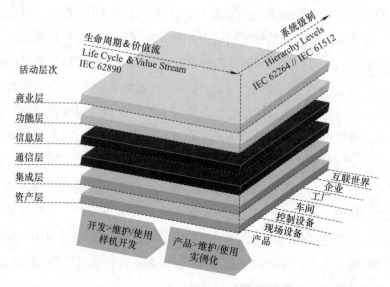

图3-1 "工业4.0"参考架构模型图[48]

第二个维度是信息物理系统的核心功能，以各层级的功能来体现。具体来看，资产层是机器、设备、零部件及人等生产环节的每个单元；集成层是传感器和控制实体等；通信层是专业的网络架构等；信息层是对数据的处理与分析过程；功能层是企业运营管理的集成化平台；商业层是各类商业模式、业务流程、任务下发等，体现了制造企业的各类业务活动。

第三个维度是价值链，即从产品全生命周期视角出发，描述了以零部件、机器和工厂为典型代表的工业要素从虚拟原型到实物的全过程。具体体现为三个方面：一是基于 IEC 62890 标准，将其划分为模拟原型和实物制造两个阶段；二是突出零部件、机器和工厂等各类工业生产部分都要有虚拟和现实两个过程，体现了全要素"数字孪生"特征；三是在价值链构建过程中，工业生产要素之间依托数字系统紧密联系，实现工业生产环节的末端链接。以机器设备为例，虚拟阶段就是一个数字模型的建立，包含建模与仿真。在实物阶段主要就是实现最终的末端制造。

RAMI 4.0 的三维从企业（工厂）内部控制、产品全生命周期和核心功能三个方面对智能制造系统进行了分析和定位，也为相关标准的制定提供了参考依据。

3 NIST 的制造生态

2016 年 2 月，美国国家标准与技术研究院（NIST）工程实验室系统集成部门，发表了一篇名为《智能制造系统现行标准体系》的报告[49]。这份报告总结了未来美国智能制造系统将依赖的标准体系。这些集成的标准横跨产品、生产系统和商业（业务）这三项主要制造生命周期维度。每个维度（如产品、生产系统和业务）代表独立的全生命周期。制造金字塔是其核心，三个生命周期在这里汇聚和交互，如图 3-2 所示。

- 第一维度：产品维度，涉及信息流和控制，智能制造生态系统下的产品生命周期管理，包括六个阶段，分别是（产品）设计、工艺设计、生产工程、制造、使用与服务、废弃与回收。

- 第二维度：生产系统生命周期维度，关注整个生产设施及其系统的设计、部署、运行和退役。"生产系统"在这里指的是从各种集合的机器、设备和辅助系统、组织和资源创建商品和服务。

- 第三维度：供应链管理的商业周期维度，关注供应商和客户的交互功能，电子商务在今天至关重要，使任何类型的业务或商业交易，都会涉及利益

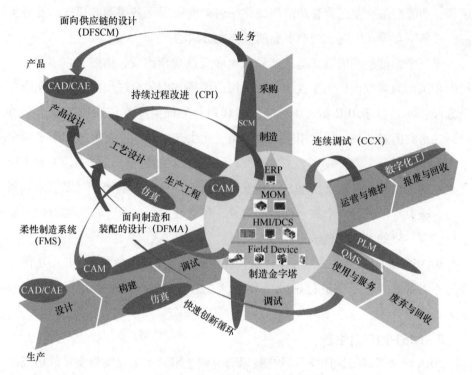

图 3-2 NIST 的制造系统生态[49]

相关者之间的信息交换。在制造商、供应商、客户、合作伙伴，甚至是竞争对手之间的交互标准，包括通用业务建模标准、制造特定的建模标准和相应的消息协议，这些标准是提高供应链效率和制造敏捷性的关键。

● 制造金字塔：智能制造生态系统的核心，产品生命周期、生产系统生命周期和商业活动周期都在这里聚集和交互（图 3-2 中制造金字塔的元素包括：企业资源计划（ERP）、制造运行管理（MOM）、人机交互界面（HMI）、集散控制系统（DCS）、现场设备（Field Device））。每个维度的信息必须能够在金字塔内部上下流动，为制造业金字塔从机器到工厂、从工厂到企业的垂直整合发挥作用。沿着每一个维度，制造业应用软件的集成都有助于在车间层面提升控制能力，并且优化工厂和企业决策。这些维度和支持维度的软件系统最终构成了制造业软件系统的生态体系。

在这个结构中，一个制造金字塔可以看作是一个智能工厂。在三个维度中，生产系统生命周期维度体现了一个智能工厂的生命周期，产品维度体现了产品的全生命周期，而供应链管理的商业维度体现了制造过程的业务协同过程。

4　中国智能制造系统结构

《国家智能制造标准体系建设指南（2018 年版）》[50] 对智能制造系统架构从生命周期、系统层级和智能特征三个方面进行描述（见图 3-3）。

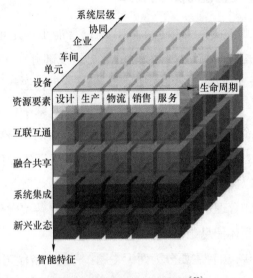

图 3-3　智能制造系统架构[50]

生命周期是指从产品原型研发开始到产品回收再制造的各个阶段，包括设计、生产、物流、销售、服务等一系列相互联系的价值创造活动。生命周期的各项活动可进行迭代与优化，具有可持续性发展等特点，不同行业的生命周期构成不尽相同。

系统层级是指与企业生产活动相关的组织结构的层级划分，包括设备层、单元层、车间层、企业层和协同层。其中，设备层到企业层是一个智能工厂内部的层级，协同层包括了企业与其他组织之间的业务协同与共享。

智能特征是指基于新一代信息通信技术使制造活动具有自感知、自学习、自决策、自执行、自适应等特征中的一个或多个。功能的层级划分，包括资源要素、互联互通、融合共享、系统集成和新兴业态等五层智能化要求。

这三个维度，分别从产品、制造系统、技术实现三个方面对智能制造系统进行了说明。其中，产品生命周期维度对应了德国"工业4.0"的横向集成关系以及 NIST 的产品维度，系统层级对应了德国"工业4.0"的纵向集成关系以及 NIST 的"制造金字塔"。而智能特征维度从技术实现的角度，给出了智能制造相比传统制造的"智能化"特征，使系统实现更加具有可操作性。

3.1.4　智能工厂是智能制造的载体

对于提高制造业的国际竞争力而言，建设智能工厂是重要的着力点。首先，智能工厂建设是我国制造强国战略的重要组成部分。《中国制造2025》明确提出加快推动新一代信息技术与制造技术融合发展，把智能制造作为两化深度融合的主攻方向，在重点领域试点建设智能工厂及数字化车间。智能工厂建设是我国传统制造企业实施创新驱动、价值创造战略的自身要求。其次，智能工厂建设是行业信息化实现创新发展的关键。智能工厂建设代表了信息化的未来发展方向，既可以提升智能化生产水平，也可以锻炼队伍、培养人才，提升信息化研发、建设和管理水平，带动制造企业信息化转型发展、创新发展，从而进一步提升中国整体信息化水平。

德国"工业4.0"项目主要分为两大主题：一是"智能工厂"，重点研究智能化生产系统及过程，以及网络化分布式生产设施的实现；二是"智能生产"，主要涉及整个企业的生产物流管理、人机互动以及3D技术在工业生产过程中的应用等。该计划将特别注重吸引中小企业参与，力图使中小企业成为新一代智能化生产技术的使用者和受益者，同时也成为先进工业生产技术的创造者和供应者。

针对智能工厂的建设，可以参考工业和信息化部等联合发布的《国家智能制造标准体系建设指南》，该指南对智能制造相关技术从"基础共性""关键技术""行业应用"三个方面进行标准建设，可以从该指南了解智能制造相关技术，以及一些具体实现方法。《国家智能制造标准体系建设指南》从2015年发表第1版后，三年左右会更新一次，目前最新的版本是《国家智能制造标准体系建设指南（2021年版）》（征求意见稿），其智能制造标准体系结构如图3-4所示。

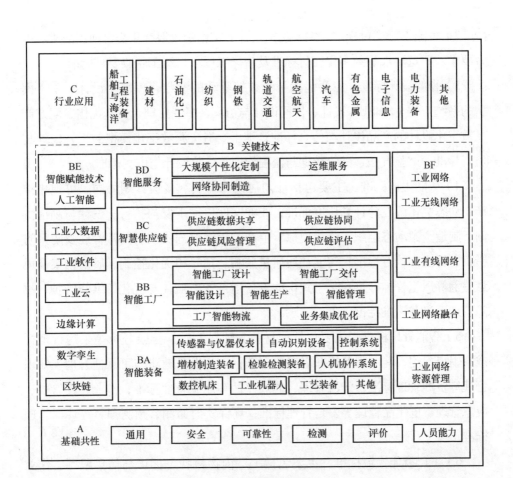

图 3-4　智能制造标准体系结构图

《国家智能制造标准体系建设指南（2021 年版）》（征求意见稿）对智能工厂的相关标准建设包括了智能工厂设计、智能工厂交付、智能设计、智能生产、智能管理、工厂智能物流、集成优化等 7 个部分，主要规定智能工厂设计和交付等过程，以及工厂内设计、生产、管理、物流及系统集成等内容。

1）智能工厂设计标准。主要包括智能工厂的设计要求、设计模型、设计验证、设计文件深度要求以及协同设计等总体规划标准；物理工厂数据采集、工厂布局，虚拟工厂参考架构、工艺流程及布局模型、生产过程模型和组织模型、仿真分析，实现物理工厂与虚拟工厂之间的信息交互等物理/虚拟工厂设计标准。

2）智能工厂交付标准。主要包括设计、实施阶段数字化交付通用要求、内容要求、质量要求等数字化交付标准及智能工厂项目竣工验收要求标准。

3）智能设计标准。主要包括基于数据驱动的参数化模块化设计、基于模型的系统工程（MBSE）设计、协同设计与仿真、多专业耦合仿真优化、配方产品数字化设计的产品设计与仿真标准；基于制造资源数字化模型的工艺设计与仿真标准；试验方法、试验数据与流程管理等试验设计与仿真标准。

4）智能生产标准。主要包括计划建模与仿真、多级计划协同、可视化排产、动态优化调度等计划调度标准；作业文件自动下发与执行、设计与制造协同、制造资源动态组织、流程模拟、生产过程管控与优化、异常管理及防呆防错机制等生产执行标准；智能在线质量监测、预警和优化控制、质量档案及质量追溯等质量管控标准；基于知识的设备运行状态监控与优化、维修维护、故障管理等设备运维标准。

5）智能管理标准。主要包括原材料、辅料等质量检验分析等采购管理标准；销售预测、客户服务管理等销售管理标准；设备健康与可靠性管理、知识管理等资产管理标准；能流管理、能效评估等能源管理标准；作业过程管控、应急管理、危化品管理等安全管理标准；环保实时监测、预测预警等环保管理标准。

6）工厂智能物流标准。主要包括工厂内物料状态标识与信息跟踪、作业分派与调度优化、仓储系统功能要求等智能仓储标准；物料分拣、配送路径规划与管理等智能配送标准。

7）集成优化标准。主要包括满足工厂内业务活动需求的软硬件集成、系统解决方案集成服务等集成标准；操作与控制优化、数据驱动的全生命周期业务优化等优化标准。

相比《国家智能制造标准体系建设指南（2018年版）》，《国家智能制造标准体系建设指南（2021年版）》（征求意见稿）在关键技术中，增加了"BC智慧供应链"的内容，在"BE智能赋能技术"部分，增加了"数字孪生"的内容，其他一些技术部分也做了调整（见图3-4）。数字孪生标准，主要包括参考架构、信息模型等通用要求标准，面向不同系统层级的功能要求标准，面向数字孪生系统间集成和协作的数据交互与接口标准，性能评估及符合性测试等测试与评估标准，面向不同制造场景的数字孪生服务应用标准。

构建智能工厂的数字模型，实施数字化工厂规划，是先于实际工厂建设的一个必不可少的环节。在信息空间构建了物理工厂的对应模型，能应用智能化的方法对工厂进行仿真、分析与优化。利用工厂的数字模型，可以进一步实现数字孪生，通过实时数据对数字模型的驱动来优化工厂运营。

3.2 基于数字孪生的智能制造

根据图 3-2 所示的制造系统生态，产品制造包括了产品生命周期管理支持下的产品生命周期、数字化工厂支持下的工厂生命周期以及供应链管理系统支持下的商业活动管理，其交汇点是"制造金字塔"，包括以制造运行管理为核心的层级管理系统。数字孪生技术为制造生态中的各个活动提供了新的解决方案，从而对智能制造的具体实现提供了新的应用场景。相对"制造系统"这一概念来说，"生产系统"比"制造系统"包含的内容更广泛，因此，本书后面部分用"生产系统"一词指代产品生产、制造的系统，如工厂、车间等制造单元。下面从产品、生产系统、供应链管理三个视角来介绍典型应用场景。

3.2.1 智能产品的数字孪生应用场景

一个产品投放市场，包括需求调研、产品设计、产品制造和产品运维服务四个主要过程，在这四个过程中，传统的信息流动过程是一个"瀑布"模型，即从需求调研到产品运维，是一个依次递进的过程。信息技术的发展，让信息闭环成为可能（见图 3-5），也就是说，产品制造过程的信息可以指导产品设计，产品运维过程的信息可以指导产品设计和产品制造过程的改进。通过这个闭环，可以及时响应市场对产品的反馈，提升产品的质量和潜在的价值。数字孪生技术可以帮助和促进这一信息闭环的实现。

传统的产品设计模式下，在产品设计完成后必须先制造出样品才能够对设计方案进行质量以及性能等方面的评估。这种产品设计模式一方面成本过高，

图3-5　产品全生命周期的信息闭环

另一方面产品的研发周期较长。通过数字样机技术，可以在虚拟空间对产品的设计方案进行评估，但是缺少对产品制造过程的分析，不能完成制造工艺的制订。利用数字化工厂技术，构建工厂/车间的虚拟模型，可以进一步完成产品的工艺制订及优化。整个过程可以在虚拟空间完成产品设计到制造整个过程的仿真。而数字孪生技术可以进一步扩大到产品使用过程的数据采集与分析，优化这个过程的实施，并且能提供更加准确的结果。

图3-6给出了一个利用产品数字孪生体和工厂数字孪生体进行产品设计迭代优化的过程。产品设计过程，除了本身的性能可以通过产品数字样机技术进行分析之外，产品工艺及产品设计方案的可制造性分析，需要结合工厂数字孪生体来完成。工厂数字孪生体给出了产品生产制造的环境模型。如果所设计的产品还没有建立起实际工厂，那么这个工厂也只是一个设计方案，图中的"工

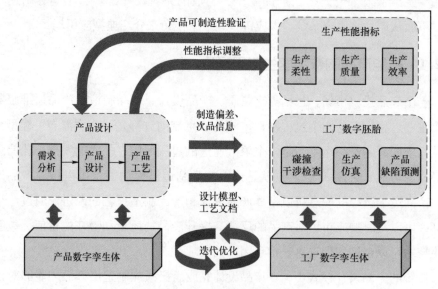

图3-6　产品设计过程的迭代优化

厂数字胚胎"就表示是没有实际工厂的虚拟工厂。随着工厂的建成和投产，工厂数字孪生体完全建成，可以对产品提供更加精确的可制造性分析。

数字孪生在产品生命周期各个阶段的作用包括：

1）产品设计阶段。数字样机技术可以提供产品的虚拟仿真，但是产品数字孪生体可以包含设计之后的制造和产品运行过程的数据，这些数据的采集，可以为产品的仿真和验证提供真实的数据，为类似产品的开发提供有益的参考。利用大量的数据，可以挖掘产生新颖、独特、具有新价值的产品概念，转换为产品设计方案。

同时，产品的可制造性分析也不只是通过虚拟假设的生产系统模型来验证，而是结合工厂数字孪生体，利用生产系统实时数据，来对产品加工时间、加工质量以及可能的风险进行评估，进一步缩短产品设计完成后实现量产的时间间隔。

2）产品制造阶段。利用产品数字孪生体，可以指导产品制造、装配过程的工作，降低工人技术要求，减少生产过程的错误。一些在线质量检测数据也能被记录，可以指导产品装配配合以及产品后续安装运行过程的参数调整。

利用产品数字孪生体所记录的运行过程数据，可以分析挖掘制造过程的质量缺陷，进一步提高生产制造过程的制造参数，改进质量，提高产品价值。

3）产品运维阶段。数字孪生这一概念的提出，就是为了提升产品运维能力。即使不是航天器这类太空装备，数字孪生技术在普通装备和产品的运维过程中也能发挥巨大作用。产品安装调试过程，可以利用数字孪生体提供的指导书，进行安调指导。特别是单件重大装备，例如，大型制造装备、船舶、海工装备、飞机等，产品设计、制造过程的信息对安装调试很有帮助，利用统一的产品数据，可以提升安装质量，缩短调试时间。

通过产品运行过程的数据采集和分析，提升用户对产品运行过程的感知程度，而制造商利用大量数据进行数据挖掘和分析，提供产品健康管理、设备优化运行、远程维护指导、备品备件调配等增值服务，提升服务水平。

每个产品从设计开始，形成数字孪生体胚胎（见图 1-3），从生产制造开始，物理实体逐渐形成，数字孪生体逐渐完善，直到产品装配完成出厂，其数字孪生体和物理实体都完成。安装调试后进入运行维护阶段，数字孪生体和物理实体虚实互动，实现整个数字孪生系统的功能。

和传统的产品生命周期管理系统不同，产品数字孪生的数据采集和分析是结合模型进行的。结合三维模型进行数据标记和分析，让结果展示更加直观；模型指导数据采集和分析，并且指导用户进行产品运行维护。每个产品都有其对应的数字孪生体，保证生命周期内数据的唯一记录，并且随着产品运维，这个数据也不断增加，跟随产品的一生。甚至产品物理实体消亡后，数字孪生体继续存在，用于帮助后续产品的研发和制造优化。

在高端装备、大型装备行业中，产品数字孪生的应用已经逐渐普及，例如，波音 787、空客 A380 飞机的设计制造，就利用数字样机和数字孪生技术缩短了设计时间。达索公司帮助宝马、特斯拉等汽车公司建立的 3D Experience 平台，在此平台上进行大量空气动力学、流体声学等方面的分析和仿真，在外形设计方面通过数据分析和仿真试验，大幅度地提升了流线性，减少了空气阻力。GE 与 ANSYS 公司开展了战略合作，通过数字孪生技术的应用，实现航空发动机产品的健康管理、远程诊断、智能维护和共享服务。

3.2.2 智能生产系统的数字孪生应用场景

数字孪生技术可以支持智能生产系统的设计、建设以及运营管理。和产品生命周期类似，生产制造系统也有其生命周期。图 3-2 中表述为：设计、构建、调试、运营与维护、报废与回收。智能生产系统的典型代表就是智能车间或智能工厂，其设计和建造是为了完成某一产品或一类产品的生产制造，因此，生产系统的设计首先满足工艺要求，然后是在各类约束（空间约束、投资约束、生产周期约束）下完成其设计和建造。

1 生产系统规划设计过程的数字孪生应用

生产系统的规划设计会有一个协同优化问题：产品工艺设计，需要生产系统作为约束，而生产系统的设计，需要产品工艺要求为指导。传统的生产系统建造方法，是在产品工艺初步确定的情况下进行设计和建造，带来的问题就是产品工艺变化会带来生产系统设计方案的变化，但是这一变化不一定能同步完成，会造成部分返工，或者最终实现的工艺设计方案不是最优的妥协方案。利用数字孪生技术可以解决这一问题。

在数字孪生技术出现之前，数字化工厂（本书 4.1 节会详细介绍）就是解决产品设计和工厂设计的协同问题。一方面，通过构建工厂虚拟模型，可以对产品可制造性进行分析，同时，利用产品数字模型和加工需求，来对工厂设计方案进行完善。数字孪生技术通过实时数据的引入可以进一步提升数字化工厂的效率和准确性。这方面表现在工厂布局规划、工艺规划和物流优化几个方面。

1）布局规划。基于数字孪生的生产布局规划相比传统布局规划具有巨大的优势性。相比传统的利用二维图纸或者静态模型进行布局规划的方法，基于数字孪生模型的车间布局规划设计优势主要体现在：①车间数字孪生设计模型包含所有细节信息，包括机械、自动化、资源及车间人员等，并且和制造生态系统中的产品设计无缝连接；②专用模型库，实现车间的快速规划设计；③方便维护和重构，与实际车间同步更新；④支持各类虚拟试验仿真，更好地支持车间的迭代更新。

2）工艺规划和生产过程仿真。利用工厂数字孪生体积累的数据和模型，对产品的工艺设计方案进行验证和仿真，可以缩短加工过程、系统规划以及生产设备设计所需要的时间，具体包括：①制造过程模型：形成对应如何生产相关产品的精确描述；②生产设施模型：以全数字化方式展现产品生产所需要的生产线和装配线；③生产设施自动化模型：描述自动化系统（SCADA、PLC、HMI 等）如何支持产品生产系统。数字孪生为整个生产系统的虚拟仿真、验证和优化提供支持。利用工厂数字孪生模型，用户可以对产品整个制造过程进行验证，包括所有相关生产线和自动化系统生产产品及其全部主要零部件和子配件的工艺方法。

利用过程仿真能够对制造过程进行单元级仿真，包括机器人运动仿真与编程、人因工程分析、装配过程仿真等。利用数字孪生支持的 3R（VR/AR/MR）技术，可以让仿真分析过程虚实融合，更加精确和直观。

3）物流优化。生产物流规划包括企业内部物流（工厂或车间物流）和企业外部物流（供应链物流），合理的物流规划路线对于保证企业的正常生产、生产效率的提高及产品成本的降低具有重要的作用。传统模式下的物流规划是离线进行的，但是这种模式下的物流规划无法适应实际运行过程中的实时状态变化，导致规划结果不能真正适应物理世界的实际环境，从而不能起到指导实际物流运行的作用。利用工厂数字孪生体和供应链企业的数字孪生体模型，可以优化工厂的物流方案，包括物流设施的配置、物流路线设计、物流节拍和生产节拍的协同等。相关数字孪生体的运作模型随着对应物理实体的不断运行也在不断完善，和实际情况一致，保证在虚拟模型上优化结果的可行和可信。

2 生产系统运行过程的数字孪生应用

生产过程的核心是制造运行管理（Manufacturing Operation Management，MOM），IEC/ISO 62264 标准对其定义是，通过协调管理企业的人员、设备、物料和能源等资源，把原材料或零件转化为产品的活动。它包含管理那些由物理设备、人和信息系统来执行的行为，并涵盖了管理有关调度、产能、产品定义、历史信息、生产装置信息，以及与相关的资源状况信息的活动。图 3-2 中制造金字塔的核心就是 MOM，它的概念相比传统的制造执行系统（MES）来说更加广泛，包括与制造相关的资源状况信息。数字孪生在 MOM 的应用场景包括：

1）三维可视化实时监控。传统的数字化车间主要通过现场看板、手持设备、触摸屏等二维的可视化平台完成系统监测，无法完整展示系统的全方位信息与运行过程，可视化程度较低。基于机理模型和数据驱动的方式建立的数字孪生车间具有高保真度、高拟实性的特点，结合 3R（VR/AR/MR）技术能将可视化模型从传统的二维平面过渡到三维实体，车间的生产管理、设备管理、人员管理、质量数据、能源管理、安防信息等均能以更为直观、完整的方式呈现给用户。这部分应用可以看作是"三维版组态软件"，但是相比组态软件多用于流程行业，这个可视化实时监控对离散制造行业也十分有用。同时，传统的组态软件更多地是对传感器采集的数据进行展示，而数字孪生模型能更多地展示统计分析、智能计算的结果，可以是一些系统运行的隐含状态数据，能让用户对生产现状有更直观的了解。利用移动互联技术，这个实时监控不限于计算

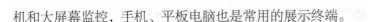

机和大屏幕监控，手机、平板电脑也是常用的展示终端。

2）生产调度。传统生产制造模式中生产计划的制定、调整等以工作人员根据生产要求及车间生产资源现状来手动制定调整为主，如果生产车间缺乏实时数据的采集、传输与分析系统，很难对生产计划执行过程中的实时状态数据进行分析，无法实时获取即时生产状态，导致对于生产的管理和控制缺乏实际数据的支撑，无法及时发现扰动情况并制定合理的资源调度和生产规划策略，导致生产效率的下降。

而数字孪生驱动下的生产调度基于全要素的精准虚实映射，从生产计划的制定、仿真、实时优化调整等均基于实际车间数据，使得生产调整具有更高的准确性与可执行性。数字孪生驱动下的生产调度主要分为：①初始生产计划的制定，结合车间的实际生产资源情况及生产调度相关模型，制定初步的生产计划，并将生产计划传送给虚拟车间进行仿真验证；②生产计划的调整优化，虚拟车间对制定的初步生产计划进行仿真，并在仿真过程中加入一些干扰因素，保证生产计划有一定的抗干扰性。结合相关生产调度模型、数据及算法对生产计划进行调整，多次仿真迭代后，确定最终的生产计划并下发给车间投入生产；③生产过程的实时优化，在实际生产过程，将实时生产状态数据与仿真过程数据进行对比，如果存在较大的不一致性，那么基于历史数据、实时数据及相关算法模型进行分析预测、诊断、确定干扰因素，在线调整生产计划。

3）生产和装配指导。随着产品复杂程度越来越高，产品设计方案越来越复杂，给生产过程的参数优化，以及装配过程的工艺参数控制提出了新的要求；同时，个性化的提升让单件、小批生产成为主流，需要在制造前熟悉不同新产品的生产和装配工艺要求，给现场操作工人提出了挑战。利用数字孪生技术可以有效支持生产和装配过程的指导。一方面，数字孪生体提供的统一产品定义模型，可以方便地转化成直观的产品生产需求和装配指导书，让操作工人可以尽快熟悉；另一方面，利用制造设备的数字孪生体，可以对生产过程参数进行模拟优化，同时可以借鉴类似产品的加工数据进行迁移学习，推广到新产品加工过程的参数优化中。对质量数据的在线分析也能为生产、装配的结果进行评估，及时反馈到生产现场，减少不合格品的数量。

产品数字孪生体所拥有的运维过程数据，可以为类似产品的生产过程参数设定提供参考，为提高产品加工质量提供量化依据。

4）设备管理。生产设备的故障预测与健康管理指利用各种传感器和数据处理方法对设备健康状况进行评估，并预测设备故障及剩余寿命，从而将传统的事后维修转变为事前维修。数字孪生驱动下的故障预测与健康管理建立在虚实设备精准映射的基础上，由于虚实设备的实时交互及全要素、全数据的映射关系，可以方便地对相关的设备进行全方位的分析，及故障的预测性诊断。同时基于虚拟设备模型及历史运行数据可以进行故障现象的重放，有利于更加准确地定位故障原因，从而制定更合理的维修策略。另外，在数字孪生应用场景下，当设备发生故障时，专家无需到达现场即可实现对于设备的准确维修指导。远程专家可以调取数字孪生模型的报警信息、日志文件等相关数据，在虚拟空间内进行设备故障的预演推测，实现远程故障诊断和维修指导，从而减少设备停机时间并降低维修成本。

5）物流优化。数字孪生生产系统改变了传统的物流管理模式，能够做到物流的实时规划及配送的指导。数字孪生建立在实时数据的基础上，通过物理实体与虚拟实体的精准映射、实时交互、闭环控制，基于智能物流规划算法模型结合实际情况做出即时物流规划调整和最优决策，同时可通过增强现实等方式对配送人员做出精准的配送指导。

6）能耗管控。"碳达峰、碳中和"成为新时代制造的一个核心话题，越来越多的制造企业关注制造过程的碳排放问题，需要实现节能减排。数字孪生驱动下的能耗智能管控指通过传感器技术对能耗相关信息、生产要素信息和生产行为状态等的感知，通过感知得到的实时能耗信息对生产过程的参数进行调整和优化。一方面利用能耗模型来指导产品设计过程，采用低碳环保的方案；另一方面通过调整生产计划、降低不必要的能耗等方法来减少加工过程的能源消耗。通过数字孪生系统，能耗管理由传统的凭经验、凭直觉的定性方法转向基于能耗模型的量化方法，并且能提供持续优化的能力。

7）安全防护。在智能车间中，相对于装备、产品等生产要素而言，人员在产品设计、制造运维等过程中的主观活动更为重要，在复杂机电产品生产车间

中，其生产规模大、活动空间广、工位错综多样、工序繁杂、关键生产流程或
具有一定的危险性，人员行为的主观能动性和不可替代性表现尤为突出，完善
人员行为识别对于规范和保障车间的安全生产、消除隐患、防患于未然具有重
大意义。目前而言，车间人员行为分析仍然通过分布于车间中的摄像机和人工
监控的方式来实现。近年来，随着计算机视觉、深度学习等智能算法的推广和
计算机算力的提升，车间人员行为的观测正逐步从"机械式"的人工观测方式
向基于深度视觉的智能人员行为理解的模式转变。车间人员行为智能识别的本
质在于人员行为特征的提取并进行分类与深层次分析，深度学习算法有助于人
员行为特征的自动、多层次的提取，数字孪生技术则为智能人员行为理解模式
的实现提供了实现框架，能进一步促进车间乃至智能工厂环境下的人机共融和
HCPS 的构建。

生产制造系统的数字孪生应用也在逐步普及。虚拟调试技术在数字化环境
中建立生产线的三维布局，包括工业机器人、自动化设备、PLC 和传感器等设
备。在现场调试之前，可以直接在虚拟环境下，对生产线的数字孪生模型进行
机械运动、工艺仿真和电气调试，让设备在未安装之前已经完成调试。西门子
公司将来自智能传感器的温度、加速度、压力和电磁场等信号和数据，以及来
自数字孪生模型中的多物理场模型与电磁场仿真和温度场仿真结果传递到
MindSphere 平台，通过进行对比和评估，来判断产品的可用性、运行绩效和是
否需要更换备件。国内的中国烟草总公司在烟草行业进行了工厂运行状态的实
时模拟和远程监控实践，在北京就可以实现对分布在各地的工厂进行远程监
控。海尔、美的在工厂的数字孪生应用方面也开展了卓有成效的实践。

3.2.3　供应链管理的数字孪生应用场景

当今产品知识含量越来越高，一个企业不可能完成产品所有零部件的研
发，并且能以较低的制造成本实现量产。产品制造过程的跨企业合作成为制造
业的一个基本特征。一个产品是围绕核心制造企业，从配套零件开始，经过中
间部件和组件的装配以及最终产品组装，最后由销售网络把产品送到消费者手
中，这个过程由供应商、核心制造企业、分销商直到最终用户连接成一个整体

的功能性网链结构，称为供应链。在供应链的构建和运营过程中，减少资源占用和提升作业效率一直是其追求的核心目标之一。数字孪生支持下的供应链体系不仅可以缩短供应链体系的构建周期，还可以精确项目投资，降低资源占用，提升制造效率，同时还能够减少质量损失，降低作业培训成本，最终实现产成品的精益交付。

这里简单区分一下供应链、价值链和产业链。供应链关注的是供给端，核心在于如何有效整合供应商与生产商流程，提高反应速度，降低成本，构筑企业核心能力。供应链管理就是指对整个供应链系统进行计划、协调、操作、控制和优化的各种活动与过程，并使总成本达到最优化。价值链关注的是消费端，核心在于如何发现和满足（客户的）最终需求，从而创造价值并使价值最大化。其中，企业内部的设计、生产、销售、服务等活动构成一个内部价值链，企业与供应商、分销商及顾客等构成一个外部价值链，内外部价值链联合构成迈克尔·波特所称的价值链系统。产业链是基于能力分工的一种技术经济关联，包括"生产—流通—消费"的全过程，强调各个相关环节和组织载体之间的分工合作关系形态。产业链一般和区域经济发展相关联。

工业互联网平台的"网络化协同"就是针对供应链、价值链和产业链协同来说。数字孪生在供应链管理中的应用场景包括：

1）供应链构建过程的仿真分析。供应链构建过程涉及供应商能力、物流能力、风险抵抗能力等多种因素，经常因信息掌握不及时而导致决策失误，供应链系统复杂、效率低、响应速度慢，存在不可预测的风险。面对供应链中信息流、物流、资金流产生的海量数据，传统方法难以对存在的问题和挑战进行描述与求解，仿真技术成为供应链管理相关人员常用且高效的工具。

数字孪生技术可以让传统的供应链以管理"物理工厂"转变为管理"虚拟工厂"，利用工业互联网平台，实际工厂的数字孪生体进行互联，交互信息，基于供应链运作模型进行不同参数的仿真分析，从而能得到最优的供应链组建方案，包括对供应链物流的优化。

2）供应链运行过程的协同。供应链管理是企业和企业之间的协作，而生产对接过程往往是企业下属工厂和车间与另外一个企业下属工厂和车间的对接，传统的供应链管理，车间与车间不存在直接信息交互通道，信息的不通顺往往造成供应链成本的增加，著名的"牛鞭效应"就是一个典型例子。

通过数字孪生系统，进行供应链活动统一规划和实现信息共享，在计划、运输、生产、存储、分销等领域协调并整合过程中的所有活动，以无缝连接的一体化过程实现供应链中每个环节（阶段）的资源占用最小化和整体收益的最佳化，实现精益物流。基于企业数字孪生体之间的有效交互，实现零部件入厂物流的精益化。"多频次、小批量"和"定量不定时"的零部件供给方式，是生产环节精益物流的典型模式之一。

生产调度，原本是一个企业所属车间 MOM 的运行范畴。通过企业间部门级的协同，上下游供应商的生产计划和完工信息充分共享，可以实现跨企业、跨车间的生产调度方案优化，当上游供应商发生设备故障等扰动不能准时供货时，下游车间可以及时调整生产计划，保证不会因为零部件缺货而停工待产。

数字孪生也让供应链监控实现三维可视化，可以直观地提供供应链的实时运作状态，为相关企业的管理决策提供依据。

3）应急管理。复杂产品、大型装备往往其供应链复杂，供应链也会形成"轴辐式"多核心的形态，对于最终产品组装厂来说，供应链的扰动会对其最终产品的质量和交货期产生巨大影响。通过数字孪生系统，实现信息共享，可以利用预测模型对可能的供应链扰动风险进行评估和预警，并且能利用仿真工具对各种挑战方案进行预先评估，在风险来临之前可以及时做出反应，降低损失。

供应链管理数字孪生系统已经在一些大型供应商中开展应用。洛克希德·马丁公司在 F-35 战机沃斯堡生产厂家部署采用数字孪生技术的"智能空间平台"，将实际生产数据映射到数字孪生模型中，并与制造规划及执行系统相衔接，提前规划和调配制造资源。轴承制造商 SKF，在其整个分销网络中构建了一个数字孪生模型，使该公司的区域化模型转变为全球综合规划模型。根据数字孪生技术提供的数据可视性和完全性，供应链规划人员能够从本地运营转变为全球化运营决策。

3.3 制造数字孪生生态

3.3.1 面向智能制造的数字孪生系统

智能制造所涉及的对象与系统包括智能产品、智能生产系统、智能生产运行过程，其所相关的数字孪生系统可以包括产品数字孪生系统、生产系统数字孪生系统和供应链数字孪生系统。由于孪生对象不同，产品的数字孪生基于产品设计、制造和使用过程来建设，其模型和数据来源为产品设计部门、制造部门和产品服务部门，以及用户。生产系统的数字孪生，其模型和数据来源为工厂设计规划部门、建筑设计院、设备供应商、工厂制造部门以及工厂管理层；供应链数字孪生的模型和数据来源是供应链相关企业的管理部门、制造部门以及物流配送企业。这三者的模型和数据来源不同、更新频率不同、责任主体也不同，因此，很难构建一个覆盖整个制造过程和制造要素的数字孪生系统，只能是三个相对独立、又互相关联的数字孪生系统。三个系统对应于图 3-2 所描绘的制造生态，形成一个"制造数字孪生生态"。

1 产品数字孪生系统

图 3-5 展示了产品生命周期的典型阶段，一个产品在其生命周期内的演化是一个分层次、分阶段，且相互交互协同的立体反馈运行模型。

在产品设计阶段，设计者首先需要充分理解用户的需求或意愿，需求决定产品的结构、配置、功能以及产品微小的差别。而产品是由多个零部件配置而成，因此需要建立用户需求与产品配置之间的关系。通常客户给出的需求是文字表述的，产品在设计阶段的模型是虚拟的，这种对应关系需要在虚拟空间中进行映射。在实际的制造场景中，新一代的产品通常会根据需求在旧一代的产品上迭代改进。作为前代物理产品所对应的数字孪生体，在研发、制造、使用、报废阶段中迭代优化并附积了大量信息，这些数字孪生体不会随物理产品的消亡而消失，前代产品数字孪生体能给新一代产品的设计和研发提供借鉴模型。

作为先于物理产品"出世"的数字胚胎是产品生命周期数据积累的开始和统一模型，集成了产品的三维几何模型、产品关联属性信息、工艺信息等。同时，需要专业工艺人员根据经验总结和工艺知识进行工艺流程的编制，即将产品设计模型转变为制造方法及步骤和工艺参数，然后将产品数字胚胎模型和设计文档传递到制造阶段。

在产品制造阶段，产品的制造过程数据（生产进度、生产订单干扰、外协需求以及产品质量等）都实时记录在产品数字孪生体中，可基于生产约束、生产目标、产品工艺等实现对产品行为和状态的生产监控和控制，达到产品的制造情况完全透明化，最终交付给用户的是产品设计的物理实例以及和其对应的唯一的产品数字孪生体，此时产品数字孪生体经过生产系统制造完成后已经具备和物理产品一样的实例行为。

在产品使用和运维阶段，物理产品的所有使用状态变化、组件变更信息、产品性能的退化信息都将反馈到产品数字孪生体。物理产品在进入使用服务阶段往往随着使用时间推移和使用次数增加会出现组件故障、磨损或损坏的情况而去更换部分组件。而产品数字孪生体与物理产品始终保持一致，会自动响应产品的组件变更信息。

因此可以看出产品数字孪生体是产品全生命周期的数据中心，刻画了产品从设计阶段、使用服务到报废/回收的所有信息和模型。产品数字孪生体采用全数字量表达产品的几何特征、性能、状态和功能，作为全生命周期信息的唯一依据。同时，产品数字孪生体也是全价值链的信息集成中心，其主要目的在于整个价值链中的"价值"在时间和空间上无缝协同，这不仅是共享产品的信息，也是一种在空间上基于信息唯一性的全价值链服务协同。因此，产品信息能够在全价值链实现可追溯/可追踪性，并能够返回产品数字孪生体中，最终将形成信息高度闭环的产品数字孪生体，图 3-7 展现了这一虚实高度融合过程。

2 生产系统数字孪生系统

生产系统是原材料变成产品的地方，是信息流、能量流和物流相交汇作用

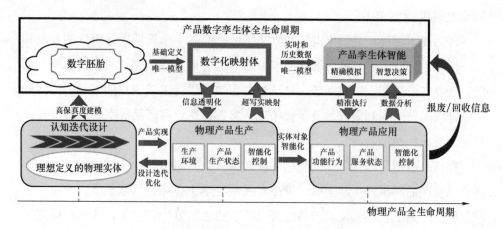

图 3-7   产品数字孪生体全生命周期演变过程

的地方。按不同的层次来划分，生产系统可以包括工厂、车间、生产线和加工单元。一般来说，本节所说的生产系统数字孪生系统是指**工厂数字孪生系统**或**车间数字孪生系统**。

参照产品全生命周期的概念定义，一个生产系统的全生命周期也可以分为规划与设计阶段、施工建造阶段、运营与维护阶段以及报废与改建阶段。生产系统的全生命周期每个阶段的目标不同，对信息的需求不同，同时信息也明显具有不同的特征。在生产系统全生命周期中，所需承载的信息不断累积并由前一个阶段传递到下一个阶段，而且需要承载面向产品制造过程多领域、全要素、全业务流程的融合信息，这就需要面向生产系统全生命周期的数字孪生技术来满足信息流的流动性、集成性和可扩充性需求。

生产系统的数字模型中三维几何模型部分一般包括厂房基础设施模型、生产线设备模型和物流设施模型。厂房建筑是工厂或车间的一个重要基础设施，因此，建筑信息模型（BIM）是生产系统模型的一个重要组成部分。BIM 能够有效地辅助建筑工程领域的信息集成、交互及协同工作[51]，可以使得工厂生命周期的信息得到有效的组织和追踪，保证信息传递到下一阶段而不发生"信息流失"及减少信息不一致。BIM 可以根据工厂的不同阶段和需求创建，即从工厂规划与设计、施工到运营维护不同阶段，针对不同的服务需求建立相应的子信息模型。各子信息模型具有自演化和自更新机制，可以和上一阶段信息模型进行交互，并对其进行扩展和集成形成本阶段的子模型数据，最终形成面向全生命周期的完整信息模型。

以智能工厂这一生产系统为例，在工厂数字孪生系统构建的过程中，参照图 1-3，也有"工厂数字胚胎"的概念。一方面，工厂数字胚胎包括利用 BIM 提供精确的三维模型，而相关的数字化文档则可以作为 BIM 的基础数据服务中的内容；另一方面，工厂数字胚胎基于数字化技术在工厂设计和规划阶段对工厂进行提前建模，先于物理工厂诞生，是一种集成生产性能指标、产品工艺规划和调度模型的理想化数字模型。通过这种理想化数字模型来仿真工厂生命周期的制造活动，验证工厂整体运行的可行性和效率。在工厂施工阶段，物理工厂是根据已经得到验证的工厂数字胚胎建成，这是工厂虚体到实体的一种孪生映像，同时，在这个阶段，工厂数字孪生体也逐渐形成。在工厂运营阶段，工厂数字孪生体又得到来自物理工厂的信息反馈更新，进入工厂数字化映射体阶段，与物理工厂进行信息交互。因此，以 BIM 和生产系统模型为核心的工厂数字孪生体，针对工厂不同阶段需要提供的服务，建立相应的子服务模型，贯穿工厂的全生命周期，支持对智能工厂中建筑、设备等工厂实体信息的存储、扩展和服务应用过程，如图 3-8 所示。

3 供应链数字孪生系统

在供应链管理周期中，供应链中的所有产品（供需关系中的服务载体皆为产品）都会产生与其动态、性能和状况相关的信息，利用这些聚合的海量数据，企业就可以通过建模和仿真，创建整个供应链的数字孪生。具体地，对供应链各个节点（仓储、枢纽、运输、配送）和节点的业务环节（如仓储的库存管理）进行模型建立。供应链上的各节点是最小的智能体单元，通过对这些智能体单元的建模和仿真，以及通过开放接口将模型串联起来，可以在虚拟空间中使整个供应链网络的功能运转。这种理念的实质是形成一个数字化版本的供应链，既为现实世界的供应链提供信息，又从现实世界的供应链获取信息。同

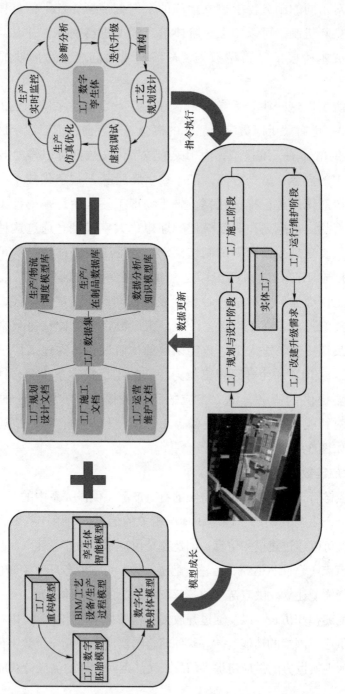

图 3-8　工厂数字孪生系统

时，供应链数字孪生体不仅体现供应链历史和当前状态的事实信息，还体现着未来的决策和计划。

供应链数字孪生系统的最终目的是通过实时的信息交互实现服务协作和服务追踪管理，在供应链上下游中，每个工厂是一个业务节点（智能体单元），这些工厂形成工厂群数字孪生协同域。利用协同域中的工厂数字孪生体，建立一致的工厂指标评价体系，综合各个工厂的协同目标、协同约束制定伙伴选择策略，构建协同优化模型，实现在工厂制造各个层级（车间、生产线、设备）和上下游工厂进行业务协同。工厂数字孪生体的信息视图发出服务请求，如果上游工厂能提供相应服务，下游工厂服务视图便可在协同域中调用相关服务。最后，基于工厂数字孪生体的信息视图构建面向企业动态监督和评估机制的可视化管理模型，工厂群可根据自身在供应链的定位和自身工厂制造运行特点构建可视化服务信息模型，下游工厂可根据服务需求定期通过点对点的可视化追踪对上游工厂进行动态的监督、评估和管理，图 3-9 所示为基于产品统一模型的供应链数字孪生系统组成结构。

3.3.2 多域融合的数字孪生生态系统

制造企业实施智能制造的一个关键点就是不同领域的数据与活动的互联。互联的概念不能仅限于某一个领域的纵向交互，要有制造企业内各关键要素横向互联意识。这种互联的意识不断促使企业家和工程师重新定义行业领域的边界，同时也是单体智能向群体智能发展的关键过程。相较于传统制造过程将生产运行管理依托于 ERP/MES/MOM 等管理系统与实际生产场景紧密连接起来，制造企业逐渐聚焦于将工业互联网、云计算、人工智能等新一代信息技术与工厂、产品等全生命周期深度融合，形成自组织、自学习、自决策、自适应能力特征，以满足社会化、个性化、柔性化、服务化、智能化等智能制造的发展需求。因此，制造企业实施智能制造过程中需要关注的重要问题是资源流、信息流、服务流在多领域、多层次的制造企业中进行虚实协同运行与高效联动。

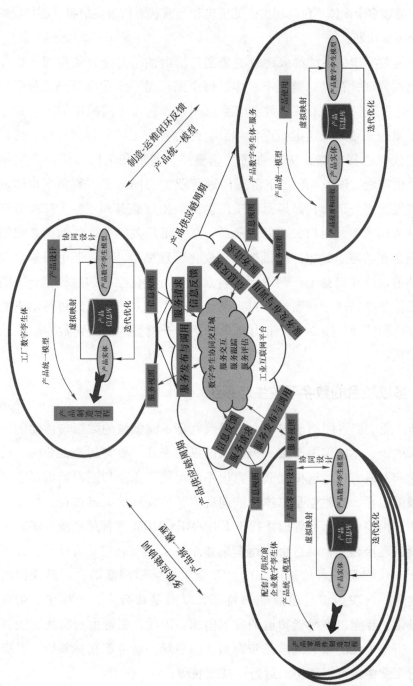

图 3-9 基于产品统一模型的供应链数字孪生系统结构（彩图见插页）

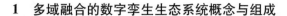

1 多域融合的数字孪生生态系统概念与组成

产品制造过程是在一个广泛的制造系统中进行的，其涉及产品与工程设计、管理、生产等多环节协同交互运行。产品领域从全生命周期角度出发关注从产品建模、仿真、质量管理到数据管控。工厂领域关注在全生命周期的管理过程中整个生产装置及其自身系统设计、安装、运营和退役。业务领域主要体现的是与供应商、客户和生产活动相关的供应链管理[52, 53]。

在产品制造的过程中将三个领域整合到一起是一个非常大的挑战，需要将所建立的体系中的每个领域都通过数字线程与其他维度整合起来，构成制造生态系统。三个领域内部及之间的紧密集成将带来更快的产品研发周期、更有效率的供应链、更有柔性的生产系统。因此，从制造企业乃至制造生态系统各个领域之间的协同运行和优化管理过程来看，需要一个虚拟载体或空间去承载实体资源信息和体现信息交互的过程。利用数字孪生技术构建各个领域的多层次数字孪生系统形成多模型融合的制造数字孪生生态（Manufacturing Digital Twin Ecosystem，MDTE），包括工厂数字孪生系统（Factory Digital Twin System，FDTS）、产品数字孪生系统（Production Digital Twin System，PDTS）、供应链数字孪生系统（Supply Chain Digital Twin System，SCDTS），如图 3-10 所示。制造数字孪生生态系统是以企业制造系统物理与信息空间智能交互、不同种群协同进化为目标的多模态模型和数据的集成与应用，其可以在不同尺度的制造单元上进行动态重构与优化，为智能制造企业中不同领域、不同阶段产生的任务需求提供智能服务，使得生态系统的外延业务都进行了拓展与成长。

2 制造数字孪生生态内部的交互

制造数字孪生生态作为一种复杂网络存在着大量的社团结构，其内部存在着多种交互关系，从该网络的宏观到微观包括物理空间与虚拟空间的交互融合、三个领域数据孪生系统之间的交互、每个领域数据孪生系统不同生命周期阶段之间的交互以及每个领域数据孪生系统组成要素之间的交互配置。正是这种交互关系使得生态系统中相关的数字孪生系统不断地演化和发展。

（1）从产品数字孪生角度看跨域交互

产品从设计、制造到客户方面的安装、使用、运维，整个过程按"工业

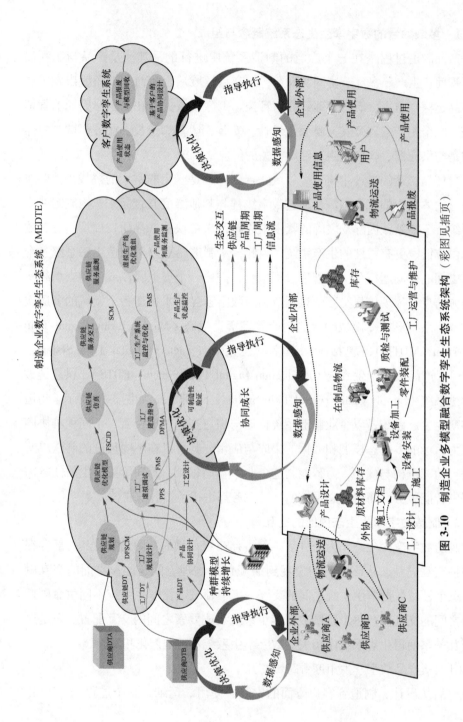

图 3-10　制造企业多模型融合数字孪生生态系统架构（彩图见插页）

4.0"来说是"横向集成",这个集成也被称为"价值链集成",因为这个过程是创造价值的过程。一个产品只有被用户认可、被市场认可,才能最大程度地创造价值。

在产品价值链集成的过程,通过构建产品数字孪生系统,产品数字孪生体包含了产品所对应的统一模型以及产品全生命周期的数据,是物理产品在数字空间的唯一对应。利用产品数字孪生体记录了产品的所有相关模型和信息,为产品优化提供了依据。

产品数字孪生系统的运行,和生产系统、供应链数字孪生系统密切相关。图 3-6 就表示了在产品设计阶段,产品数字孪生系统和生产系统数字孪生系统(工厂数字孪生系统)的关系。通过数字孪生体之间的交互,一方面,产品数字孪生体利用工厂数字孪生体进行可制造性工艺分析,以及对制造过程的成本、时间等进行评估;另一方面,工厂数字孪生体利用产品来对工厂布局、工艺装备配置等设计方案进行验证,优化相关结果。这个交互是双向的。

供应链是保证产品量产质量和时间的关键。供应链数字孪生系统和产品数字孪生系统的关系,也是从设计阶段就开始的。产品最终运行维护成本,和供应链中零部件供应商的选择密切相关,如果没有专门的供应商支持,产品还不能顺利组装。产品设计阶段就需要开始进行供应商的选择,利用供应链合作伙伴提供的零部件模型进行产品数字样机的构建,完成产品数字孪生体中仿真优化工作;同时,也要利用供应链合作伙伴的工厂数字孪生模型以及供应链数字模型对可制造性、制造过程进行分析和评估。

产品交付使用后,通过产品数字孪生体的数据收集,能形成产品运行过程数据库。这些数据用来对设计、制造过程进行分析评价,挖掘出设计缺陷和工艺缺陷,明确产品改进和提升方向。

产品数字孪生体记录了产品设计、制造、运行的所有数据,随着数字孪生体的积累,相关数据对生产系统、供应链的优化都有参考价值。

(2)从生产系统数字孪生角度看跨域交互

生产系统的目标是"多、快、好、省"地提供高质量的产品,一个生产系统关注的目标是"TQCSE"(时间,质量,成本,服务,环境),数字孪生系统可以帮助一个生产系统从其规划设计到运行维护、报废重建的整个生命周期内都是优化的。

生产系统作为产品生产制造的承载体，其数字孪生系统的构建和运行，与产品数字孪生系统、供应链数字孪生系统密切相关。

生产系统的设计与优化，是以满足产品生产制造为目标，因此，其仿真分析的参数需要从产品设计系统获取。在生产系统没有物理实体前，产品也没有被生产，所有的设计仿真都是依靠数字模型之间的交互来完成。等实体系统构建完成，产品真实被制造出来，制造过程的数据可以被用来进行模型参数修正，以使数字模型能真实反映生产系统的实际情况。

一个生产系统数字孪生体可以用来优化生产系统的运行管理方案，也可以用来对产品研制开发提供仿真环境。随着新产品的开发，对生产系统也需要做出调整，利用产品虚拟数字模型和生产系统数字模型，可以对调整方案进行评估，选择最佳方案进行实施。

供应链数字孪生系统是建立在生产系统数字孪生体的基础上的。只有供应链的各个企业都构建了其各自的数字孪生系统，例如，数字孪生车间、数字孪生工厂，才有可能构建完整的供应链数字孪生系统，实现部门级的信息交互。供应链数字孪生系统提供了工厂数字孪生体、车间数字孪生体的运行环境，实时提供外部运行参数，让仿真分析更加准确。

图 3-10 就是以某企业的生产系统数字孪生系统为主来描述制造数字孪生生态的。产品的使用、供应商的运行都是企业外部的数字孪生系统，通过信息（Cyber）空间的数字孪生体之间的交互，实现不同数字孪生系统的交互。产品全生命周期、工厂全生命周期、供应链协同等多业务主线在信息空间实现交汇，协同推进。

3.3.3 基于生态的模型治理与协同演化

1 数字孪生生态的种群

制造数字孪生生态为不同的数字孪生系统的协同运行提供了一个公共的环境，促进了各类模型的协同演化。参考生态的生物学含义，制造数字孪生生态

包括的不同孪生系统可以看作是不同的种群。

1）产品数字孪生种群。产品是价值的来源，因此，产品种群是制造数字孪生生态中最活跃的部分。为了适应多变的市场需求，孪生生态中不断有新产品产生，也会有旧产品淘汰。产品种群中，一类产品可以看作是一个物种。某个物种（产品）如果能适应市场需求，满足用户的需要，则其生命周期会长，伴随其不断增加的销量，数字孪生体也会增加，物种就会繁盛；反之，产品会提前退市，物种"灭绝"。但是也和实际物种不同，产品数字孪生体不会消亡，其存在的意义就是能对新产品的开发提供借鉴意义。

2）生产系统数字孪生种群。生产系统种群是制造孪生生态中一个较为稳定的物种，但是随着现在"跨域"投资案例不断增加，如互联网企业造汽车、投资养殖业等，生产系统种群也日趋活跃，优胜劣汰情形不断发生。生产系统种群会根据其所在行业形成不同的"物种"。如果一个企业掌握核心技术，则其会跨越多个行业，其物种繁盛，否则，也会被迫退市而退出生态系统。

生产系统中的企业数字孪生体、工厂数字孪生体会由于供应链的关系，形成子种群（供应链数字孪生系统）。子种群形成子生态，如果运行得好，这些子生态会不断发展壮大。目前很多行业领头企业依托工业互联网平台在培育自己的"制造生态"，就是利用信息共享、网络协同等技术来培育、壮大自己的供应链、服务链合作伙伴，以扩大自己的市场占有率。

3）"外来物种"。不同行业、不同地域的客户、临时供应商的数字孪生体可以看作是制造数字孪生生态的外来物种。一方面，外来物种会提供给制造数字孪生生态新的需求和数据，促进生态的发展。例如，新客户的加入带来新的订单，可以促进生态持续发展；另一方面，外来物种如果足够强大，会挤占原有物种的空间，甚至会成为生态中的一个稳定物种，例如，前面说的跨界车企，如果互联网公司加入到汽车制造数字孪生生态中，则会影响原有生态中的车企生存环境。

传统意义生态中土壤、水和空气等环境是生态稳定发展的前提，生态中的各个食物链的平衡，是一个生态系统物种稳定的重要因素。而在制造数字孪生生态中，模型和数据的协同，是生态稳定发展以及物种适应能力提升的关键。

2　模型与数据的治理和演化

根据 3.3.2 节对数字孪生生态中多域模型的交互分析来看，一个数字孪生系统不可能是独立运行的，需要和其他数字孪生系统相互交互，协同运行，对制造数字孪生生态中各个数字孪生种群来说，其模型与数据的治理和演化特点与要求包括：

1）模型来源不一。分析产品数字孪生系统、生产系统数字孪生系统，其主模型的来源不同。产品数字孪生系统的模型，来源产品设计制造主企业的 MBD 应用系统。利用 MBD 提供统一模型管理环境，进行模型的管理。结合 MBx[⊖] 来开展模型支持下的产品设计、制造、服务等工作。生产系统数字孪生模型，主模型来源为建筑设计企业的 BIM 系统，可能包括数字化交付的相关数据，另外还包括生产设备系统、物流系统供应商提供的相关模型，一般由企业的规划部门来进行管理。供应链数字孪生系统的模型，包括了相关企业的生产系统数字模型，以及管理模型和物流企业的物流模型，可以由供应链龙头企业进行管理。

2）数据来源不一。和模型来源多样化一样，数字孪生体的数据来源，也是各不相同的。以产品数字孪生体来说，设计数据可能来自不同的设计企业和零部件供应商，这些企业提供的设计模型以及运行数据，不会全部提供给产品最终设计商。例如，轴承厂商有自己的轴承寿命预测模型，但是这个模型一般不会提供给轴承用户，如果需要仿真分析，就需要通过外部集成轴承厂商提供的仿真分析模型的方式来完成。产品运行过程的数据，属于用户，如果用户不愿意提供这个数据，则产品数字孪生体的运维数据也不一定能全部获取。生产系统的数字孪生系统也类似，如果其加工的产品是第三方委托的，并且不能提供产品数字模型，那就不能进行针对产品数字模型的仿真优化工作。

3）模型和数据治理。上述分析，模型和数据的主体各不相同，在很多情况下，很难有一个集中的管理方对模型和数据进行管理。这个时候，就需要采用"治理"的思想，通过制定相关的模型和数据治理规则，让各参与方在共享数据的时候，实现模型和数据的共治，协同演化。

　　⊖　MBx 指 MBD、MBm、MBs 等基于模型的设计、基于模型的制造、基于模型的保障等技术。

制造数字孪生生态的构建,为模型和数据的治理提供了一个统一的环境。在生态中,治理法则可以包括:

① 模型和数据共享法则。明确模型和数据访问的统一接口。利用第三方通用格式来表述模型,便于模型的共享,例如,对于三维几何模型,可以采用 JT、VRML、STP、STL 等格式来进行表示,对于数据,可以定义统一的数据语义,利用 XML、JSON 等格式进行数据传递,并且利用 Web 服务的方法提供数据访问接口。

② 模型和数据更新法则。明确各类模型和数据的更新频率、更新条件、更新内容以及更新后的通知等内容,各个数字孪生体需要确定自己的更新规则,以及相关孪生体的告知规则,以便进行同步更新。这个协同对于供应链数字孪生系统来说十分重要,因为供应链数字孪生系统连接了不同企业的生产系统数字孪生系统,模型和数据的及时更新是保证供应链数字孪生系统持续稳定运行的关键。

③ 模型和数据跨域更新法则。一个系统内的模型和数据更新,会带动其相关数字孪生系统模型和数据的更新,需要定义跨域更新法则,这个也是生态系统中协同演化的一个特征。例如,生产系统的升级会带来更多的工艺能力,为产品带来新的工艺方法,可以进一步缩短产品加工时间或提高产品质量,这就需要对产品的工艺模型和工艺数据进行更新。

4)数字孪生生态的协同演化。模型和数据治理,是数字孪生体协同演化的基础。制造数字孪生生态的演化,还包括信息(Cyber)空间和物理空间内数字孪生体和物理实体的协同演化。这部分的演化可以从下述几个方面来实现:

① 通过软件升级来实现。由于现在的很多产品和系统都是典型的 CPS 系统,信息空间的进化可以带来一部分物理实体的进化。物理系统的运行,部分运算功能是基于在线平台的,在线平台的功能升级会带来物理系统的升级。对于一些本地运行的系统,可以通过驱动程序、控制系统软件的更新来实现功能的改进和提升,例如,现在很多手机、智能设备可以通过 OTA(Over-the-Air,空中下载)在线功能实现软件升级,软件升级后,其功能也会改进和完善。

② 通过服务来提升物理产品的体验。同样的产品,通过售后服务、在线优

化等方法来提升物理实体的运行功能和效果。例如，针对数控加工设备，利用数字孪生体的模拟仿真、智能决策来对设备运行过程的加工参数进行优化，可以提升设备加工效率和加工质量。当设备供应商能提供这个服务的时候，就是提升了产品的内在价值，无形中实现了产品的演化。这也是一个信息-物理（Cyber-Physical）两个空间的协同优化。

③ 新产品、新工艺的改进。利用数字孪生体所采用的数据，在新产品、新系统开发和制造、建造过程进行优化，实现物理产品、系统的优化与提升，这种方式就是通过产品和生产系统的迭代优化来实现协同演化，这个也是真正的协同演化，让数字孪生系统不断地向前发展。

正如制造生态需要行业龙头企业推动，制造数字孪生生态也是需要行业领头企业或者是平台企业进行构建和推动发展。上述的治理规则、演化规则等都是需要通过相关的标准化工作来推进。从《国家智能制造标准体系建设指南（2021 年版）》（征求意见稿）来看，很多标准接口已经或正在定义，这些为数字孪生生态的构建和发展提供了有力的支持。

第4章

数字化工厂和数字孪生工厂

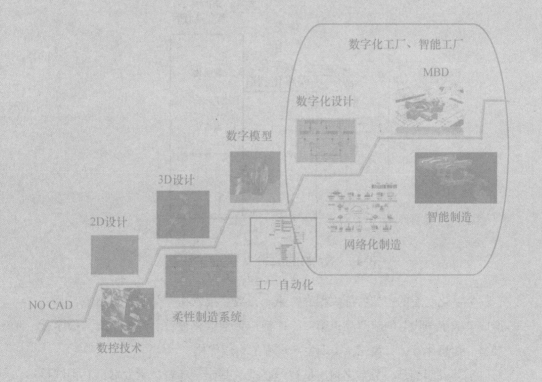

中国工程院周济、李培根等院士联合发表的《走向新一代智能制造》[40]一文，综合智能制造相关范式，结合信息化与制造业在不同阶段的融合特征，总结、归纳和提升出三个智能制造的基本范式（见图4-1），也就是，数字化制造、数字化网络化制造、数字化网络化智能化制造（新一代智能制造）。

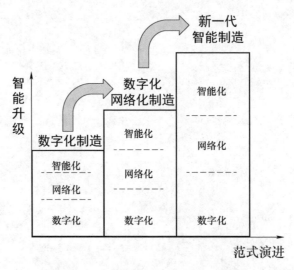

图4-1　智能制造的三个基本范式演进[40]

数字化制造的主要特征表现为：第一，数字技术在产品中得到普遍应用，形成"数字一代"创新产品；第二，广泛应用数字化设计、建模仿真、数字化装备、信息化管理；第三，实现生产过程的集成优化。

需要说明的是，数字化制造是智能制造的基础，随着技术发展，其内涵也不断发展，贯穿于智能制造的三个基本范式和全部发展历程。

数字化网络化制造是智能制造的第二种基本范式，也可称为"互联网+制造"，或第二代智能制造。德国的"工业4.0战略计划"报告和美国的"工业互联网"报告所阐述的,就属于这个范式。

新一代人工智能技术与先进制造技术深度融合,形成新一代智能制造——数字化网络化智能化制造。新一代智能制造将重塑设计、制造、服务等产品全生命周期的各环节及其集成,催生新技术、新产品、新业态、新模式,深刻影响和改变人类的生产结构、生产方式乃至生活方式和思维模式,实现社会生产力的整体跃升。新一代智能制造将给制造业带来革命性的变化,将成为制造业未来发展的核心驱动力。

中国推进智能制造应采取"并联式"的发展方式,采用"并行推进、融合发展"的技术路线:并行推进数字化制造、数字化网络化制造、新一代智能制造,以及时充分应用高速发展的先进信息技术和先进制造技术的融合式技术创新,引领和推进中国制造业的智能转型。

未来若干年,考虑到中国智能制造发展的现状,也考虑到新一代智能制造技术还不成熟,中国制造业转型升级的工作重点要放在大规模推广和全面应用"互联网+制造",这个工作的基础,就是首先要实现数字化制造。同时,在大力普及"互联网+制造"的过程中,要特别重视各种先进技术的融合应用,"以高打低、融合发展"。一方面,使得广大企业都能高质量完成"数字化补课";另一方面,尽快尽好应用新一代智能制造技术,大大加速制造业转型升级的速度。

数字化制造是智能制造的关键起点,只有实现了数字化,才能进一步实现智能化。数字孪生工厂的构建也是如此,从数字化工厂开始,构建数字孪生工厂。

4.1 数字化工厂规划与管控

4.1.1 工厂全生命周期与数字化工厂的概念

1 工厂全生命周期

生命周期的概念最早出自于生物学中的术语,随着社会发展与各个学科间的融会贯通，生命周期（Life Cycle）的概念应用越来越广泛，特别是在政治、经济、环境、技术、社会等诸多领域经常出现。它的基本含义可以通俗地理解为"从摇篮到坟墓"的整个过程，对于某个产品而言，就是从自然中来回到自然中去的全过程，也就是既包括制造产品所需要的原材料的采集、加工等生产过程，也包括产品贮存、运输等流通过程，还包括产品的使用过程以及产品报废或处置等废弃回到自然的过程，这个过程构成了一个完整的产品生命周期。美国哈佛大学教授雷蒙德·弗农（Raymond Vernon）1966年在他的《产品周期中的国际投资与国际贸易》一文中首次提出了产品生命周期理论的概念。

工厂是一个复杂的系统，参考产品生命周期理论，可以分析得到工厂的生命周期过程，大体可分为设计规划阶段、工程建设阶段、运行维护阶段，如图4-2所示。

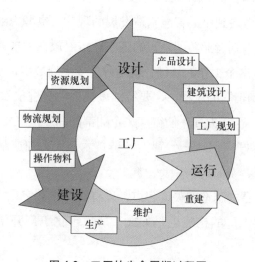

图4-2 工厂的生命周期过程图

（1）规划设计阶段

规划设计是工厂建设最基础的工作，主要包括：建筑设计、工厂布局规划。

厂房建筑是工厂制造系统的重要组成部分，厂房设计的安全性和合理性是生产制造顺利进行的前提。根据国家相关建筑设计标准和技术规范，按照工厂从选址、勘探、建筑设计到内部设施规划等的流程，工厂建筑设计包括勘察和地基基础、房屋抗震设计、结构设计、建筑防火设计和建筑设备设计等工作。

布局规划是制造系统设计的重要组成部分，不合理布局不但减少有效工作空间，而且会导致物流成本上升。此外，好的布局方案还能减少对工作者的身体伤害，使工作人员在安全、健康和舒适的环境中工作。工厂布局是在满足必要约束的前提下，将指定设备合理地摆放在指定布局空间中，从而达到某种最优指标的设计活动。

（2）工厂建设阶段

完成了工厂的设计规划工作，通过各个相关部门的审批后，工厂就进入了工程建设的实施阶段。工程建设包括建筑施工建设、设备调试、试生产等主要工作。

建筑施工建设阶段需要对工程进度进行有效管控，对施工过程进行跟踪，保障施工质量。一般建筑（包括里面的建筑设施）在设计阶段不会很细致地进行定义，很多设施及建筑设备的安装由施工队伍现场完成。需要对这些具体安装信息进行有效的记录，以备后续维护使用。

设备调试和试生产是在厂房建设完成后进行的，一般由设备承包商完成。如果车间内部有多条涉及不同工艺的流水线，往往其设备承包商也不相同，加上物流配送规划，因此，设备调试和试生产是一个多方协同的过程。

（3）运行维护阶段

完成所有前期准备工作后，工厂就将投入生产，进入运行维护阶段。在运行过程中，厂房可能因为环境和使用出现一定的损耗，需要定期进行检修和维护。维护工程师需要制定合理的检修维护方案，计算维护成本。维护包括对设备的维护，以及对厂房及其基础设施的维护。

随着企业的发展以及技术的变革，工厂可能需要引入新的设备，或者对原有设备进行改造以满足新的生产需求，这就需要对工厂进行改造升级。大的改造升级会改变原来的布局，引入新的物流方式，甚至是厂房的重新规划和建设。

2 数字化工厂的基本概念

数字化工厂（Digital Factory）一词最早出现在 1998 年，在 Computers in

Manufacturing 展会上，多个厂家展示了数字化工厂仿真系统，加速了数字化工厂的到来。Dwyer John 在 1999 年的一篇论文中指出"制造的所有细节在其发生前被模拟"。日本的 Onosato 和 Iwata 提出了虚拟制造技术是用模型和仿真来替代现实生活中的实体，用 3D 技术和数字模型来建立数字化工厂。德国工程师协会（Verein Deutscher Ingenieure，VDI）对"数字化工厂"下的定义是，"数字化工厂是有关网络工厂的集成在常用数据管理系统中的数字模型、数字方法和数字工具的总体概念。其目的在于统一的工厂规划、评估和不断地对所有重要的工厂生产工艺过程和资源结合产品进行改进"，并发布了与此相关的指导规范：VDI 4499。

可以看到，这些数字化工厂的定义，是针对工厂规划设计阶段提出的。在物理工厂还没有建设之前，通过建立数字化工厂，来构建一个虚拟的、数字化的工厂模型，用来对未来工厂的运行进行仿真和分析，从而提高工厂规划的质量。

伴随着德国"工业 4.0"概念在国内的流行，"数字工厂"词汇也开始为大家熟悉，其对应的英文也为"Digital Factory"。数字工厂作为支撑工业 4.0 现有的最重要国际标准之一，是 IEC（国际电工委员会）/TC65（第 65 技术委员会：工业过程测量、控制和自动化）的重要议题。2011 年 6 月，IEC/TC65 成立 WG16 "数字工厂"工作组，西门子、施耐德电气、罗克韦尔自动化、横河等国际自动化企业，以及我国机械工业仪器仪表综合技术经济研究所等研究机构，都参与了"IEC/TR 62794：2012 数字工厂标准"的制定。为更好地指导国内企业开展数字工厂建设，全国工业过程测量控制和自动化标准化委员会（SAC/TC124）组织国内相关单位，将该标准等同转化为我国国家标准《工业过程测量、控制和自动化生产设施表示用参考模型（数字工厂）》（GB/Z 32235—2015，2015 年 12 月发布）。

GB/Z 32235—2015 中对"数字工厂"的定义为：工厂通用模型，用于表示基本元素、自动化资产，及其行为和关系。注：这个通用模型可以应用于任何实际工厂。

从标准的名称以及定义来看，这个"数字工厂"更多地是针对工厂运维阶段的数字化监控和管理优化，是通过工业物联网等技术将工厂实际运行数据进行采集，在数据空间利用数字化模型进行管控和优化的一个技术与方法，即实际工厂的"数字化"体现。

根据这两种定义，可以把数字化工厂（Digital Factory）这个词理解为[36]

1）Digital Factory（本书翻译为数字化工厂）是工厂基于数字化制造原理的一个/一套数字模型，这个模型能在数字空间对实际工厂的运作情况进行仿真模拟或者进行监控。

2）数字化工厂是一个面向工厂全生命周期的概念。在工厂设计规划阶段，利用仿真手段，对将来的工厂进行分析与优化；在工厂建设阶段，可以指导工厂的建设调试；在工厂运维阶段，可以利用模型结合实际工厂运行数据，对工厂进行管理优化。

数字化工厂的发展方向，就是数字化工厂是实际工厂的"数字孪生"，通过数字孪生的分析优化，可以有效地指导实际工厂的运行。

3）离散制造和流程制造行业，"数字化工厂"技术应用的重点各不相同。离散制造行业的"数字化工厂"重点在于如何更好地实现产品的客户化定制，保证新产品快速上市，因此，数字化工厂技术更多在于架构从产品设计到量产的一个桥梁；而流程制造行业的"数字化工厂"重点在于生产系统的稳定运行、工艺的优化，数字化工厂技术是构建实际工厂到数字工厂的桥梁。

因此，数字化工厂方法覆盖工厂的整个生命周期。在工厂设计规划阶段，主要是建模与仿真，而在工厂运行阶段，则以工厂数字化监控为主。结合数字孪生技术，可以开展基于仿真的运行优化工作。

4.1.2　数字化工厂规划

1　产生背景

随着全球化竞争的加剧，产品的更新换代和设计制造周期缩短以及客户化定制生产方式的形成，给制造企业带来了越来越大的竞争压力，促使数字化制造及数字化工厂概念的产生。数字化工厂规划最主要是解决产品设计和产品制造之间的"鸿沟"，如图4-3所示。以前产品设计完成后，没有一个科学的转化渠道，仅仅凭借工艺人员、制造工程师和管理人员的经验知识进行生产工艺安排、生产计划制定，然后直接投入制造系统进行制造，对出现的问题只有在生产过程中解决，造成产品上市时间的延长、设计和生产的不断返工，甚至设计的产品无法制造。

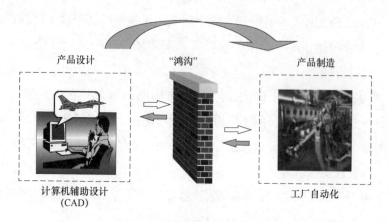

图 4-3 从设计到制造的"鸿沟"

面向工厂规划的数字化工厂技术就是为解决以上问题而提出，实现产品生命周期中的制造、装配、质量控制和检测等各个阶段的功能，主要解决工厂、车间和生产线以及产品从设计到制造实现的转化过程，使设计到生产制造之间的不确定性降低，在数字空间中将生产制造过程压缩和提前，使生产制造过程在数字空间中得以检验，从而提高制造系统建设的成功率和可靠性，缩短从设计到生产的转化时间。数字化工厂构建生产线、车间、工厂的虚拟仿真模型，以产品设计与工艺的相关模型和设计数据为基础，对整个生产过程进行仿真、评估和优化，一方面帮助产品进行可制造性分析与优化，另一方面也帮助生产制造系统进行优化。

图 4-4 展示了设计技术和制造技术的发展，设计技术由 2D 设计发展到 3D 实体设计，目前以参数化和特征设计为基础的 CAD 设计方法已普遍采用，同时采用数字模型对产品的外形、装配和使用功能等进行仿真，进一步向基于模型的定义（MBD）方向发展。在制造技术方面，由于采用了数控技术，使制造自动化技术进入了新的发展阶段，从柔性制造系统到工厂自动化，再到网络化制

造、智能制造。在设计和制造两个车轮的共同驱使下，人类的制造活动进入了数字化工厂新的阶段。

在现代先进制造领域，CAD 系统是解决产品设计、建模等问题的工具。计算机辅助生产工程（CAPE）系统则是解决生产工程问题，也就是如何组织生产的问题，其目标主要是生产计划、工艺管理、生产过程组织等领域的设计和优化问题。数字化工厂是通过建立统一的工艺数据库来支持规划和工艺人员完成复杂的生产工程管理和优化任务，是在计算机辅助工程、虚拟现实技术和仿真优化技术的基础上发展起来的，数字化工厂目前已经成为现代制造领域中的一个新的应用领域。

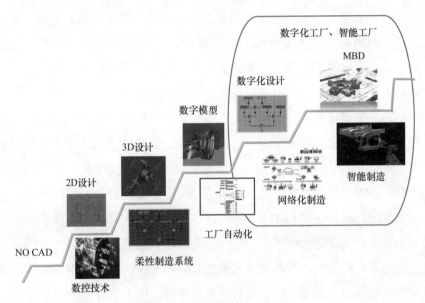

图 4-4　设计/制造技术的发展与数字化工厂、智能工厂的形成

针对制造系统体系结构设计及优化、生产系统的功能分解以及过程组织、生产流程设计的新技术正在不断出现。毫无疑问，这些技术将有助于规划工厂的结构、明确生产设备和制造原料的维护和储存、完成企业物流系统的设计以及确认企业生产能力和生产瓶颈所在。同样的，在过程组织和生产流程设计方面，也发挥出很大的作用。除此以外，为了解决复杂的设计功能，人们还采用了对生产流程进行模拟的方法。与此同时，还有采用三维交互场景把生产设备

及其工作方式，以及由此而产生的对外部环境的影响真实地再现出来的虚拟现实/增强现实的设备和软件。

数字化工厂通过建模技术对真实工厂的制造资源和工艺数据进行分析，在计算机内建立真实工厂的数字化模型。CAD 数据、加工工艺和预计的生产计划作为输入，通过优化仿真系统进行制造过程的模拟，对产品的设计和制造过程进行评价。现在越来越多的优化仿真系统还采用虚拟现实技术进行可视化仿真，并给出优化仿真结果。数字化工厂技术对生产工程的各个环节，在不同的层次，小到操作步骤，大到生产单元、生产线乃至整个工厂进行设计、仿真、分析和优化。它从并行工程的基本观点出发，在产品设计阶段就同时考虑和解决生产工程的问题，包括工艺过程设计、工艺装备、机床设备、刀具、生产线或加工单元的布局、人体工程学、生产调度、物料管理等，实现数字化的制造。其结果用于真实工厂的生产制造，如可生成 PLC、机器人和数控机床等数字化设备的控制程序，控制相关设备完成生产制造。

在制造业信息化的发展进程中，许多原来针对某些领域的自动化或计算机辅助技术越来越需要和其他系统进行数据交换，如 CAD 和 CAPP（计算机辅助工艺规划）以及 CAM（计算机辅助制造）系统，由此产生了数据共享和相互操作的问题，PDM（产品数据管理）/PLM（产品生命周期管理）的出现解决了产品数据管理的问题，促使 CAD/CAM/CAPP/PLM 技术的集成和发展。随着技术的进一步发展，仅仅进行数据的交互已不能满足实际的需求。从产品的设计到制造之间的业务流程以前都是通过人员之间采用传统的方法向下流转，由设计人员完成后通知主管人员，由主管人员进行协调，将工艺分析的任务交由工艺规划人员完成，经过多次类似的活动最后才进入工厂进行制造，人们对业务流程的自动化要求越来越高，进而出现了数字化工厂集成的概念。

2 智能工厂的数字化规划

随着产品越来越复杂、知识含量越来越丰富，制造系统的复杂程度也越来越高，智能工厂需要满足以下最基本的集成化和智能化要求：

- 开放式动态结构：面对复杂多变的制造环境，能够动态集成（添加）子系统或删除已存在的子系统。

- 敏捷性：指适应快速变化市场的制造能力，为适应产品品种的快速变化，要求系统易于重构，并且能快速把产品投放到市场。

- 柔性：适应市场动态变化的生产正在逐渐替换批量生产。一个制造系统的生存和竞争能力很大程度上要看它是否能够在足够短的开发周期内适应市场各方面的最新需求，生产出成本较低、质量较高的不同品种的产品。

- 跨组织的集成：为适应全球竞争和快速响应市场环境，独立的企业或部门必须通过网络与相关管理系统（如采购、设计、生产、车间、规划等）及其合作伙伴集成。完成网络集成，到信息集成、应用集成，再到过程集成，最终实现知识集成的最高目标。

- 异构环境：离散化制造模式必然使计算机软硬件信息系统形成异构的数据环境。

- 协同工作能力：异构信息环境使用不同的编程语言，以不同的模型表达数据，运行在不同的计算机平台，这必然要求系统具有内部协同工作能力。

- 人机交互能力："人"在产品开发甚至整个产品生命周期内都起到非常重要的作用，系统需要吸取人的经验，集成人的智慧，因此要求具备友好的人机界面。

- 系统容错性：保证产品开发速度的同时，要保证产品质量，产品或系统的缺陷可能导致工期推迟，因此系统应该具有检查错误并修正错误的能力。

由于智能工厂的上述特点，使其生产设备和制造系统日趋复杂，供应商和客户在规划和设计系统的前期、组装和调试新设备并将其投入到生产的过程中经常面临着日益严峻的问题。传统的手工处理方式，设计人员不能对新的制造技术和制造系统有正确的了解，可能导致产品设计上的错误，就需要在以后的设备现场安装调试中以更大的代价去更正。而生产制造过程的经验也不能很好地反馈到设计阶段。设计和制造两个环节的脱节就需要迫切提高企业的生产规划能力和制造系统的设计能力。另一方面，传统的人工规划方法基本上是"粗放式"的设计方法。新生产系统设计完成后，具体的设备进厂、试生产和投产都是一个不确定的纸上方案，给建造供应商提供了很大的发挥空间。这样会导致新工厂的建设时间、建设成本都不能很好地进行控制，最后往往会导致费用超支、工程拖期。

对于传统工厂规划的局限性，数字化工厂技术的引入能够很好地解决这些问题。集现代制造技术、现代管理技术、自动化技术、计算机信息技术和系统工程技术于一体的数字化工厂布局规划系统，运用先进的规划软件，可模拟现代制造企业进行生产运作管理、车间制造自动化、质量监控、现代物流控制等活动，充分体现出数字化工厂规划的综合性、工程性、集成性、系统性和可拓展性等特征。

数字化工厂在工厂层面的应用主要是工厂及车间布局和初步的生产规划仿真。布局指按照一定的原则在设备和车间内部空间面积的约束下，对车间内各组成单元工作地以及生产设备进行合理的布置，使它们之间的生产配合关系最优，设备的利用率最高，物料运送代价最小，并且能够保证生产的长期运转。数字化工厂的车间布局功能为新厂房的建立以及厂房的调整与改善提供预分析和规划的工具，同时也为生产线的仿真和规划以及数字化装配做好铺垫。由此可见，进行车间布局是应用数字化工厂技术的第一步，起着至关重要的作用。

如果采用传统工厂布局方法，利用简单的计算机辅助二维平面设计，或采用现场布置的方法，由于无法事先预估未知因素，缺少对各种设计方案的分析和比较，将很难得到最优方案，而且一旦需要调整方案，其过程会非常繁琐。利用数字化工厂技术进行工厂布局设计的方法可以很好地解决传统设计中遇到的问题。数字化工厂技术采用面向对象技术建立制造环境中的基本资源类型库，并针对其中对象建立相应的模型库，然后通过可视化的建模方式，在虚拟场景中组建出车间仿真模型，包括生产环境、机床、运输设备、仓库以及缓冲区等生产工位的合理位置的三维可视化仿真模型，规划人员和操作者通过漫游，对空间布局进行调整，对生产的动态过程进行模拟，统计相应的评价参数，确定布局优化方案。

数字化工厂中的物流分析仿真软件，是对制造企业物流进行规划分析、辅助设计和评价的最简单、经济、有效的方法。它可以在工厂规划初期，把拟建设的工厂与产品生产物流相关的原料资源、产品生产加工、产品工艺数据、库存信息、运输等活动有机地结合起来，逼真地在计算机上模拟出制造系统的生产过程和变化状态，运用系统分析方法对生产物流系统进行模拟仿真数据分析，并可以对物流规划设计的结果进行系统的调整和系统能力的评价，从而可以使工厂物流设计和运行更为可靠、有效，大大降低产品开发的投资和缩短开发周期。这被认为是解决现代生产制造企业中物流成本高的理想方法。

随着数字化生产、虚拟企业概念的提出，生产系统的数字化设计与仿真变得日益重要，合理的系统方案不仅可以减少系统运行的成本和维护费用，提高设备利用率和系统生产效率，而且对系统的快速重组和提高企业的快速响应特性，均具有十分重要的意义。

4.1.3 工厂数字模型

1 工厂数字模型的概念

现代制造企业之间的激烈竞争，使得制造企业都在不断地寻找新的方法来缩短产品的设计生产周期。面对瞬息万变的市场，只有率先生产出符合要求的产品，厂商才能赢得未来。应用数字样机技术对产品进行设计和分析，可以大大缩短产品开发周期、减少开发费用。为了赢得更多时间，不仅应该从产品的设计和生产方面努力，工厂的设计和建造过程也同样应该得到重视。

借鉴产品 DMU 的概念和技术，将其引入到工厂的规划、设计、建造、运行维护等过程，由此形成工厂 DMU 的概念。将工厂作为研究对象，应用数字样机技术来规划和管理工厂的建设，可以为企业节省大量的时间和资源。

工厂数字模型（Digital Mock-up，DMU），是整个工厂从规划、设计，到施工、运营和维护的全生命周期相关数字化文档的综合。它不但包括了工厂的三维几何模型，还包括了各类设计文档、施工文档和维护信息。工厂 DMU 的核心是 BIM 技术。

工程师在计算机上建立数字化工厂模型，并且对模型进行评估、修改和完善，同时对工厂内部进行优化设计，协调各部分可能存在的冲突，避免因为设计不合理带来的损失，使车间内部设备、工艺和物流有关数据、信息能够与工厂厂房实现最佳结合。所有的模型数据和工程文档都能完整地保持在统一的数据库中进行集中管理，便于不同部门不同专业共享信息。

2　工厂数字模型的主要内容

以汽车制造工厂为例，工厂 DMU 包括两大部分：三维几何模型和工厂相关文档（见图 4-5）。

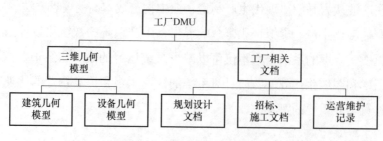

图 4-5　工厂 DMU 的主要内容

1）三维几何模型：建筑设计阶段制作完成的建筑模型、工厂布局规划阶段所完成的设备布局模型，包含了厂房及厂房内所有设备的模型。对工厂的设计有修改时必须及时更新模型，以便模型能够真实地反映工厂现场真实情况。

建筑部分又包含了屋顶、墙面、地面、基础、柱子、桩基、采光、轴网架结构、消防设施、给排水设施、空调通风设施及电气、照明、安全系统等。

设备模型包括生产所需的机械、电气和监控设备，以及配套的管线、输送链等设施。

2）工厂相关文档：工厂规划设计中产生的设计文档，招标文件，与施工单位签订的合同文件，施工过程中产生的施工文档，再到整个厂房运营过程中的维护记录。

招标文件是建设单位（发包方）在进行招标前编制的文件，目的是向投标单位介绍招标工程的情况、招标要求、合同条款、招标程序和规则等，它是承发包双方建立合同协议的基础。其主要内容有：投标须知、工程综合说明、工程设计和技术说明、工程质量要求、工程验收方式、工程量清单和单价表、材料供应方式、工程价款支付方式、施工单位资质、业绩及合同主要条款等。

施工合同即建筑安装工程承包合同，是建设单位（发包方）和施工单位（承包方）为完成商定的建筑安装工程，明确相互权利、义务关系的合同。施工合同的内容包括：工程范围、建设工期、工程开工竣工时间、工程质量、工程造价、技术资料交付时间、材料和设备供应责任、计量结算、竣工验收、质量保修范围和质量保质期、双方协作等条款。

施工文档主要包括：开工报告、图纸会审、施工组织设计、技术交底、施工计划进度表、材料进场报检单、隐蔽工程记录、施工现场协调会议纪要、监理通知（回复）单、分项工程报检表、变更通知书、变更图纸、施工联系单、备忘录、施工日志、材料说明书、测试报告、接线图、分布图、系统图、施工图纸、验收申请报告、验收证书等。

维护记录包括工厂运营过程中所记载的厂房维修施工记录。

3 工厂数字模型的相关技术

工厂 DMU 的技术核心是 BIM 技术，基于统一模型进行工厂及设施和设备的模型及数据管理。具体而言，工厂 DMU 相关技术如图 4-6 所示。

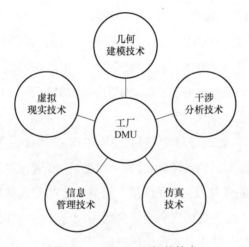

图 4-6 工厂 DMU 相关技术

1）几何建模技术：用于在计算机中建立工厂建筑及内部设备设施的三维几何模型。三维几何模型是工厂 DMU 最主要的内容之一。

2）模型干涉分析技术：集成不同专业的模型，分析不同专业之间的干涉碰撞，使工程师在设计阶段就能够发现并解决绝大部分干涉问题。对重大的吊装作业，还能够动态地检测整个作业过程中是否存在碰撞，保证吊装工作的安全。

3）仿真技术：多专业的仿真技术，包括对建筑设施的布局仿真、工艺装备布局仿真、物流仿真等工程类仿真技术，也包括应急疏散仿真等社会系统方面的仿真技术，如根据相关的物理及化学原理，模拟工厂中发生火灾、地震等突发灾难事件时，人员疏散和灾难发展情况，最大程度保障员工的安全。

4）虚拟现实技术与增强现实技术：用于模型的三维和沉浸感展示，使不同专业的相关设计人员和用户能够跨越自身专业知识的局限，充分理解设计内容。

5）工程数据库技术：工厂DMU涉及了大量的工厂相关文档和模型文件，必须建立统一的数据库来完成这些数据的管理，保证所有信息能够被及时地共享，并且采取适当的保密措施以保证信息的安全。由于工程设计文档包括了大量非结构化和半结构化数据，因此，需要包括非关系型数据库技术。

4 工厂数字模型的应用

工厂DMU的构建是在工厂规划设计阶段，但是，工厂DMU的应用可以贯穿整个工厂的生命周期，包括：工厂建筑设计、工厂布局规划、工程建设和运行维护阶段。在各个阶段应用了工厂DMU后的效果如下：

（1）工厂建筑设计中的应用

1）模型直观：在建筑设计中使用工厂DMU技术，由于三维模型非常直观，不同专业的工程师在完成设计建模工作后，能够通过对工厂建筑结构模型的各个部分进行简单直观的观察和测量，检查厂房的建筑结构是否达到设计标准，是否存在疏漏。为了更加真实地体会模型内容，还能够使用虚拟现实技术或增强现实技术，加强使用者对模型的理解。

2）协同工作：工厂DMU使得不同专业的设计人员能够共享工程设计数据，有效地进行协同工作。将厂房建筑、结构、基础、设备等不同部分的模型集成在一起，检查各部分之间的干涉冲突，通过观察干涉冲突部位的三维图形，不同专业的工程师能够很好地协调解决干涉问题。除了建筑专业的工程师外，设备布局专业的工程师也能够通过观看模型，及时了解厂房建筑的设计情况，从设备布局的角度提出修改意见。由于能够在工程开工前及时地发现并解决绝大部分干涉问题，工程人员利用工厂 DMU 技术进行有效的协同工作能够缩短设计和建设周期，避免浪费，节省工程费用。

3）模型测试：厂房内基础设施设备，例如给排水管道、电力设备、通风设施等，能否达到使用标准、满足工厂运转的需要。除了通过工程师人工检查模型设计的合理性之外，还能够通过软件进行模拟测试，检验各个设备设计的合理性。

对于厂房应对灾害的各项性能指标，如防火性能、抗震性能，除了根据国家规定和工程师的经验进行设计外，也可利用各种专业仿真软件来模拟工厂中发生各种灾害的情形，预测厂房的受损情况，从而检查设计是否存在缺陷。比如模拟火灾发生时火势的蔓延、烟雾的扩散情况。除了检查灾难对建筑本身的伤害以外，计算机还能够模拟人员逃生疏散过程，确保逃生通道设计的合理性，最大程度地减少灾难发生时的生命财产损失。

经过反复修改完成的工厂建筑模型，既可以输出二维图纸便于现场施工时使用，又能够生成所需建筑材料的详细列表清单便于项目在财务以及物料供应方面的管理。由计算机自动完成的工程预算统计报表不仅精确程度高，降低了人为出错的概率，而且极大地节省了人力和时间成本。

（2）工厂布局规划中的应用

工厂布局规划工作需要考虑诸多因素，许多设备性能精密、价值不菲，通常还涉及各种复杂的配套管线，因此设备布局一旦确定，一般就不会允许发生大的改动。如果工厂开始运转之后才发现布局不合理，不论是重新安装移动设备还是沿用不合理的布局，都将对企业造成不必要的损失。在工厂布局规划中，工厂 DMU 带来的作用效果包括：

1）模型直观：使用工厂 DMU 技术，建立工厂建筑和工艺设备的三维模型，能够为设计者呈现直观而真实的工厂布局结果，方便设计师从感性直观的角度充分了解布局规划的结果。

2）过程仿真：以工厂 DMU 中原始的三维模型文件为基础，使用专业的数字化工厂软件对模型进行分析，能够完成生产过程的仿真，包括加工过程、物流过程、工人操作等各个方面，全面地对设计师的规划结果进行评估，及时发现设计缺陷。

3）协同工作：如同前文建筑设计阶段提到的协同工作，使用工厂 DMU 技术也能在布局规划中起到相同作用，将数字模型与其他专业的工程师及时共享，能够方便其他配套基础设施的工程师及时了解工艺设备需要配备的管线设施，设计方案需要修改时各专业也能够及时做出更新方案。

工厂 DMU 在工厂布局方面的信息集成流程如图 4-7 所示。

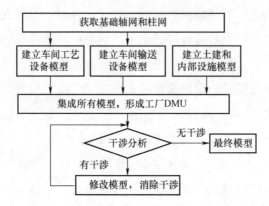

图 4-7　工厂 DMU 在工厂布局方面的信息集成流程

（3）工程建设阶段的应用

完成了工厂的设计规划工作，通过各个相关部门的审批后，工厂就进入了工程建设的实施阶段。利用工厂 DMU，工程师在设计阶段就解决了绝大部分的干涉碰撞问题，所以大量地减少了现场设计变更工作。

1）施工进度安排：以工厂 DMU 为基础，利用相关软件能够导入项目进度、组织计划、软件制定的节点图或横道图，对施工进度 4D（3D 模型加上时间维，成为 4D 模型）仿真模拟。利用施工进度模拟能够查看到在工程进行的任何时间点实际的建筑建设完成到怎样的程度，能够帮助检验施工组织进度的合理性。工程师通过查看各阶段的工程完成程度，反查进度计划中疏漏的施工任务。

2）吊装施工模拟：一些厂房建筑可能需要进行重大的吊装工序，以工厂 DMU 为基础，利用专业的模拟软件能够在计算机中精确地模拟吊装工作的过程。精确模拟吊装工作中各种状态，如静止、等待、移动等，动态检测吊装过程中可能发生的碰撞，以确定最安全的吊装施工方案。

3）记录文档保存：工厂 DMU 不仅仅包含最基本的工厂 DMU，还包含所有相关的工程设计、施工文档。在工程建设过程中，完整地保存相关的工程档案十分重要。工程档案包括设计图纸、科技档案、文书档案、声像档案等。完整的工程档案能够真实准确地反映工程建设活动和工程建设过程中的实际情况。如果工程完成后出现问题，可以通过调取项目档案，找出问题所在，确定所出现的问题应由参与项目的哪方承担责任。工程档案真实地记录了工程技术人员在项目建设过程中的实施过程和解决问题的方法，也是积累宝贵工程技术和工程经验的手段。

（4）运行维护阶段的应用

完成所有前期准备工作后，工厂就将投入生产，进入运行维护阶段，工厂 DMU 作用包括：

1）检修维护：在运行过程中，厂房可能因为环境和使用出现一定的损坏，需要定期进行检修和维护。工厂 DMU 的数据就能够辅助工程师制定合理的检修维护方案，计算维护成本。随着制造技术的飞速发展，厂房内也可能需要引入新型设备并为其设计配套设施，工程师就需要调取原有的工厂 DMU 数据，在原有工厂数据的基础上，设计新设备的安装方案。模拟新设备运输和安装的过程，进行动态碰撞检查是否有足够的运送空间，防止在此过程中新设备与其他设备发生碰撞而造成不必要的损失。

2）文档保存：由于工厂 DMU 全部采用电子档案形式，所以与传统的纸质档案相比，工程师在检索提取档案时也能节省大量时间，提高工作效率，并且能够避免纸张老化或破损而导致的信息丢失。

工厂 DMU 包含了工厂设计、建设和运维过程的所有模型和数据，为工厂数字孪生的构建提供了基础。而工厂 DMU 所需要的大量 BIM 信息和相关设施、设备数据，可通过数字交付的形式来收集和整理。

4.1.4　数字交付

在《国家智能制造标准体系建设指南（2021 年版）》（征求意见稿）中，就

包含了"智能工厂交付标准",属于"B 关键技术"的"BB 智能工厂"部分
(见图3-4),其包括了"设计、实施等阶段数字化交付通用要求、内容要求、
质量要求等交付标准及智能工厂项目竣工验收标准"。而在流程行业,"数字化
交付"是一个日趋热门的词汇,并且在一些大型企业的工程建设项目中开始得
到应用。

2018 年 9 月 11 日颁布的《石油化工工程数字化交付标准》(GB/T
51296—2018)对数字化交付的概念做了如下表述:"以工厂对象为核心,对
工程项目建设阶段产生的静态信息进行数字化创建直至移交的工作过程。包
括信息交付的策略制定、基础制定、方案制定、信息整合与校验以及信息移
交和验收。"区别于传统工程以"卷册"为核心的交付体系,数字化交付是
指以"工厂对象"为核心,将工程设计、采购、施工、制造、安装等阶段产生
的数据,进行结构化处理,建立以"工厂对象"为核心的网状关系数据库,存
储于工程数据中心,并基于统一的数据接口访问数据。数字化交付的实现途径
如图4-8所示。

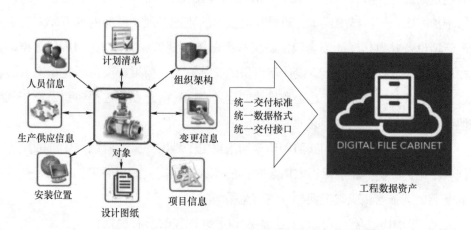

图 4-8 数字化交付原理[55]

在数字化交付出现之前,工厂建设期工程各参与方提供了大量的设计文档
和数据,这些文档以传统的纸张文件的形式,作为设计、施工和竣工资料向工
厂方移交。计算机技术发展后,这些资料以数字化的形式移交,但也只是以独
立 CAD 文件、Office 文件等形式提交给业主方。虽然这些移交工作能得到工程

参与各方的工作结果，作为一个阶段性的成果进行了存档，但是这些资料之间的关系、版本的演变等资料背后的隐藏信息都没有完整地保留，给后面的使用带来了障碍。

数字化交付概念的出现，给这些资料的转交提供了标准。在石油天然气行业，有一个 ISO 15926 标准，规定了工业自动化系统和集成相关的数据模型、集成流程等内容，用唯一的、支持所有视点的相关环境定义了工厂生命周期信息的含义。基于 ISO 15926 标准的数字化交付，除了 CAD、Office 等文件外，还将设计和施工过程中的设备、管线、管件以及结构等转换成独立的对象，这些对象的关联关系在交付后仍然保留，一方面能让人员检索更加方便，还可以与生产过程中的动态数据（DCS/SCADA）进行关联，便于开展模型和数据的关联。在我国的 GB/T 51296—2018 标准中，也对工厂模型、设备关联、交付文档、交付平台、交付流程等进行了定义，使数字化交付的推广应用有规可循。

数字化交付的核心包括三维模型、数据、文档及其关联关系，因此，企业所建立交付标准应对三维模型、数据、文档及其关联关系做出规定。设计阶段产生的模型、数据、设计图纸、计算书，采购阶段的装箱清单、使用说明书、质量证明文件，施工阶段的各种施工记录、试验报告、验收报告等，均属于交付的范畴。在数字化交付的条件下，不仅仅是将这些文档转成 PDF 存储起来，为便于文档内容的索引，还应需要处理文档和工厂对象的关联关系。数字化交付条件下需要完整的文档编码系统，来适应文档分类管理与查询的要求[55]。

数字化交付的目标是形成项目建设阶段高质量的数字资产。数字化交付内容在根本上都表现为数据，这些数据可分为结构化数据和非结构化数据。结构化数据是指可以使用关系型数据库表示和存储，表现为二维表格形式的数据，如三维设计产生的结构树数据。非结构化数据是数据结构不规则或不完整，没有预定义的数据模型，不方便用数据库二维逻辑表来表现的数据，如文本、图表、图像等。通过工具软件可从非结构化数据中提取结构化数据，作为这些非结构文档的元数据来进行管理。

结合工厂 DMU 的概念，建立数字化工厂平台，以三维模型为载体，将数字化交付的各阶段数据整合并可视化地展示出来，从而构建出与现实工厂完全一致的工厂 DMU。在工厂 DMU 的基础上，整合基础自动化模型、过程控制模型、工艺参数模型，构建与实际生产流程、设备和工艺一致的数字孪生模型。进一步，以数字化平台为基础，通过信息交换获取企业的生产管理、能源管理、设备管理、物流管理等信息化系统的信息，采用不同的图层和场景展现不同业务数据，更直观地协助公司各级调度管理人员及时掌控企业生产运营信息，满足公司各级管理人员需要。

4.1.5 数字化工厂管控

工厂管控是在工厂投入运行后，对工厂的运作进行管理和控制，保证工厂各项工作的正常开展，以优化资源使用，实现最大产出。利用数字化手段实现数字化工厂管控，是实现智能工厂的第一步。在具体构建数字化工厂管控的过程中，制造执行系统（MES）是一个不可忽视的部分，下面从 MES 来分析数字化工厂管控系统。

1 数字化工厂管控的层级

制造执行系统（Manufacturing Execution System，MES）的概念是由美国先进制造研究机构（Advanced Manufacturing Research，AMR）在 1990 年首次提出并使用的，其把 MES 定义为"位于上层计划管理系统与底层工业控制之间的、面向车间层的管理信息系统"，为操作人员、管理人员提供计划的执行、跟踪以及所有资源（人、设备、物料、客户需求等方面）的当前状态。此定义既解决了 MES 的定位问题，又理顺了企业信息集成的发展思路，使各个层次的系统所应发挥的作用一目了然。

美国仪器、系统和自动化协会（Instrumentation Systems and Automation Society，ISA）提出了 ISA-95 国际标准，成为目前 MES 参考的通用标准，此标准从 2000 年起陆续发布。ISA-95 标准的具体内容包含 6 个部分，我国把其中第 1 部分、第 2 部分和第 3 部分采用作为国家标准（GB/T 20720.1~.3）：企业控制系统集成的第 1 部分、第 2 部分和第 3 部分。

ISA-95 国际标准 6 个部分的主要内容：第 1 部分，定义了制造控制系统与企业业务系统之间的接口相关的模型和术语，把企业信息分为 3 大类 9 大信息模型，作为描述企业相关信息的基本工具。第 2 部分，详细描述了第 1 部中定义的 9 大对象信息模型的相关属性。第 3 部分，主要定义了制造运行管理的通用活动模型，并且将企业制造运行管理在通用活动模型的基础上划分为四个功能区域（生产功能区域、维护功能区域、质量功能区域和库存功能区域），同时，定义了各个模块之间的数据流。第 4 部分，用举例的形式详细描述了第 3 部分中的制造运行管理相关信息的对象及其属性。第 5 部分，主要对第 1 部分中定义的第 3 层和第 4 层之间的信息交换模式进行说明，使这些信息能够在企业控制系统中集成，同时对第 1 部分和第 2 部分相关的对象模型属性的事物进行了定义。第 6 部分，详细说明了制造运行管理事务。

ISA-95 标准对其功能层次模型进行了定义，此功能层次模型含有 5 层，第 0~2 层是实际的生产、控制过程，即监控且处理制造过程中的信息。第 3 层为制造运行管理所处的位置，也是 MES 关注的范围，此层包含对工作流程、调度维护、优化的控制。第 4 层指业务计划和物流管理，包括建立车间生产计划、调度、库存等活动，此层的实现需要第 3 层的信息支撑，功能层次模型如图 4-9 所示。

ISA-95 标准中首次明确提出了制造运行管理（Manufacturing Operations Management，MOM）的概念，其把制造运行管理的活动定义为：利用生产资源中可协调的人员、可使用的设备、物料以及能源把全部或者部分原料转化成产品的一系列活动。所以，制造运行管理包含可能由物理设备、人员和信息系统来执行的活动。

制造执行系统（MES）是目前运行在 MOM 层的一个为大家所熟悉的软件系统，其地位非常关键，起到"顶天立地"的作用。"顶天"，就是要与业务规划和物流层（图 4-9 中第 4 层）连接，也就是要与大家熟悉的 ERP（企业资源计划）和 PLM（产品生命周期管理）系统互联，而"立地"，就是要能和车间现场的各类智能设备、传感器相连接，能起到采集、汇总现场数据，向上汇报的作用。随着智能工厂、数字工厂建设的兴起，MES 被越来越多的企业所重视。但是和 ERP、PLM 系统有所不同，由于 MES 的主要业务都在车间发生，而不同企业的车间现状是不同的，这就导致 MES 的功能组成和实施内容没有一

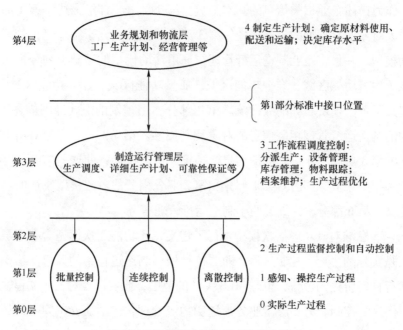

图 4-9　ISA-95 标准中的功能层次模型

个标准的模式，MES 的标准化模块需要结合车间的实际情况，进行定制配置和开发，才能真正部署好、运行好。这也是建设智能工厂、数字化工厂的关键是建设智能车间、数字化车间的原因。而数字孪生应用也是如此，要建设好工厂数字孪生系统，车间数字孪生系统是关键。

2　数字化工厂管控系统的架构

图 4-9 的功能层次，也正是图 3-2 中"制造金字塔"中的管理层次，是一个工厂优化运行的管理和控制架构。整个数字化工厂管控系统建设可以包括 ERP、PLM 和数字化车间建设三部分。

（1）ERP

ERP（Enterprise Resource Planning，企业资源计划）是一个广为人知的为企业决策层管理人员提供支持的管理平台。它是从 MRP（Material Requirement Planning，物料需求计划）、MRP-II（Manufacturing Resource Planning，制造需求计划）发展而来的。ERP 一般包括采购管理、销售管理、合同管理、项目管理、人力资源管理、资产管理和财务管理等内容。新一代的 ERP 和 SCM

（Supply Chain Management，供应链管理）、CRM（Customer Relation Management，客户关系管理）等软件结合起来，形成了跨企业的管理协同功能。

（2）PLM

PLM（Products Lifecycle Management，产品生命周期管理），是支持产品全生命周期的信息的创建、管理、分发和应用的软件平台。PLM 是从 PDM（Products Data Management，产品数据管理）系统发展而来的，初期是为了解决多型产品各类资料文档管理问题。PLM 一般由产品文档电子仓库、产品配置管理、产品开发流程管理、项目管理等模块组成。

（3）数字化车间

数字化车间纵向集成重点涵盖产品生产制造过程，其体系结构如图 4-10 所示，分为基础层和执行层，在数字化车间之上，还有企业的资源层。数字化车间内部各功能模块、基础设施之间，以及外部信息系统，均通过企业服务总线进行系统集成，形成有机整体。数字化车间的基础层包括了数字化车间生产制造所必需的基础设施，如信息基础设施与网络，生产、检验、物流等使用的各

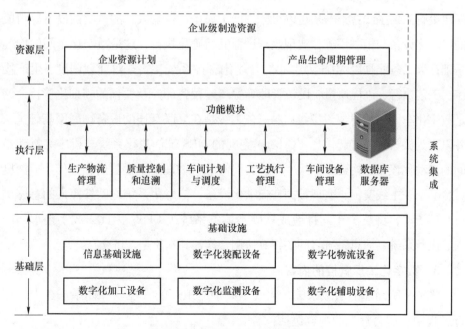

图 4-10　数字化车间体系结构图

143

种数字化制造设备和辅助设备。它是实现数字化车间的基础，强调装备的控制与集成。执行层对生产过程中的各类业务、活动或相关资产进行管理，如车间计划与调度、生产物流管理、工艺执行管理、质量控制和追溯、车间设备管理，实现车间制造过程的智能化、精益化及透明化。它是实现数字化车间的核心结构，突出对车间的管理控制。

智能制造是以数字化车间为核心，将人、机、料、法、环连接起来，实现多维度融合的过程。人、机、料、法、环是对全面质量管理理论中的五个影响产品质量的主要因素的简称。

在数字化车间体系结构中，质量管理的五要素也相应地发生变化，因为在数字化车间中，人、机器和资源都能够互相通信。数字化产品"知道"它们如何被制造出来的细节，也知道它们的用途。它们将主动地对制造流程回答诸如"我什么时候被制造的""对我进行处理应该使用哪种参数""我应该被传送到何处"等问题。

参考数字化车间结构体系，并结合目前对数字化车间建设的研究，数字化车间建设有三条主线：第一条是以机床、加工设备、机器人、测量测试设备等组成的自动化设备与相关设施，实现生产过程的精确化执行，这是数字化车间的物理基础；第二条线是以 MES 为中心的智能化管控系统，实现对计划调度、生产物流、工艺执行、过程质量、设备管理等生产过程各环节及要素的精细化管控，这是数字化车间的信息建设主线；第三条主线是在互联互通的设备物联网基础上，并以之为桥梁，连接起信息（Cyber）空间的 MES 等信息化系统与机床等物理空间的自动化设备，构建车间级 CPS，实现信息与物理两个世界的相互作用、深度融合。三条主线交汇，实现数据在自动化设备、信息化系统之间按照人的意愿进行有序流动，将整个车间打造成软硬一体的系统级 CPS。因此，数字化车间中人、设备系统、信息系统之间的相互协调合作，其本质是人机交互。

3 数字化工厂管控的内容

图 4-9 所描述的层级系统，构成了数字化工厂的管控软件体系。在工厂运行过程中，需要管控的内容包括：

1）生产运营信息。生产运营信息是一个企业/工厂运行的基础，包括产品开发信息、生产经营信息、生产过程信息、产品质量信息、设备维护信息等。这些信息通过经典的 ERP、PLM、MES 等系统的基本模块能实现完整的管理体系。

2）安防管理。随着设备复杂程度越来越高，以"人"为核心的管理理念不断得到重视，安防管理成为企业越来越关注的热点。传统的人防、物防的模式不能满足现代智能工厂的管理需求，实际执行过程是"人防+技防"相结合的模式，利用新兴信息技术来提高技防能力，保障人员和资产安全。安防管理包括视频监控、门禁管理、人员车辆定位、报警系统等模块。

3）生产环境管理。生产环境是制造相关作业环境，一方面需要保障工人的健康和安全，另一方面需要保证产品质量的稳定。一些精密产品的加工制造尤其重视生产环境管理。生产环境管理也包括企业在环境排放方面的管理，以符合政府、行业的相关规定（合规管理）。生产环境管理包括环境感知、环境监控、排放合规管理、排放监控等模块。

4）能源管理。近年来，随着"碳达峰、碳中和"成为国家和社会关注的热点，工厂企业响应国家号召，在节能减排和发展循环经济方面，充分认识到了工作的紧迫性和重要性，在能源管理方面不断加大资金和技术的投入。能源管理是对重点用能单元实施数据采集和处理，加强仪表计量管理，实现实时分析与管控。建立企业/工厂级的能源管控中心，实现工厂能源全面管理。

可以看到，一个数字化工厂所需要管控的信息来自多个领域、多个专业，很难用单一的模型来进行描述和管理。因此，工厂数字孪生系统的构建也会是多领域模型、多物理模型的综合，结合来自不同系统所采集的实施数据，形成工厂数字孪生的不同应用服务，实现综合应用。

4.2　工厂数字孪生系统中的模型和数据

在制造数字孪生生态中，工厂数字孪生系统与产品数字孪生系统、供应链数字孪生系统相对独立，又相互作用。而工厂所包含的车间，是信息流、物流、能量流交互的地方，是产品加工制造完成的场所，也是 MOM 的核心和 MES 应用的重点，工厂数字孪生体就是多模型、多数据的融合体，包含了产品模型、工厂模型以及运行管理模型，在构建工厂数字孪生系统时，首先需要分析其内部模型和数据的关系。

4.2.1　基于模型的定义（MBD）和基于模型的企业（MBE）

1　基于模型的定义（MBD）

随着计算机技术在工业范围内的应用，计算机辅助设计广泛应用于制造业，产生了二维图纸为主、三维图纸为辅的基于文档表达的产品表达方法。但随着产品全生命周期管理思想的提出，以产品为核心的全流程数据管理方式对产品表达方法提出了更为迫切的想法，在此基础上出现了**基于模型的定义（Model Based Definition，MBD）**方法。MBD 将产品全部信息（包含几何信息和非几何信息）按照相关要求进行组织管理，并将其标注在三维实体模型上，使之成为工程人员和计算机能够识别的数字化信息。MBD 由三维模型、三维标注和属性三部分组成，其关键是三维标注技术。MBD 采用单一数据源，即三维实体模型，最重要的组成部分是 MBD 数据集。

美国的波音公司从 1997 年开始协助美国机械工程师协会进行关于 MBD 标准研究制定工作，于 2003 年形成了 ANSI/ASME Y14.41—2003 标准，随后 ISO 在此标准基础上制定了 ISO/DIS 16792 标准，建立相应的标准后，波音公司在其 787 客机中全面采用了该技术，在公司内部创建了 BDS-600 系统企业标准。此后各国根据上述两个标准制定了相应的本国标准。我国于 2009 年推出推荐标准 GB/T 24734.1~11—2009《技术产品文件　数字化产品定义数据通则》，于 2010 年推出三个关于 MBD 模型建立标准：GB/T 26099.1~.4—2010《机械产品三维建模通用规则》，GB/T 26100—2010《机械产品数字样机通用要求》，GB/T 26101—2010《机械产品虚拟装配通用技术要求》。波音 787 标志着 MBD 技术在实际中的应用，其极大地提高了波音公司的竞争力，缩短了 40% 的研发周期，减少了 50% 的工程返工，降低了 25% 的成本。此后以波音、空客等为代表的国外飞机厂商在其飞机研制过程中均采用了 MBD 技术，不断对其进行完善，并逐渐扩展到其他复杂产品的研制过程中。随着我国在该领域的不断深入研究，在新舟 60、ARJ21、C919 等机型设计上也取得了不错的成绩。

2　基于模型的系统工程（MBSE）

系统工程（System Engineering，SE）是指在进行一项工程任务时将其当作一个系统来进行工程设计，意味着在进行该工程设计时，不仅仅只是考虑到当前工程内部结构，还需要考虑到该工程与外部环境之间的关系，以此来实现工程开发。麻省理工学院系统工程系认为系统工程的原则就是对一个系统进行有效的建模、设计和管理。由此可见，系统工程不只是简单对于工程系统进行设计建模，其还需要对该工程与其所处的环境之间的相互关系进行考量，同时还需要对整个工程进行有效的管理。

随着现代化技术的不断发展，以及工程项目不断地突破原有的工程范围，生命周期概念开始引入到工程项目中，同时工程项目的内容范围、复杂性也在不断地增大，一个工程中参与的人员种类和数量也在不断地增加，传统基于文档的系统工程方法在进行工程应用时产生的文档越来越复杂且越来越多，工程人员在进行信息交互时耗费的人力成本也越来越高。此时，工程设计过程中如何对设计人员设计的内容进行统一化的管理以及人员之间的交互如何更加有效地实现，成为工程设计过程中急需解决的问题。于是，**基于模型的系统工程**（**Model Based System Engineering，MBSE**）概念被提出，并已经在越来越多的工程中得到了应用，同时也验证了其有效性。MBSE 就是在系统工程的基础上增加基于模型的概念，相较于传统的基于文档的系统工程，该方法强调在整个生命周期下对技术过程的形式化建模。

相比于以文档为核心的系统工程，MBSE 具有以下特点：无二义性、设计一体化、内容可重用性。因此 MBSE 能够提高各部门之间的沟通效率，打破设计工作对于时间和空间的限制，方便分析人员对知识的获取和再利用，还能够通过模型实现对系统的多角度分析。但是 MBSE 并不意味着抛弃了传统系统工程的文档，只是将模型作为系统工程的核心，文档作为辅助工具。

MBSE 方法论用于指导建模过程，随着多方研究，产生了很多方法论，其中常见的有 IBM 公司提出的 Harmony SE 方法、面向对象的系统工程方法（OOSEM）、DoDAF 方法、OPM 方法等。Harmony 方法采用"服务—请求—驱动"的系统建模方法；OOSEM 方法利用了面向对象的理念，通过使用 SysML 对系统进行建模；DoDAF 方法通过对系统进行不同角度的分析并构建相应视图实现对系统的建模；OPM 方法将对象过程示意图和对象过程语言相结合来实现对系统模型的构建。

MBSE 采用的常见建模语言为 SysML，其可分为行为图、需求图和结构图。其中行为图又分为活动图、序列图、状态机图和用例图，结构图分为模块定义图、包图和内部模块图，而内部模块图又包含参数图。需求图用来表示为什么要设计该系统，该系统的需求是什么。行为图用来表示系统是如何进行运作的，其中活动图表示输入输出之间的过程，序列图表示组成部分如何交互，状态机图表示模块不同状态的转换，用例图用于描述系统功能。结构图用来表示系统结构，其中模块定义图表示模块和值类型元素，包图表示模型相互包含的层级关系，内部模块图用以指定单个模块的内部结构，参数图表示一种或多种约束。

3 基于模型的企业（MBE）

MBD 的提出就是为了解决多源数据产生的管理问题，单一数据源能够解决在产品设计过程中各参与人员之间对于同一内容的不同定义方式的问题，同时还能够解决文档对信息解析产生的复杂性问题。随着信息技术的快速发展，信息系统的种类越来越多且越来越复杂，MBD 从产品模型出发，虽然能够解决产品数据源的问题，但并没有涉及产品供应链以及企业管理内容，其仍是对单一数据源的管理，对于系统集成仍缺少有效的规范。**MBE（Model Based Enterprise，基于模型的企业）**是在 MBD 的基础上，基于 MBSE 方法论，提出来的一种面向企业的组织设计模式[56]。2005 年，美国提出的 NGMTI（下一代制造技术计划）正式将 MBE 作为美国下一代制造技术目标之一，并在 2009 年进行调研评估分析发现 MBE 能够有效地降低企业成本和缩短研发周期。MBD 采用的是单一数据源及三维实体模型来实现在整个产品生命周期下对产品的管理。MBE 在此基础上增加了流程模型来更加完整地表达产品在企业运作下的设计生产过程，即在整个企业和供应链的范围里面，如何基于产品模型进行协同化合作。

西门子中央研究院将 MBE 分为 MBe（Model Based Engineering，基于模型工程）、MBm（Model Based Manufacturing，基于模型制造）和 MBs（Model Based Sustainability，基于模型的持续保障）等三个部分[57]，其数据基础为 MBD，MBSE 为工程指导技术。其中 MBe 是通过模型实现对产品、系统的全生命周期中需求采集、分析验证等能力。MBm 是通过 MBD 技术实现虚拟制造环境，以此来对制造工艺、生产线、控制命令进行仿真。MBs 是将基于 MBD 产生的模型和仿真应用到产品的全生命周期中，以此来优化对产品全生命周期的管理。由此可知，MBe 对应着产品及系统分析和设计内容，MBm 对应着对制造过程分析及映射等内容，而 MBs 则对应着将模型应用至整个系统全生命周期管理和系统维护等内容。

MBE 在 MBD 上增加流程模型是为了解决在整个产品全生命周期下产品与其所处环境之间的问题，此恰恰是系统工程所需要解决的问题，即除了对于工程项目本身需要进行管理说明，还需要对项目与其所处的环境之间的关系进行管理说明。MBE 将这个产品制造过程及其相应内容看作成一个系统，通过 MBSE 方法，构建了其系统模型，并将其产品及资源模型作为全生命周期下单一数据源，而过程模型作为其组织管理基础，由此实现了企业层对该制造系统及其相关内容的全生命周期管理。即 MBE 以 MBD 为核心数据，以 MBSE 为方法论，通过流程模型实现企业全流程集成化管理。

表 4-1 对 MBD/MBE 与传统 CAD/传统系统工程（Traditional System Engineering，TSE）方法针对产品全流程管理方式从不同参与人员的角度进行了分析。相比于传统的系统工程，由于采用了单一数据源和流程管理模型使得 MBD/MBE 能够为企业在进行产品开发管理过程中提供便利，缩短开发周期、优化管理方式并降低人员间沟通成本。

表 4-1　MBD/MBE 与传统 CAD/TSE 技术之间的比较

不同角度	MBD/MBE 技术	传统 CAD/TSE 技术
设计者的角度	需要将与产品相关的全部信息转化成数字信息，且标注在三维模型上，只需要创建一个三维模型	通过使用 CAD 软件对产品的三维模型、二维模型进行表达，借助辅助数据库进行工艺等信息的进一步表达，需要设计多张图纸

（续）

不 同 角 度	MBD/MBE 技术	传统 CAD/TSE 技术
制造者的角度	通过单一的三维模型可以快速查看和理解产品的制造信息，还可以通过三维模型直接传达给数字化制造设备进行快速有效的生产	需要通过二维数模、三维数模以及辅助信息来理解产品的生产信息，并且需要将其转化成机器能识别的信息来驱动机器生产
维修维护者的角度	通过三维模型可以快速地查看产品的结构来进行相关的分析，也可以直接通过三维模型进行仿真	前期需要通过产品的结构图纸等查看产品的具体信息，理解过程相对复杂
销售者的角度	通过三维模型可以快速了解产品的功能参数（此为 MBE 中功能），不需要额外的宣传手册	需要通过其他的资料（如宣传手册）了解产品信息
企业管理的角度	MBE 引入了流程模型，以 MBD 格式模型作为全生命周期下单一数据源，可以将产品的全生命周期过程中的全部信息综合到一起进行分析，有利于管理	需要通过不同功能的模型、数据库以及辅助软件等对整个流程进行管理
总结 MBD/MBE 优势	1）摒弃二维工程图，减少了重复劳动，保证了数据唯一性 2）缩短了产品研制周期、降低了成本 3）使得产品制造各环节人员对于产品有更深入的了解，降低因理解不充分导致的出错可能性 4）推动了并行工程开展，将产品全生命周期各阶段相互联系起来，提高了设计效率和产品可制造性，增强了产品的竞争力	

　　制造业实施 MBE 需以多学科协同为基础实现复杂模型构建，同时还能基于模型进行知识获取，能够以模块化模型的方式来实现产品全生命周期下任务的分工，并且将对企业管理技术提出更高的要求，需要企业内部员工之间进行协同化管理并具有创新力，以实现面向未来的技术研究。

4.2.2　数字孪生与 MBE 的关系

　　数字孪生技术可分为建模、仿真和控制等三部分。建模是指通过高拟实性建模技术实现对孪生对象的模型构建；仿真是指基于虚拟模型的超高仿真技术实现对物理对象状态模拟；控制又分为"以虚映实"和"以虚控实"两个部分。"以虚映实"指通过仿真技术控制虚拟模型实现对物理对象状态在信息空间中实时映射。"以虚控实"指利用虚拟模型仿真结果来实现对物理对象状态的优化控制。

美国在其 NGMTI^[58] 中将 MBE 作为其六个目标中的第一个目标，是构建一种以模型为核心、面向模型进行组织管理的制造实体，在 MBD 的基础上通过建模和仿真技术，来实现对产品全生命周期下包含的设计、制造以及支持过程下的技术及其流程模型的集成性管理。MBE 需要对制造对象、制造工具以及制造流程进行模型构建，然后通过上述模型实现对制造系统的管理。而数字孪生技术中建模是通过"高保真"建模技术实现对孪生对象模型构建，其不仅包含对孪生对象几何模型、参数以及管理模型构建，还包含对孪生对象行为、规则等机理模型构建，数字孪生技术中仿真技术就是基于孪生模型实现对孪生对象全生命周期的管理。因此，数字孪生技术可以为实现 MBE 提供基础。

由于在数字孪生系统实现过程中需要对孪生对象进行"高保真"建模仿真，因此，如果当孪生对象过于复杂时，对模型构建、集成、更新过程的模型管理就显得十分必要。数字孪生系统包括物理对象和信息对象的融合，系统工程思想可以帮助数字孪生系统的实现。在系统工程发展过程中，传统基于文档的系统工程方法产生的系统文档繁杂，以及系统相关参与人员间信息交互难度随着系统内容增大而不断提升等问题，专家学者们提出了基于模型的系统工程方法，MBSE 是对系统中技术进行形式化建模，通过形式化模型来实现对系统全生命周期管理。由此可见，MBSE 方法论可以为数字孪生系统的实现提供系统设计理论支持。MBE 在产品全生命周期管理下对企业对象模型进行集成化管理，所包含的流程模型能够为数字孪生技术下全组织集成化管理在工程实现以及管理上提供支持。

由此可知，一方面数字孪生技术可以为 MBE 实现提供基础，另一方面 MBE 也能从孪生对象模型和数据的定义以及维护流程角度给数字孪生系统全生命周期管理提供支持。

4.2.3 工厂数字孪生系统中的模型

1 工厂数字孪生系统多模型组成

工厂生产制造可以分为产品、过程和资源等三个部分，其分别对应着生产对象、生产过程管理和生产工具，一个工厂数字孪生系统中模型分别包含产品模型、工厂资源模型以及生产管理模型等三部分。

1）产品模型由产品三维模型、产品属性以及管理属性等三个部分组成。产品三维模型为产品的三维结构模型；产品属性主要包含产品的材质、尺寸、加工工艺等用于说明产品基本特征的数据；而产品的管理属性主要包含产品的工艺信息和质量管控信息等，其主要用于在工厂生产过程中的管理。产品所包括零部件的组成关系通过 BOM（Bill of Material，物料清单）来描述，基于产品模型可以生成产品设计、制造、维护过程不同的 BOM，如面向产品生产工艺的 PBOM（Process BOM），面向制造过程的 MBOM（Manufacturing BOM）等，不同类型 BOM 用于在产品全生命周期下的不同阶段。

2）工厂资源模型主要描述工厂各要素的组成，可以从三维结构、工厂布局、逻辑关系三个方面进行描述。三维结构，是指各工厂组成要素的三维几何模型，如厂房三维模型、设备三维模型等；工厂布局，是指工厂资源在三维空间上的关系；逻辑关系，是从工艺流程、管理层次等方面形成的各资源之间的关系，如工艺流程上的前后关系、管理层次上的从属关系等。

3）生产管理模型是指用于实现对生产全过程管理所构建的模型，其可分为生产流程管理模型和生产服务管理模型两部分。生产流程管理模型，是对生产流程的定义和执行。产品生产流程由其工艺决定，而具体的产品生产过程计划和调度，是根据产品相关的物料计划、需求计划、工厂能力计划等确定的计划调度方案。数字孪生系统首先进行工艺优化，以最佳制造方案生产出产品，再次通过生产系统的调度优化来合理安排制造时间，缩短制造周期。生产流程管理是工厂的基本控制功能，因此也可称之为工厂基本控制模型。在这个基本控制模型之外，是保证生产流程能顺利进行的相关生产服务管理模型，如工厂整体状态实时监控和评估、设备健康度管理、物流管理、设施维护等相关的模型，这些模型也可以称之为工厂服务模型。

由上可知，面向企业管理，产品和资源模型是实现工厂系统管理的基础，对模型的管理能够保证整个全生命周期下数据的唯一性，并为面向工厂系统的组织管理提供了有效且唯一的数据，而管理过程模型则是对工厂系统内部运行过程的模型化，其能够保证企业对于工厂系统管理的合理性以及有效性。因此，基于产品、资源及生产管理等多模型集成，企业层能够实现对工厂系统集成化和智能化管理。

面向产品、工厂以及生产管理三个方面，各类模型分别拥有各自的全生命周期，但是同时它们在各自的全生命周期阶段相互影响、相互作用，然后在整个工厂运行过程中实现融合，最终实现了工厂生产运作目标。

2　工厂数字孪生系统中的产品生命周期分析

工厂，是为制造产品服务的，工厂的目的就是多、快、好、省地生产出市场需要的产品，一个工厂数字孪生系统的构建，要以产品为中心进行考虑。产品的模型和数据是构成一个完整工厂数字孪生系统必不可缺的一部分。

产品全生命周期集成是跨企业间的产品定义信息的协同研发、管理以及传播和使用，即从产品概念提出到最后退出市场的全流程、全业务、全人员和全信息的集成过程。如今的产品全生命周期已经发展成产品生命循环周期。在整个产品生命周期下，工厂需要面临管理的是一个可以动态更新的产品模型，此可能会导致生产线、生产流程、供应链等一系列连锁变化。

常见的产品的全生命周期可以分为需求调研、产品设计、产品制造及产品运维等四个过程，如图 3-5 所示。在工厂数字孪生系统中，主要涉及产品设计、产品制造两个阶段，但是需求调研、产品运维阶段的数据对这两个阶段的工作也起很大的影响。

产品模型不是单一的产品三维几何结构模型，还包含产品基本属性以及面向产品制造过程中的产品管理属性。MBD 是解决传统产品设计模式所带来的多文档及多源数据导致团队合作及企业管理问题而提出的一个全新的技术，采用单一数据源即产品三维模型和三维标注技术，能够保证在整个产品循环生命周期下的数据的唯一性。MBE 是在 MBD 的基础上增加了流程模型来实现对全流程下产品相关内容的管理，即对产品在整个生命周期阶段下的相关信息进行管理。

利用 MBD 技术，结合 MBE 的企业流程管理，构建基于统一模型的产品数字孪生系统，产品全生命周期下各个阶段都是在产品模型的基础上进行相应内容的管理，因此可以保证产品相关的人员对产品内容的定义以及产品数据管理过程的一致性，还能缩短每个周期下相关人员对于模型的学习时间，提高效率。全生命周期下每个阶段不再是线性管理，即不再是上一阶段任务执行完成后下一阶段再进行，而是上一阶段产生的内容可以立即在下一阶段得到验证，真正地实现了生命循环周期，通过基于模型的组织管理方式可以加快产品设计和更新速度。工厂数字孪生系统中的组织管理模型需要考虑这一产品开发管理模型的变革因素。

3 工厂数字孪生系统中的管理分析

工厂的管理包括工厂内部的管理和工厂外部的协同。工厂内部管理以"管理金字塔"为特征，虽然基于 CPS 的管理模式会演变成一种网络化的结构，但是从管理的逻辑层级来说，还是会以一种 ISA-95 所构建的层级管理为特征（见图 4-9）。工厂外部的协同，以供应链协同与管理为主要代表。因此，工厂系统除了考虑其内部各因素，还需要考虑工厂系统与外部相关要素之间的关系。如果单一考虑整个工厂内部的因素，而忽略了工厂与外部要素之间的关联，则对于整个工厂系统的运行管理缺乏有效的依据。系统工程考虑的就是将工厂本身与其所处的环境之间的相互关系作为工厂设计过程中考虑的因素。

和产品、工厂具有明确的生命周期阶段特征不同，工厂管理主要包括的是管理或者协同要素。图 3-2 中表示为基于供应链管理（SCM）的采购、制造和调试活动。工厂管理的要素可以分为生产需求、原料准备、生产计划、生产管理和产品交付及售后等五个部分。生产需求阶段是指由企业业务产生的工厂生产需求的过程。原料准备阶段是指基于生产需求对生产所需的原料进行准备的过程。生产计划阶段是指利用产品及工厂模型，由工厂管理层基于车间当前状态将车间生产需求转换成生产计划并下发给车间的过程。生产管理阶段指的是车间管理系统对车间实时生产管理进行监控管理并对车间进行维护的过程。产品交付及售后阶段指的是将成品由工厂分发至市场的过程。

管理过程的建模以管理流程、管理要素和决策规则为主，在数字孪生构建中，也是以流程自动化为主来形成管理模型，并且结合决策模型来帮助关键节点人员的决策，确定业务的流向。

工厂管理模型以工厂组织架构模型为核心，面向企业管理目标实现对制造过程集成化管理，管理模型涉及产品模型、工厂/车间模型以及供应链协同模型，各类模型随着时间会不断变化，需要基于动态数据来对管理过程行为规则等进行动态调整，即管理规则的自学习，对管理架构实现自组织，才能实现自适应的管理需求。

4.3　工厂数字孪生系统的特点与结构

4.3.1　工厂数字孪生系统的特点

1　多领域数字孪生系统交互特征

在制造数字孪生生态系统中，一个工厂数字孪生系统和产品数字孪生系统、供应链数字孪生系统相互独立且交互，共同形成制造数字孪生生态，而工厂数字孪生系统本身也可以看作是包括了产品数字孪生系统、工厂数字孪生系统的数字孪生生态，同时也和供应链上其他数字孪生系统实现互动。不同数字孪生系统之间的集成和演化共同形成了智能制造系统能力。

2　数据-知识混合驱动服务特征

知识服务是融入用户之中并贯穿于用户决策过程的服务，智能工厂数字孪生系统需要将系统服务以最便捷、最直观的形式提供给用户，并直接与用户交互。智能工厂中全面感知的制造数据连接着生产过程与生产决策，并通过生产大数据的分析与统计、信息的逻辑建模驱动生产决策的生成可以有效地提高生产管控能力、产品质量和生产效率。因此，需要满足智能工厂数字孪生系统中"物理资源—模型—数据—知识—服务"多层级映射关系以及数据—知识混合驱动服务机制来满足市场大规模定制化服务的需求。

3　服务驱动管理特征

生产任务的动态变化、生产/物流任务目标/约束多样性、生产要素不齐套、生产能力限制等会导致智能工厂制造能力和质量的不稳定。因此工厂数字孪生系统需要形成制造运行管理过程中所需的智能服务，并需要进一步进行服务融合来满足智能生产、精准管控等实际需求。工厂数字孪生系统服务融合与协同应形成"服务动态调度机制→服务匹配组合→服务组合可靠性评估"层级反馈关系。同时智能工厂受生产能力限制，需借助工厂数字孪生系统与外部制造系统提供的制造服务进行配置与交互。

4 柔性特征

工厂数字孪生系统内的资源、信息和服务在时间和空间上具有动态演变特性，同时，面向大规模定制化服务，以及系统故障等扰动，都会对生产系统的柔性提出新的要求。当发生需求变化等各类扰动时，工厂数字孪生系统内的资源流与信息流都需要快速地、高效地调整运行，保证数字孪生系统提供的服务与客户需求动态匹配。

5 人-机-物-信息协同共融特征

CPS 和数字孪生技术是智能制造系统重要使能技术，CPS 目的是使得信息空间和物理空间完美映射和深度融合以实现个性化产品制造过程中实时仿真和管理智能化。在复杂产品的智能工厂中，完全无人化的制造过程难以实现。充分利用人的感知能力和学习能力，"人在复杂制造环节"中可以充当机器难以实现的智能车间执行环节。人感知到的信息、决策思维以及执行能力作为智能车间中增强部分，发挥着不可或缺的作用，最终实现智能工厂中"人-机-物-信息"协同共融。人-信息-物理的关系框架如图 4-11 所示。

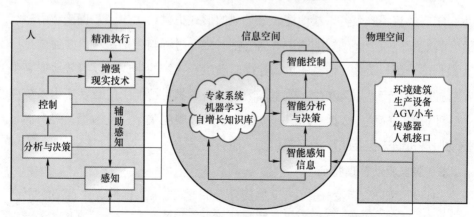

图 4-11 工厂数字孪生系统中"人-信息-物理"交互特征

数字孪生技术构建了智能制造工厂中物理实体与数字孪生虚体之间的虚实映射，并通过数字孪生建模、数据接口通信、实时同步仿真、智能决策优化以及实时主动控制这一闭环执行逻辑，实现数据-知识混合驱动的智能制造空间自治管控。实时同步仿真是实现智能决策与主动控制的核心，通过多学科、多物理量、多模态、多尺度、多概率仿真模型结合来自真实物理空间中的状态、事件、行为等数据进行仿真，并将仿真结果导入智能决策模型进行综合评价、优化与预测，以生成控制指令与决策信息用于物理实体的实时主动控制。因此，数字孪生技术是智能工厂支撑物理空间、信息空间与业务交互空间泛在融合的核心使能技术。

4.3.2　工厂数字孪生系统的总体架构

参考本书第 2 章数字孪生系统的通用结构，结合工厂数字孪生系统的特点，其总体架构如图 4-12 所示。工厂数字孪生系统包括智能实体工厂、工厂数字孪生体和孪生服务系统，工厂数字孪生体由虚拟工厂和数字孪生引擎组成。

实体工厂是实际存在的工厂，包括车间、生产线、在制品、产品、人员等。实体工厂需要有数字接口，能及时采集各类运行数据上传给数字孪生体，并且具有一定智能化执行功能，能接受数字孪生体发送来的控制指令进行优化运行。

虚拟工厂，是指工厂相关的数字模型以及相关的信息系统。智能工厂的运行离不开信息系统的驱动，信息系统完成了工厂各级管理、运行控制功能，因此，智能工厂是一个信息物理系统（CPS）。工厂相关数字模型，除了工厂数字模型（工厂DMU）外，还包括产品数字模型和管理模型，这些模型是工厂运行所必需的。其他模型包括智能工厂监控所需要的如环境控制、能源管理、安全防护等方面的模型。

数字孪生引擎是连接物理工厂和虚拟工厂，形成数字孪生系统，并提供基于数字孪生高级服务功能的软件平台，因此也是数字孪生体的一个部分。工厂数字孪生引擎包括数据融合、模型融合两个基本部分，通过模型和数据的融合，实现系统自组织、自调节、自更新、自优化的智能功能，以及工厂运行管控等实时监控功能，并且对产品数字孪生体进行更新。

工厂的智能功能主要从三个方面体现：系统自组织、系统自调节/自更新

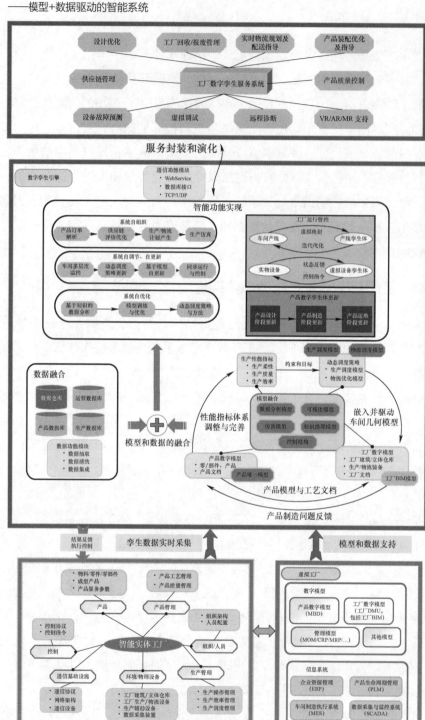

图 4-12　工厂数字孪生系统总体架构（彩图见插页）

以及系统自优化，其中系统自组织包括客户订单需求解析、供应链评估优化、生产/物流计划生成和生产仿真；系统自调节/自更新包括工厂多层次监控、动态调度策略更新、基于模型自更新等；系统自优化包括基于知识的数据分析、模型训练与优化以及动态调度策略与方法。智能功能经过服务演化和封装发布到应用终端，与用户进行最直观的交互。

工厂数字孪生服务系统，是基于数字孪生引擎提供的包括供应链管理、设计优化等功能的服务，是工厂数字孪生系统所具有的外在功能接口。通过服务的形式向外发布，并且支持各类应用的开发和运行。智能工厂数字孪生系统服务包括：供应链管理、产品装配优化及指导、产品质量控制、实时物流规划及配送指导、能效优化等服务，参与到工厂的管理系统中，有效地、智能地驱动工厂管理。而随着AR/VR/MR等技术的发展和移动应用的普及，通过基于新技术的人机交互服务，可以便于数字孪生应用系统提供更高级的人机交互接口，能让人更方便、精准地参与到制造活动中，实现智能工厂中"人-机-物-信息"协同共融。

需要说明的是，"工厂"是一个比较宽泛的名词，工厂的规模、组成差别很大，因此，图 4-12 给出的只是一个工厂数字孪生系统的通用参考架构，不同的工厂根据其自身特点，会有不同。

相对工厂的复杂来说，车间规模可控。因此，"车间数字孪生系统"是在工程实施中比较好的应用切入口。车间数字孪生系统的架构可以参考图 4-12 来设计，只是在车间数字孪生系统中，ERP、PLM 等系统都算作外在系统，相互关系可以参考图 4-13。

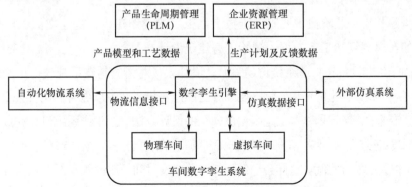

图 4-13　车间数字孪生系统与外部系统集成示意图

4.4 工厂数字孪生系统的构建

4.4.1 工厂数字孪生系统生命周期

和产品数字孪生系统类似，工厂数字孪生系统或车间数字孪生系统一般都是"由虚切入"来构建，即先构建工厂或车间的虚拟模型，经过必要的仿真验证和优化后，确定设计方案，再构建工厂实体或车间实体，然后通过数字孪生引擎实现模型和数据的融合，形成数字孪生系统。与之相反，城市数字孪生系统、供应链数字孪生系统通常是"由实切入"来构建，即一般都是已经有了城市、供应链实体，再构建其数字孪生体，形成数字孪生系统。

工厂数字孪生系统起始于虚拟工厂的构建，随着数字孪生引擎以及物理实体工厂的建造，在系统推进过程中，虚拟工厂、数字孪生引擎及物理工厂不断完善，由独立单一的个体逐渐融合成为一个虚实融合的智能系统，系统生命周期发展进程如图 4-14 所示。

工厂数字孪生系统的生命周期进程主要可分为系统的构建阶段和运维阶段，构建阶段主要指对数字孪生引擎、物理工厂、虚拟工厂三者的建设，形成虚实融合的智能系统，为系统的运维阶段各功能的实现提供基础。

本节将详细介绍系统的构建过程，主要将从初期、中期、末期三个时间阶段来对系统的构建过程进行分析，系统的详细构建过程如图 4-15 所示。

1 构建初期

构建初期，此阶段主要服务于数字化工厂的规划建设，构建虚拟工厂用于工厂的布局规划和工艺规划，开始厂房建筑设计。

由于生产设备和制造系统日趋复杂，设计人员对新的制造系统缺乏正确的了解，可能导致设计上的错误，就需要以后的设备安装调试中以更大的代价去更正。同时，传统的人工规划基本上是"粗放式"的设计方法。新生产系统设计完成后，具体的设备进厂、试生产和投产都是一个不确定的纸上方案，给建造和设备供应商提供了很大的发挥空间。这样会导致新工厂的建设时间、建设成本都不能很好地进行控制。因此，第一阶段需要进行工厂及车间布局规划和初步的生产规划仿真。

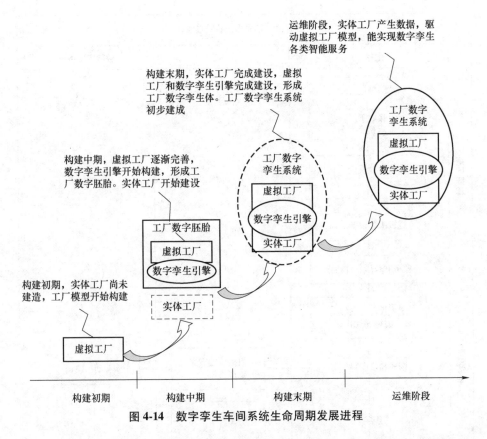

图 4-14 数字孪生车间系统生命周期发展进程

如果采用传统工厂布局方法,利用简单的计算机辅助二维平面设计,由于无法事先预估未知因素,缺少对各种设计方案的分析比较,将很难得到最优方案,而且一旦需要调整方案,其过程会非常繁琐。数字化工厂建模采用面向对象技术建立制造环境中的基本资源类型库,并针对其中对象建立相应的模型库,然后通过可视化的建模方式,在虚拟场景中组建出车间仿真模型,包括生产环境、机床、运输设备、仓库以及缓冲区等生产工位的合理位置的三维可视化仿真模型,规划人员和操作者通过漫游,对空间布局进行调整,对生产的动态过程进行模拟,统计相应的评价参数,确定布局优化方案。

构建前期也对制造企业工艺系统和物流系统进行规划分析、辅助设计和评价。在工厂规划初期,把拟建设的工厂与产品生产相关的原料资源供应数据、产品工艺数据、库存信息、物流设计数据等有机地结合起来,全面地在计算机上模拟出制造系统的生产过程和变化状态,运用系统分析方法对生产及物流系

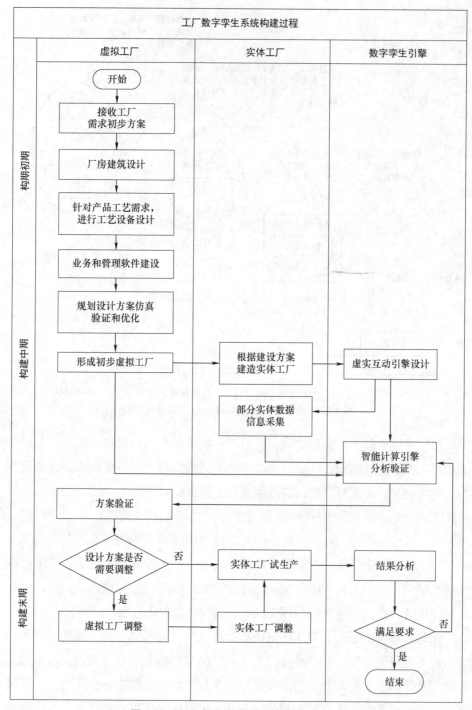

图 4-15　工厂数字孪生系统构建过程分析

统进行模拟仿真数据分析，并可以对规划设计的结果进行系统的调整和系统能力的评价，从而可以使工厂设计和运行更为可靠、有效，优化设计方案，缩短开发周期。

在布局规划和工艺规划工作之外，还需要根据工厂管理需求确定业务和管理软件平台，如 ERP、PLM、MES 等软件建设。如果企业原先拥有统一的软件平台，则需要针对新工厂进行软件部署等的设计工作，明确信息系统规划设计方案。

此阶段主要交付完整的虚拟工厂模型和设计方案，能够在虚拟空间查看数字化工厂完整布局信息和生产过程信息，比如生产线详细信息、设备具体信息等。

2 构建中期

此阶段系统主要开始实体工厂和数字孪生引擎的构建。实体工厂的构建主要包括两部分：一是根据初期得到的虚拟工厂设计方案进行厂房建设，开始工厂内设备安装、生产线调试和物流系统的搭建；二是搭建信息基础设施，包括设备互联网络、传感器网络等，以此为基础实现生产资源的智能感知。根据实体工厂建设进度，开始进行数字孪生引擎的建设，包括①数据接口设计，实现实际工厂数据采集，与虚拟工厂的模型接口；②部署数据存储层，根据实际需求搭建各类数据存储系统；③搭建大数据计算分析环境，由于数字孪生车间系统涉及大量数据分析计算，所以需要搭建相应的大数据计算环境；④算法模型的分析构建，结合实际需求，搭建各类算法模型，比如设备故障预测模型。这部分的主要工作是完成实际工厂建造以及数字孪生引擎的建设。

这个阶段完成了虚拟工厂和数字孪生引擎的建设，因为缺少实体工厂数据的驱动，这两部分可以看作是"工厂数字孪生胚胎"。和传统的工厂模型不同，因为有了数字孪生引擎，并且已经针对实体工厂的部分设施进行了数据接口等的设计，所以已经具有数字孪生的基本特征。

3 构建末期

构建末期，虚拟工厂、实体工厂及数字孪生引擎基本完善，此阶段主要是验证实际工厂建造结果是否满足规划设计方案，并且进行实际设备的调试和试生产工作。通过数字孪生引擎连接实体工厂和虚拟工厂，进行各类虚拟实验验证和优化工作。与传统的虚拟工厂仿真实验相比，数字孪生引擎驱动下的虚拟仿真主要有以下特点：①虚实结合，实体工厂和虚拟模型协调统一，存在交互反馈；②基于大数据分析，使得仿真更加智能，基于仿真结果形成改进决策方案；③数字孪生引擎知识的自主迭代，会根据多项仿真过程自主完善算法，实现自适应优化。

"工厂数字胚胎"从实体工厂的试运行中获得高实时性的数据，能够仿真并实时地监控物理世界实体工厂运行的可能状态。在产品生产制造阶段，通过传感器采集产品实时变化数据和生产实时数据，经生产系统的网络传输到数字孪生引擎中进行数据处理、数据存储和数据分析，实现实体工厂的生产过程和数字孪生体的实时映射，并将生产数据运算分析结果及时反馈到生产现场，主动引导物理工厂的生产活动向优化目标方向发展变化。

此阶段过后，虚拟工厂、数字孪生引擎、实体工厂均已完善，数字孪生系统初步形成，已能够投入实际运行。

4.4.2 工厂数字孪生系统实施的重点技术

相对于一般信息系统的构建，建设工厂数字孪生系统需要对 MBD/BIM 模型管理技术、轻量化技术、数据采集技术等相关技术重点关注，提前针对工厂实际应用需求特点进行技术选择，确定解决方案，这样才能保证数字孪生系统的顺利实施，按期完工。

1 三维建模及三维标注技术

产品的设计和仿真以 MBD 为基础，工厂建筑和基础设施的建模以 BIM 为核心，这两个技术都涉及三维建模和标注技术。三维标注技术是指将产品几何制造信息（如尺寸、公差等）、非几何制造信息（如制造技术要求等）和管理信息标注在三维产品模型上，通过该方法可以使得三维模型成为全生命周期下唯一数据来源。由于三维标注技术的实现是用于解决传统 CAD 技术进行模型表达过程中产生的图纸及产品技术说明书等多源数据的问题，因此在进行三维标注过程中对于信息数据标注的布局、管理以及可视化等内容实现就十分必要。市面上西门子 NX 软件、达索 CATIA 软件和 PTC 公司 Pro/E 软件均为三维标注技术提供了实现工具。

2　基于 MBD 模型管理及数据提取技术

基于 MBD 的模型管理技术是指在整个工厂数字孪生体全生命周期过程中基于 PLM 系统实现对 MBD 模型管理，以此来保证 MBD 模型作为单一数据源在整个工厂全生命周期过程传递。而 MBD 模型数据自动提取技术是指在工厂数字孪生体全生命周期阶段调用 MBD 模型时，自动提取 MBD 模型中所包含的产品基本属性和产品管理属性等相关数据。基于数据自动提取技术可以实现全生命周期下数据快速获取，然后基于自动获取的数据来进一步实现如重构 BOM和基于数据进行制造过程设计等。

3　BIM 模型管理及数据访问技术

和产品不同，由于建筑是典型的单件设计、单件制造的特殊商品，因此其设计文档、施工文档作为产品资料，在完成建造后交给用户，后期由用户维护。因此，针对建筑信息（如 BIM），一般企业不会建立一个类似产品 PLM 的全生命周期管理平台来进行有效管理。目前，针对建筑、基础设施的信息管理，可以基于数字化交付平台来实现竣工状态的所有工程文档的管理和存储。但是后期的维护需要用户（即工厂拥有方）来进行，可以通过构建类似 PLM 的模型和数据管理平台进行统一管理。基于数字化交付平台的模型管理、模型访问、数据提取技术也是需要突破的技术。

4　模型轻量化技术

模型轻量化技术是为了解决模型在表达过程中由于模型结构以及数据量过大而影响并减缓模型信息获取速度的问题。MBD、BIM 中的模型虽然通过集成化三维模型能够实现对产品、建筑内容的完整表达，但是由于模型中包含着特征信息、制造/建造信息、管理信息等，其数据结构复杂且数据量庞大，同时由于 MBD 模型构建是全流程下设计人员共同作用的结果，模型数据难以避免产生冗余信息。因此，国内外学者对于模型轻量化进行了相应研究，主要从模型特征识别和信息提取，然后基于提取信息进行信息过滤和数据压缩。

模型轻量化是数字孪生应用实施不可缺少的部分。MBD、BIM 的模型是设计模型，而数字孪生应用中很多情况下需要的是展示模型，大量细节可以被忽略掉，从而减少模型的体积，以适应各类终端（包括移动终端）的展示应用。

5 数据采集、数据集成、数据处理和数据存储技术

在进行数据库构建过程中，数据采集、处理和存储是实现数据库的基础，而由于构成数字孪生工厂数据库中的数据来源、数据格式及种类繁杂，对于多种数据进行分布式管理和冗余存储管理能够有效地集成整个工厂信息，并且，当多模块间进行信息交互时能够通过工厂数据库实现数据共享，为后续基于数据的工厂分析提供了数据基础。由于数字孪生工厂对于数据的实时性有很高的要求，因此数据分布架构、存储和检索方法以及数据安全性是实现数字孪生工厂数据库、模型库所需要解决的问题，现有基于安全私有云方式的数据管理体系是目前可行的解决方案之一。

6 实体智能工厂实现技术

智能工厂实现主要包括智能设备及配套软件、智能设备感知技术、数据传输技术三个方面。智能设备是工厂制造过程的载体，通过配套软件来实现智能设备的控制。智能设备感知技术是指通过传感器技术来实现对物理工厂生产过程中运行参数实时感知，并将实时数据传输至工厂控制单元来实现对物理工厂的实时监控。数据传输技术指通过现场总线技术、工业以太网技术以及无线数据传输技术等实现将数字孪生工厂运行过程中的数据传输至工厂数据库以及工厂控制单元。

7 工业互联网技术

工业互联网融合了机器学习、大数据、物联网、通信技术和网络技术等方面，工业现场使用传感器、控制器和数据传输技术进行信息数据的快速传递，利用边缘计算等先进数据处理方法对数据进行整合，并将其融入工业生产现场。通过网络技术，实现工业生产现场与企业信息系统间信息数据相互融合，从而实现智能生产系统。实现数字孪生工厂技术要求之一是实现实时数据融合问题。工业互联网技术是通过 IT（信息技术）和 OT（Operation Technology，操作技术，一般指设备控制）网络的互联来实现万物互联，通过边缘计算能够有效地满足工厂生产的实时性和可靠性。物理工厂通过传感层将数据通过网络层传递到应用层进行数据处理，最后传递到虚拟工厂。同样在虚拟工厂中的仿真

结果也可以反方向作用到物理工厂，通过网络层中数据快速传递能力，最后实现了物理工厂和虚拟工厂的实时同步。

4.4.3 工厂数字孪生系统的实现方法

根据第 2 章给出的数字孪生系统一般架构（见图 2-15），数字孪生系统包括物理实体、虚拟实体、数字孪生引擎和数字孪生服务。因此，工厂数字孪生系统的实施也包括：实体工厂的实现、虚拟工厂的建设、数字孪生引擎的构建和孪生服务的实现，以及相应的应用系统开发。

实体工厂的建设，就是支持数字化采集和运营监控的智能工厂的建设。不同行业和规模的工厂有不同的建设方法，本书不再涉及。而要实现工厂数字孪生系统，重点在于虚拟工厂和数字孪生引擎的建设。这个方面有两种技术路线。一种是利用通用的软件平台进行开发和建设，例如，采用 Unity、WebGL这类通用的三维开发引擎进行数字孪生体的开发。这种方法灵活性大，初期投入少并且能很快建立起友好的人机交互界面。另外一种就是基于成熟的软件平台进行二次开发，实现数字孪生体，例如，基于达索和西门子软件平台的二次开发。这是因为达索的三维体验平台和西门子的 Tecnomatix 平台都是著名的数字化工厂平台，基于这两个平台，构建虚拟工厂模型并进行仿真，再结合二次开发实现数字孪生引擎的部分功能，可以方便地实现数字孪生体。

1 Unity 平台

（1）Unity 简介

Unity 是 Unity 技术公司提供的一个支持多平台的综合三维开发引擎，它使开发人员能够创建交互式 3D 界面、建筑可视化、实时三维动画和游戏。开发人员不需要繁琐的二次移植就能发布开发结果到多个平台，如 Windows、iOS和 Android。Unity Web 播放器可以用于发布 Web 游戏，同样支持 Windows 和Mac Web 浏览。

Unity 是一款专业的游戏引擎，其具有强大的脚本编辑功能以及环境模型渲染功能。将 Unity 应用于工业领域，其强大的可视化与交互功能足以满足工业要求，可以改变传统工业领域中的许多缺点，比如增强车间仿真的可视化，通过虚拟实验来培训员工等，Unity 在工业中的应用是一个值得关注的热点。

（2）Unity 对于虚拟工厂实现的支持

虚拟工厂的功能模块包括车间仿真模块、可视化模块以及人机交互模块。Unity 对这些功能模块都有很好的支持。

1）工厂仿真模块：Unity 中通过脚本绑定来控制场景中模型对象的动作，并且模型对象关键部分与脚本中固定参数绑定，这种方式下，只要模型的建模精确，脚本构建的设备动作模型准确，实体设备数据采集精确，那么便能够在虚拟工厂中精准刻画物理工厂现状。工厂、车间可以通过脚本构建自己的仿真逻辑，也可以集成外部仿真软件。而 Unity 基于 C#进行脚本编程，所以可以实现绝大多数高级软件编程技术，比如数据库技术、TCP 技术等，可以通过此类方式来实现与外部仿真软件的通信与集成。

2）数据可视化模块：虚拟工厂需要以各种可视化信息面板的形式来展示数字化工厂中各种关键信息以及构建方便的人机交互界面，而 Unity 具有强大的 UI 构建能力。Unity 的界面系统主要有 GUI、NGUI 与 UGUI。可以根据不同的应用需求使用不同的界面系统。其中 GUI 是老版 UI 系统，存在操作不便等问题；NGUI 存在兼容性问题；而 UGUI 操作方便，代码与各类面板分离，是目前主流的 UI 系统。

3）人机交互模块：虚拟工厂的人机交互模块主要指通过操作界面交互或者通过虚拟现实、增强现实等方式来进行人机交互。而 Unity 对于 VR 和 AR 的实现都有很好的支持，可以根据需求导入特定插件，方便地进行相关 VR、AR 的开发。代表性的有 HTC Vive 头盔和 Vuforia SDK AR 插件。

（3）Unity 对于数字孪生引擎实现与部署的支持

数字孪生引擎计算交互层包括智能计算模块和交互驱动模块两大部分，智能计算模块功能主要指结合算法模型和车间数据进行数据分析，这部分功能有些需要依赖于大数据框架技术，而有些基于构建好的模型通过本地计算即可实现。交互驱动模块功能主要是实现数字化车间、虚拟车间信息交互，还包括与外部软件系统的信息交互。

数字孪生引擎的实现需要依靠高级软件编程技术，而 Unity 可以通过 C#进行编程，对于各种高级软件技术能提供很好的支持，比如可以与部分主流数据库交互，Unity 对 WebService 接口也能很好地支持，并且支持网络编程等。数字孪生引擎中的部分功能可以在 Unity 中进行构建集成。交互驱动模块可以利用 Unity 来实现，可以根据物理实体工厂和外部软件的数据接口协议来构建交互模块。直接在 Unity 中构建交互驱动模块的好处就是可以直接与 Unity 构建的虚拟工厂三维模型进行交互，这样可以减少数据通信的延迟。由于目前大部分大数据软件框架如 Hadoop 等是基于 Java 平台部署的，或者有些智能算法模块是基于 Python 实现的，这部分功能可以在 Unity 中通过 WebService 方式或 RPC框架来进行远程访问。数字孪生引擎通过消息队列技术向虚拟工厂模型主动推送消息，实现一些"报警类"的功能。

（4）基于 Unity 的数字孪生工厂系统人机交互方案设计

人机交互是数字孪生应用的典型应用场景，友好的人机交互方案对于实现人机协同，提高管理的灵活性具有重要的作用。目前从人机交互应用来说可分为客户端模式和网页端模式。客户端模式是指需要安装或下载一个客户端在PC 或移动设备上，网页端模式是基于浏览器打开应用，在使用应用的同时下载相关模型。如果需要提供逼真、友好的三维体验，采用客户端模式是比较好的。虽然其要求在使用前进行客户端的安装，但是提前在本地的展示模型可以降低使用过程对网络的数据访问量，可以留更多的网络带宽给动态数据。

基于 Unity 实现人机交互系统，包含各种界面 UI，通过操作 UI 控件来实现人机交互功能。为了增强交互性与沉浸感，可以将人机交互进行虚拟现实功能的扩展，用手柄来进行人机交互，比如通过手柄与设备交互来获取设备实时状态等。为了便捷性，也可以考虑通过移动端应用来进行人机交互，比如利用机器人的操作平板来操控机器人以及信息交互，或者利用增强现实（AR）设备来更好地进行信息的交互。

基于 Unity 实现数字孪生系统的实例，在本书第 7 章有详细描述。

2 基于西门子 Plant Simulation 的方法

严格来说，西门子公司的 Plant Simulation 软件是一个生产系统仿真平台，而不是一个专门的数字孪生开发平台。鉴于 Plant Simulation 软件能方便地构建工厂、车间的生产和物流仿真模型，并且该软件平台具备很好的扩展性，因此利用该平台构建生产系统的数字孪生应用（工厂或车间的数字双胞胎）是一个比较便捷的模式，能满足部分应用场景的需求。

Plant Simulation 是西门子公司关于生产、物流和工程的仿真软件，是面向对象图形化集成的离散事件仿真工具。Plant Simulation 能够分析和优化不同规模大小的工厂生产系统，提高工厂的资源利用率和整体生产效率。它能够仿真复杂的生产物流系统，实现对复杂生产系统的未来不确定性的控制，保证系统的稳定性。它具有用于迅速、有效地仿真典型情况的专门软件对象资源库，使得同类的典型问题得到高效地解决。Plant Simulation 仿真工具帮助企业创建生产系统的数字模型，提供分析产量、资源利用情况和瓶颈环节的图表，探索系统的特性并优化性能，从而提高产量、发现瓶颈、减少在制品数量。

Plant Simulation 软件库提供了生产管理和制造流程管理模块。利用 Plant Simulation 虚拟 3D 可视化工厂设计和布局，对产品的整个制造过程进行分析和优化，优化流程管理，科学合理设计工厂布局。Plant Simulation 还提供一些实用的工具，如统计分析工具、优化工具和实验工具。统计分析工具主要包括分布拟合、回归分析、独立性检验分析等功能，这些功能很好地帮助软件使用者对仿真结果进行统计分析，统计仿真模型中的资源利用率，分析机器设备或人员的时间利用率，对整个流程进行分析，发现瓶颈。优化工具包括瓶颈分析、遗传算法、线路优化、工人工作图等模块，通过仿真软件提供的优化工具，使用者能够方便地寻求仿真模型的优化方案。实验工具用于设计和控制仿真实验，帮助使用者研究输入不同参数对模型的影响，比较不同参数的输出结果，从中寻找解决问题的最优方案。

Plant Simulation 是因其强大的功能而广泛应用于实际生产系统、物流系统。它具有仿真建模，对仿真结果进行统计分析，多维可视化等基本功能。

1）建模。在 Plant Simulation 软件中，系统中提供的基本建模对象分为 4 类，即信息流对象、物流对象、移动对象和用户接口对象，利用基本建模对象的元素定义现实中的元素。以流水线仿真为例，物流对象可表示机床、机器等设备，移动对象表示被加工的产品。

2）仿真。Plant Simulation 软件对于已建立好的模型，可以通过调整不同实体元素的参数，利用系统的离散事件仿真引擎，按照预定时间进行仿真。

3）统计分析。利用 Plant Simulation 软件的统计分析、图形和图表显示缓冲区、机器和人员的时间利用，也可以支持性能参数的动态分析，如生产线工作量、维修时间以及关键的性能因素。瓶颈分析仪可以显示出资源利用情况，分析整个生产流程中的瓶颈和未充分利用的机器设备，此为重点改善的地方。

4）可视化。Plant Simulation 能实现高效的 2D 视图，也可提供 3D 的可视化仿真环境，更加方便直观。

基于 Plant Simulation 平台，构建数字孪生的方法包括：

1）利用 Plant Simulation 平台构建工厂、车间的生产过程或物流仿真模型，结合其实时数据接口（如 OPC 接口、Socket 接口、ODBC 接口等），获取实际工厂的实时数据，实现基于实时数据的仿真分析，达到数字孪生监控与分析的功能。

2）利用 Plant Simulation 平台构建的仿真模型，结合实验工具，可以进行管理、调度等问题的多参数、多方案仿真实验，通过指标分析选择最佳方案，再投放到实际生产过程。

在本书第 7 章给出的一个数字孪生系统案例中，利用 Plant Simulation 构建智能制造单元的运行模型，其仿真数据用来驱动 Unity 构建的虚拟单元模型，进行制造单元的生产过程三维仿真展示。相比单独使用 Unity 构建的生产系统动作模型，采用 Plant Simulation 平台可以更加方便地利用生产过程机理模型实现各仿真对象的动作逻辑，并且能协调好各仿真对象的动作，这样在 Unity 平台可以不用再考虑实现仿真对象的动作逻辑，只要接收 Plant Simulation 模型发送来的动作指令即可，整个仿真过程能很好地符合生产实际情况。

第5章

基于数字孪生的智能建造与智慧城市

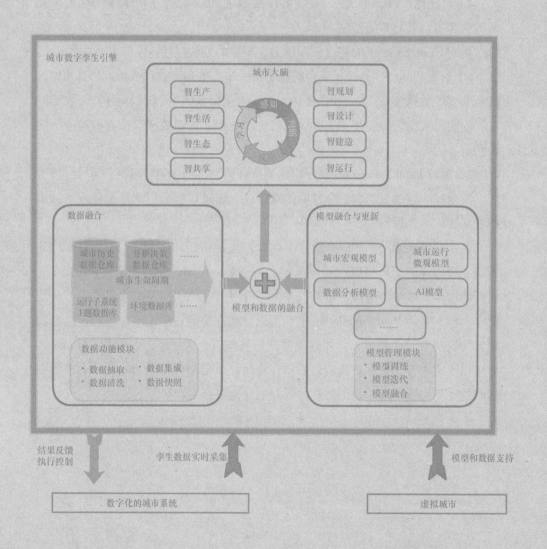

工厂数字孪生系统中，对于工厂厂房、基础设施等的建模是基于 BIM（Building Information Model，建筑信息模型）技术的。厂房建筑可以看作是一种特殊的"产品"，与工业产品不同，建筑是单件设计、单件施工并且一般是在现场建造的，因此，建筑规划、建筑设计、建筑施工与一般的工业产品设计、制造不同，有其自己的特点。"智能建造"就是以智能化的建造施工为背景，研究信息技术、智能技术在建筑设计、施工、维护等全生命周期应用的技术总称。伴随着智能制造领域对工厂数字孪生系统的深入应用，数字化交付、工厂 BIM、智能建造等概念逐渐为广大工厂业主接受，并且也逐渐推广到商业、民用建筑领域。数字孪生可以为智能建造带来新的解决方法，提高信息化、智能化的水平。

从产品到工厂，由于对象复杂程度不同，涉及的要素不同，其数字孪生系统的组成、实施方案、实施难度也不同。相比工厂数字孪生系统和建筑数字孪生系统，更加复杂的是城市数字孪生系统。城市运行系统是一个典型的复杂巨系统，其数字孪生系统的构建，不同于产品数字孪生系统和工厂数字孪生系统，需要更加注重数据和模型基础库的建设，通过不断丰富数字孪生服务功能，满足多领域、多业务场景的应用需求。在实现路线上，更多的是采用"从实切入"的方法，基于现有的系统，通过不断增强的场景感知能力来获取实时数据，结合业务模型开发智能化的应用。

5.1 基于数字孪生的智能建造

5.1.1 BIM 与智能建造

建筑对象和工业产品对象不同，表现在两个主要方面：其一，建筑是典型

173

的单件设计、单件施工的"产品",每个建筑物都不同。即使类似的两栋建筑,由于其地理位置不同,环境不同,其地下基础结构方案、施工方案可能也是各不相同的;其二,建筑的生命周期从规划设计、勘探、施工建造、使用、管理、维护直到报废,时间跨度会有几十年甚至上百年,期间会涉及不同的设计、施工、使用、运维单位,如何保证信息的畅通和共享是一个难题。而传统的建筑设计和施工是割裂的信息结构,各参与方通过纸质图纸进行交流,各个阶段通过不同单位在图纸上盖章、签字来表示阶段工作认可,竣工后交付的文档也是纸质文档,给信息的查询和保存带来很大的不便。留在档案室的图纸是静态的,跟不上实际的变化,等到建筑需要维护时,才发现图纸上记录的信息早已过时。

20 世纪末通过"甩图板"工程引入的计算机辅助设计(CAD)应用并没有从根本上解决问题,各类软件只是涉及工程项目生命周期的某个阶段或某个专业,缺少统一、规范的信息标准,而建筑是一个专业分工很细的行业,这就导致各类软件之间的应用难以集成。计算机只是代替了图板画图的功能,并没有解决信息共享或模型共享问题。BIM 技术正是在这个背景下出现并推广的。

1 BIM 的出现和发展

BIM 的思想由来已久。20 世纪 60 年代,CAD 技术开始出现。到了 20 世纪 70 年代,被称为"BIM 之父"的 Chuck Eastman 教授就提出未来将会出现可以对建筑物进行智能模拟的计算机系统,并将这种系统命名为"Building Description System"(建筑描述系统)。20 世纪 90 年代出现 Building Information Modelling 概念,但当时受计算机硬件与软件水平的影响,对 BIM 的研究还只是停留在学术研究的范畴,并没有在行业内得到推广和应用。直到进入 21 世纪,得益于信息技术的突破,PC 工作站的图形处理能力大幅提升,很多业内专家和公司开始关注并研究 BIM。美国 Autodesk 公司于 2002 年首次提出 BIM 解决方案,推出了相应的 Revit 和 Civil 3D 软件,美国 Bentley 公司基于全信息建筑模型(Single Building Model,SBM),推出了 MicroStation Architecture,这些软件的推出,为 BIM 概念的推广和应用打下了基础。为了进一步推动 BIM 的研究及应用,美国于 2007 年发布了美国国家 BIM 标准(National Building Information

174

Modeling Standard，NBIMS），作为 BIM 相关研究及开发的参考。

2006 年左右，BIM 在各国开始得到应用，美国于 2006 年最早制定出 BIM 技术的发展规划，并明确了 BIM 技术将应用于未来所有军事建筑项目。2009 年，日本开始将 BIM 技术大量应用在建筑行业中。2012 年，日本建筑学会发布了 BIM 技术指南，指导日本设计院和施工企业如何广泛地应用 BIM 技术。2010 年，韩国公共采购服务中心（Public Procurement Service，PPS）发布了韩国 BIM 路线图，并指出在 2015 年年底，BIM 技术在公共建筑业将被广泛应用。BIM 技术已被广泛应用在韩国主流建筑业，如现代建设、三星建设、空间综合建筑事务所等。新加坡在 2011 年发布了新加坡 BIM 路线规划，促进了建筑业在接下来的几年广泛使用 BIM 技术。俄罗斯政府在 2017 年对于国内的建筑合同要求增加应用 BIM 技术的条款要求，并在 2019 年要求政府工程中的参建方均要采用 BIM 技术。

在中国，2003 年发布的《2003—2008 年全国建筑业信息化发展规划纲要》标志着 BIM 技术在我国建设行业的应用拉开了帷幕。在 2011 年住房和城乡建设部发布《2011—2015 年建筑业信息化发展纲要》中首次将 BIM 技术纳入建筑信息化的标准中，接着 2013 年和 2016 年相继推出《关于推进建筑信息模型应用的指导意见》《2016—2020 年建筑业信息化发展纲要》，再次明确 BIM 技术的重要性，BIM 成为"十三五"建筑业重点推广的五大信息技术之首。2020 年发布的《住房和城乡建设部工程质量安全监管司 2020 年工作要点》提出"推动 BIM 技术在工程建设全过程的集成应用"。2020 年 8 月，住房和城乡建设部、国家发展改革委、工业和信息化部等 13 个部门联合印发《关于推动智能建造与建筑工业化协同发展的指导意见》，指导意见提出，加快建筑工业化升级，加快推动新一代信息技术与建筑工业化技术协同发展，在建造全过程加大建筑信息模型（BIM）、互联网、物联网、大数据、云计算、移动通信、人工智能、区块链等新技术的集成与创新应用。

2 BIM 的概念和要素

不同的研究者和组织对 BIM 的定义不同，Autodesk 公司认为，BIM 是一种用于设计、施工、管理的方法，运用这种方法可以及时并持久地获得质量高、可靠性好、集成度高、协作充分的项目信息；Bentley 公司将 BIM 定义为：BIM 是一个在联合数据管理系统下应用于设施全寿命周期的模型，它包含的信息可以是图形信息，也可以是非图形信息；Graphisoft 公司认为，BIM 是建设过程中的知识库，它所包含的信息包括图形信息、非图形信息、标准、进度及其他信息；美国 NBIMS（NIBS 2008）对 BIM 的定义为：BIM 是对设施的物理特征和功能特性的数字化表示，它可以作为信息的共享源从项目的初期阶段为项目提供全寿命周期的信息服务，这种信息的共享可以为项目决策提供可靠的保证；国际标准化组织设施信息委员会对 BIM 的定义为：BIM 是在开放的行业标准下对设施的物理和功能特性及其相关的项目生命周期的可计算或可运算的形式表现，从而为决策提供支持，以便更好地实施项目的价值[59]。

BIM 的英文全称可以有两种写法，一种是 Building Information Model，而另外一种是 Building Information Modelling。这两种写法代表了不同的理解，Building Information Model 表示 BIM 是一种模型的表示方法，体现在统一数据、统一表示方面，而 Building Information Modelling 表示的是建模和管理的过程，体现在统一流程、对全过程的管理方面。因此，BIM 的要素也可以从这两个方面去理解：

1）完整的模型信息。BIM 是基于数字化、多维度的 CAD 技术，是 CAD 技术之上的基于参数化特征建模技术。BIM 除了对工程对象的 3D 几何信息和拓扑结构的描述，还需要对整个工程信息进行完整描述，如工程对象名称、建筑的结构和材料、工程对象功能等设计信息，建筑施工工序、投入成本、人力以及所使用的材料资源、施工进度等施工信息，建筑的安全性、使用年限等运营维护信息，工程对象之间的工程逻辑关系等。这个也是 BIM nD 模型的概念，现在一般认为，4D 就是三维模型信息加上时间维度，5D 是加上成本和费用维度，而 6D 及以上，就是加上环保、安全等其他维度。

2）关联的信息。BIM 中的信息对象是相互关联的，并且具有可识别的标识。模型中的某个对象发生变化，与该模型相关的对象都会进行更新，保证了模型的完整性和鲁棒性。系统通过对模型进行信息统计和分析，生成对应的变化描述。

3）唯一的模型信息。模型信息在建筑生命周期的不同阶段是会动态变化的，但是其原有信息不会丢失，是在原来信息上的不断累加。信息也没有必要重复输入。此外，模型具有自动演化的特点，生命周期的不同阶段对模型可以进行修改和更新，而不用重新创建，信息不一致的现象大大减少。

4）全生命周期的跟踪。BIM 中的模型一旦建立，会在建筑对象的整个生命周期中不断跟踪维护，根据对象生命周期中的变化进行变化。这个特征也是保证唯一信息模型是有效模型的根本。

5）标准化的表述。为了支持跨组织的协同，BIM 对信息模型的表述应该是标准化的。针对这个要素，国际协同工作联盟（International Alliance for Interoperability，IAI）制定了建筑业国际工业标准（Industry Foundation Classes，IFC）。IFC 是一个计算机可以处理的建筑数据表示和交换标准，其目标是提供一个不依赖于任何具体系统的，适合于描述贯穿整个建筑项目生命周期内产品数据的中性机制，可以有效地支持建筑行业各应用系统之间的数据交换和建筑物全生命周期的数据管理。2002 年，IFC 正式被接收成为了国际标准（ISO 标准），它目前已成为国际建筑业事实上的工程数据交换标准。

BIM 技术发挥最大价值是在模型和协同的两个方面，通过 BIM 统一模型支撑、技术支撑和协同管理支撑来达到协同应用的高标准。在企业级应用中能成为企业运营的关键支撑，根据建设项目，实现项目级应用的信息化管理和跨专业协同、多终端系统集成、全过程覆盖的目标。

BIM 技术作为智能建造核心技术之一，在设计、施工、运维阶段发挥了重要作用。①在设计阶段，将 BIM 技术应用在虚拟施工、碰撞检查等场景，依托在建筑、结构、水电等多专业协同设计，模拟并仿真施工过程，立体化、形象化设计过程，并及时发现施工进程中的相互关系，保障建造质量以及安全等，极大提高设计质量和水平、减少设计返工、提高工作效率。②随着施工过程的推进，实时采集施工信息，通过传输分析反馈的闭环过程，依托 BIM 的流转，将施工过程可视化、信息透明化。③将 BIM 技术运用在运维领域是一个重要方向，其包括设备管理、安防管理、应急管理等内容[60]。

BIM 在建筑整个生命周期管理的过程中发挥着关键作用，不仅是一个可视化的三维模型，而且是一个建筑数据的载体。BIM 包含了建筑物的几何信息、状态信息等，BIM 的数据通过物理世界的实际情况进行更新，与建筑实体相互对应。作为数据的入口和出口，统一了数据格式，为技术应用的集成提供了基础[61]。BIM 对辅助建筑工程领域的信息进行了有效集成，促进了整个生命期的有效交互与协同。BIM 实现了各种设计图纸、图纸与文档报表之间的一致性，实现了不同专业间的设计信息共享。BIM 能有效地管理、组织和追踪建设项目生命周期不同阶段的信息，减少了信息在不同阶段传输时的歧义和无效性。BIM 减少了建筑工程项目的交付时间，提高了建筑工程的生产力和交付质量，为企业获得更高的利润。

BIM 技术在推出的初期，应用推广并不理想，这里面除技术问题外，阻碍BIM 应用的组织与管理问题更为突出。因为传统的建筑业是阶段式的多组织、多单位的专业合作，每个组织、单位在完成其工作后，以在文档上面签字盖章为标记，而这个流程并不适应 BIM 的协同模式，例如，在国内建筑设计院推广时，就因为无法在三维模型上签字，而导致不能应用 BIM 产品的情况。在这种情况下，基于三维的 BIM 应用或者数字化交付，会被认为是在二维图纸交付之外的额外工作量，给业主带来新的建造成本。

因此，BIM 的推广，除了在技术上解决软件部署问题外，更大的是需要在组织流程、项目管理上面的革新。而智能建造的提出，就是为了改造建造行业传统模式的弊端，促进技术和模式的变革。

5.1.2　智能建造与数字孪生

1　智能建造

随着我国国民经济的不断发展和基础设施的不断完善，建筑业是国民经济的支柱产业，为我国经济持续健康发展提供了有力支撑。长期以来，我国建筑业仍延续着劳动密集型的组织机制，粗放式的生产管理方式导致施工效率低下、资源浪费严重、环保问题突出、安全事故频发、工程质量难以保障等诸多问题，因此迫切需要向精益化管理模式转型升级，实现建筑业高质量发展。传统建造业已不能满足新时代的发展需求，建筑业向智能化、信息化转型是必然的发展趋势。"智能建造"这一概念逐渐产生并进入关注焦点。

建筑业的智能化是在工业化和信息化深度融合的背景下发生的，智能建造的概念是从建筑业的集成化建设理论开始发展的。20 世纪 90 年代，有学者开始将制造业中"计算机集成制造系统"（Computer Integrated Manufacture System，CIMS）的理念引入建筑业，提出了计算机集成建设（Computer Integrated Construction，CIC）的思想。进入 21 世纪，随着 BIM 理念的推广和 BIM 技术的日益成熟，以 BIM 为技术支撑，对建筑业实施系统变革的集成化建设理论逐渐成为工程建设领域的研究热点。其中比较著名的有斯坦福大学的设施集成化工程中心（CIFE）的虚拟设计与施工（Virtual Design and Construction，VDC）理念，以及英国 Salford 大学提出的 nD（n Dimension）理论。VDC 理论是集成化建设思想和 IT 技术在工程建设领域的创造性应用，其框架内容可以用"产品—过程—组织"模型来概括，其中的产品模型是靠 BIM 来实现，过程模型是通过 4D 信息系统来实现，组织模型是通过组织仿真系统来实现。nD 模型集成了计划、可持续、易维护、声学和节能等方面的信息。

传统的建筑设计和施工，采用类似 WBS（Work Breakdown Structure，工作分解结构）管理的办法进行工作的分工协同，有点类似于 MRP 中的生产计划分解和"推式"生产模式，其应对整个建造过程的扰动能力差，往往会造成任务的延期和任务之间的脱节。类比制造业的精益生产（Lean Production）概念，1993 年，丹麦学者 Lauris Koskela 将精益生产原则引入到建筑行业，首次提出了"精益建造（Lean Construction）"的概念，借鉴精益生产的思想，结合建筑工程的特点对施工过程进行改造，从而形成功能完整的"精益建造"系统。精益建造强调有效组织施工过程以提高生产效率并减少资源浪费的重要性，其核心思想是以整体优化的观点合理配置现有施工资源，并尽量消除不确定因素对施工过程的影响。通过实时采集施工现场的信息，用于管理者分析、判断并做出优化决策，再将控制信息反馈至现场执行。因此，精益建造模式的实现离不开实时信息通信技术作为支撑，需要一个系统性的支持环境。

智能建造是在信息化、工业化高度融合的基础上，将新一代信息技术、智能技术与先进设计施工技术贯彻于工程建造的决策、设计、生产、施工、运维整个环节，使得建造方式具有自感知、自学习、自决策、自适应等特点。智能建造促进了各个建造活动生产关系的变革，实现了整个产业链的信息集成、业务协同，提升整个建造过程的能效，实现安全绿色、精益优效的建造。

智能建造的核心要素包括：

1）统一的模型。智能建造注重全流程的集成，需要依靠 BIM 来统一对建造对象、建造过程描述，在建造过程不断丰富模型的内涵，为建筑、工程设施的全生命周期管理提供唯一的模型和数据依据。

2）统一的过程。智能建造改进建筑施工的管理模式，基于信息技术来对建造过程进行统一管理。各个环节及时反馈，基于协同平台进行工作交互，推行建造过程的"并行工程""精益建造"。

3）实时感知。基于 CPS 概念，实时感知每个环节的建造数据，为科学决策提供依据。

4）智能决策支持。利用大数据、人工智能等方法，基于统一模型和实时感知数据，对建造过程进行分析和预测，及时发现质量问题，提前发现风险，解决问题。

在讨论建造模式变革时，装配式建筑是一个建筑工业化的发展方向，逐渐在厂房、公用建筑（如医院、酒店）等领域得到重视和应用。装配式建筑是将建筑主体的墙、屋顶、窗、地板等在工厂预先浇筑，形成模块单元，再到施工现场拼装的一种建造模式，它将传统的"设计—现场施工"模式变成"设计—工厂预制—运输—现场装配"模式。装配式建筑的预制单元可以只是混凝土浇筑的毛坯件，也可以是带装修内饰和内部设施的预制房间单元，具有较大的灵活性。

装配式建筑把工业生产所具有的标准化、产品质量一致性、生产周期稳定、工业化低成本等优势带入建造行业，具有建造速度快、节省劳动力、质量较高、节约资源等优点。装配式建筑的推广应用，可以促进建筑施工的标准化和生产方式的转变，和 BIM 等技术一起，可以加快智能建造模式的应用推广。

我国虽然是个"建造大国"，但建筑业生产方式仍然比较粗放，与高质量发展要求相比还有很大差距。为推进建筑工业化、数字化、智能化升级，加快建造方式转变，推动建筑业高质量发展，住房和城乡建设部、国家发展改革委、工业和信息化部等 13 个部门联合印发了《关于推动智能建造与建筑工业化协同发展的指导意见》，指导意见提出，加强技术创新，加强技术攻关，推动智能建造和建筑工业化基础共性技术和关键核心技术研发，到 2025 年，我国智能建造与建筑工业化协同发展的政策体系和产业体系基本建立，建筑工业化、数字化、智能化水平显著提高，建筑产业互联网平台初步建立，产业基础、技术装备、科技创新能力以及建筑安全质量水平全面提升，劳动生产率明显提高，能源资源消耗及污染排放大幅下降，环境保护效应显著。推动形成一批智能建造龙头企业，引领并带动广大中小企业向智能建造转型升级，打造"中国建造"升级版；到 2035 年，我国智能建造与建筑工业化协同发展取得显著进展，企业创新能力大幅提升，产业整体优势明显增强，"中国建造"核心竞争力世界领先，建筑工业化全面实现，迈入智能建造世界强国行列。"智能建造"也作为新一代数字化技术写入了《中华人民共和国国民经济和社会发展第十四个五年规划和 2035 年远景目标纲要》。

智能建造在一定程度上提高了建筑工程的数字化与信息化水平，采用数字孪生技术，则引入了"数字化镜像"，使得在虚拟世界中再现智能建造过程成为可能。因此，结合数字孪生系统的实施，可以推动智能建造模式的真正落地。

2 数字孪生在智能建造中的应用

在智能建造中，除了施工阶段实现智能化，还应在建筑物的设计、运维阶段提高精细化水平，实现对整个建造过程进行实时优化控制。在建筑物的全生命周期管理中，数据是传递建造信息的重要载体，在智能建造中应用数字孪生技术，实现虚实融合与交互反馈，充分发挥数据与信息在虚实世界中传递与集成的作用。

数字孪生在智能建造中的应用，核心是建筑物的数字孪生系统，类比产品数字孪生系统，应该是其全生命周期的模型和数据的融合统一。但是和工业产品数字孪生系统不同，智能建造中的数字孪生有其自身特点：

1）建筑设施的建造过程是多方参与的现场工作，一般采用项目制管理，这就比工业生产的标准化过程需要更多的管控措施。因此，建设设施的数字孪生系统，在其建造阶段就需要投入应用，并且发挥建造过程模型和数据管理的智能化应用。

2）建筑设施的寿命相比普通的工业产品都长，使用周期中会进行多次改建、装修，这就导致建筑模型会比产品模型有更多的变化，更加需要数字孪生体对这个变化进行记录。"唯一模型""版本管理"在建筑数字孪生体中更加重要。每次变更都需要进行记录，并且能追溯，这样才能保证建筑的安全。

基于智能建造的需求和建筑数字孪生系统的特点，本书设计建筑数字孪生系统如图 5-1 所示。该结构面向智能建造应用需求，实现建筑全生命周期的管理。

建筑数字孪生系统的物理世界包括了对建造过程的跟踪和对建筑设施的管理两部分。在数字孪生构建的初期，只有虚拟世界中对建筑物的设计方案，可以看作是建筑的"数字胚胎"（参考产品数字孪生系统的生命周期，见图 3-7）。设计方案经过施工，形成建筑设施实体。

智能建造的应用，需要对建筑过程进行跟踪与管理。因此，数字孪生系统的初期，就用于建造过程的数字化和智能化。建筑设施完成建造投入使用后，物理世界中的建筑实体完成，数字孪生的主要工作就是实现对建筑本身的维护和使用优化。

建筑的虚拟实体包括了数字模型和信息系统。数字模型以 BIM 为核心，包括设计模型、分析模型以及对建造、使用过程的管理流程模型。而信息系统则包括了与建筑设计、建造相关的信息系统，如 CAD 系统、集成展示系统（类似 Autodesk 的 Navisworks 软件或 Bentley 的 Navigator 软件）、项目管理软件（如 Oracle 的 P6 软件）、数据采集与监控软件、数字化交付软件（如施耐德的 Aveva 软件）等。这些软件和模型，形成了信息空间的虚拟实体。

数字孪生引擎，包括对模型和数据的融合，实现智能化功能。智能化功能的目标是提升施工质量、降低建造成本和维护成本、降低维护工作难度、节能优化、提升建筑物寿命以及环境优化等方面。在这个过程，根据所采集的实时数据，会形成新的数据分析模型，同时，利用三维激光扫描等手段形成点云模型，用于建筑设施的定期校核。当点云模型和 BIM 中的设计模型不一致时，需要启动模型维护更新流程，对建筑模型进行更新，保证模型和实际的一致。

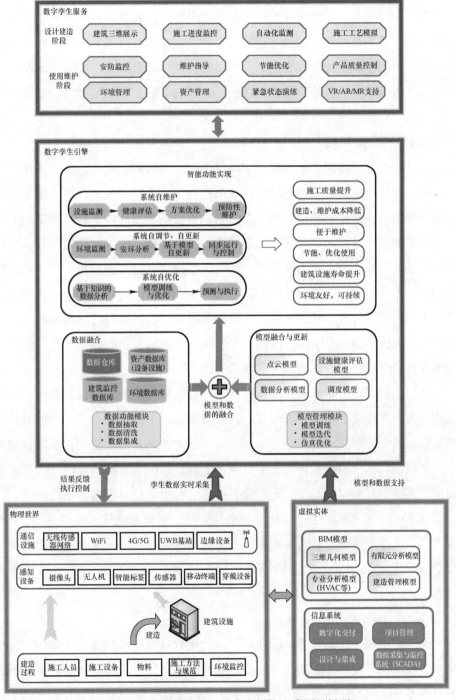

图 5-1 建筑数字孪生系统参考架构（彩图见插页）

数字孪生服务，也大致分为设计建造阶段的服务和使用维护阶段的服务。但是这些服务不是绝对分阶段才能被使用的，如建筑三维展示，可以在建筑使用阶段继续用于展示或者作为应急演练时的方案讨论用。

基于数字孪生的智能建造应用场景，在建筑的规划设计、建造、使用阶段都有体现。

（1）初期规划阶段

建筑场景分析是研究影响建筑实体定位的重要因素，是明确建筑实体的空间方位和外观、建立与周边环境景观联系的过程。在初期规划阶段，建筑所在的各项环境条件都是影响设计的重要因素，需要基于对环境现状、施工配套及项目周边的交通情况等各类影响因素来进行综合分析。传统方法对项目分析存在如定量分析缺失、主观因素偏高、规模化数据信息处理困难等问题。结合城市信息模型（CIM），通过 BIM 与 GIS（Geographic Information System，地理信息系统）的应用结合，能够基于建筑环境特征和条件，为项目建设前期制定最优的规划、物流路线、实体功能性建设布局等重要决策内容提供基于可靠数据的技术支撑，实现建筑设计和施工方案的优化。

项目顶层规划是对建设目标所处社会环境及相关因素进行逻辑分析，确定规划内容，并合理论证实现这一目标。采用数字孪生的方法，可以为项目顶层规划提供科学依据。利用 BIM 技术在空间分析方面的能力优势，可在项目顶层规划阶段中对标准和法规进行三维可视化的解读，提高方案的可读性和可理解程度。在规划方案与建设方、业主方的沟通过程中以及对于方案的选择上，通过数字孪生的三维可视化数据分析手段，协助工程师们完成关键性决策。BIM 应用的阶段性成果也能及时被调用，方便工程师们随时与需求方进行沟通交流以便进一步完善方案，实现基于数字孪生应用融合的数据信息传递和事件追溯。

（2）设计阶段

跨专业协同设计是数字化设计与快速发展的网络技术结合的一大趋势，数字孪生技术对于设计师们来说，不仅是三维可视化的设计工具，而且带来更多的对跨专业协同设计的模型和数据方面的技术支撑。利用专门的分析工具，对

HVAC（Heating Ventilation and Air Conditioning，供暖通风与空气调节）等的设计方案以可视化方法进行展示，并且在统一模型下进行集成和跨专业的验证。消除了建设方内部不同专业设计者之间、建设方和使用方之间因缺乏对传统设计图纸的理解能力而造成的交流障碍。

数字孪生系统基于 BIM 技术，大量不同专业的数据自动完成录入和分析处理，实现相应工程内容的精确计算和建筑物性能的准确评估，并分析验证建筑物是否满足设计规定和未来的可持续标准建造要求。对工程的定量化分析，是提高工程建造过程成本和时间控制能力的关键因素。

（3）建造阶段

建造工程是一个动态过程，随着规模的扩大，复杂程度也随之提高，使项目管理变得极为复杂。基于 BIM 应用实现的项目数字化的管理，可以更直观、精确地了解到整个项目实施的全生命周期。

在项目实施计划方面，设计团队可以利用 BIM 应用的施工模拟技术，来调整原有的施工计划、施工进度安排，实现项目实施的数字化管理。通过 BIM 技术来解决项目的关键节点的可建性模拟，按时序进行实施过程的分析并优化流程。面对具体项目中关键性施工环节，比如涉及新工艺的部分和平面部分，都可利用 BIM 技术进行模拟，从中分析来提高项目的操作空间。

在项目物料追踪方面，根据 BIM 中的定量计算，可以精确采购，并且对物流供应过程进行跟踪管理，类似制造业的供应链管理。通过对物料和物流的数据采集和跟踪，保障材料的按时、按质、准确地送达目的地。

基于项目共享管理平台，能让项目实施的各方人员共同就项目方案进行沟通，及时排除风险隐患，减少项目变更数量，合理缩短工期，降低因设计协调产生的成本增加，提升实施现场的生产效率。

（4）运行维护阶段

数字孪生体记录了施工过程的数据以及管理数据，包括隐蔽工程数据信息，为建筑物运行维护提供支持。将 BIM 中包含的建筑信息和物料的完整信息导入资产管理系统，而不必人工录入数据，减少系统初始化过程中数据准备方面的时间及人力成本。BIM 技术与 RFID（射频识别）技术结合，借助 RFID 在资产跟踪定位方面的优势，呈现一个有序、可靠、可追踪定位的资产管理系统，大幅提高建筑资产管理水平和生产效率。这些信息为未来建筑物可能的翻新、改造、扩建工程提供有效的基本数据信息。

利用数字孪生体，可以对建筑物的各项功能进行模拟演练。例如，灾害的应急管理方面，可以结合灾害模拟分析软件，仿真灾害发生的全过程，有效分析灾害形成的内外因素，根据建筑特征制定避免灾害的措施和发生灾害后在特定场景中的人员疏散、救援支持的应急预案；当发生实际灾害时，利用感知数据和三维模型，可以及时掌握现场实际情况，为应对措施的科学决策提供支持。

5.2　基于数字孪生的智慧城市

数字孪生，是构建物理世界的实体在虚拟空间（Cyber Space）的数字化映射。从数字技术发展来看，"万物皆可数字孪生"，这个意思就是说，可以用数字化方式来描述物理世界的一切实体及其运行方式。但是，物理实体的复杂程度各不相同，从简单的个体，到系统，大系统，再到复杂巨系统，其数字孪生的实现方法也是不同的。一个产品相对一个工厂来说，可能是简单实体，其数字孪生系统的构建没有工厂数字孪生系统那么复杂。从工厂数字孪生系统再扩展到园区数字孪生系统、城市数字孪生系统，这个系统就越来越复杂了，其数字孪生系统的实现方式也会不同。

5.2.1　城市是一个开放的复杂巨系统

对于城市的定义，从地理学、经济学、政治学、社会学等各个不同角度做出的阐述可能各不相同，"城市是人群的生态体系系统""城市是物质生产分配的空间""城市是文明人类的生活环境"。在《辞海》中，城市的解释是"具有一定的人口密度和建筑密度、第二及第三产业高度集聚、以非农业人口为主的居民点。古代城市起源于历史上的手工业和农业分离，随阶级和国家的出现而产生，其职能多以政治中心、军事城堡或商业集市为主要标志。现代城市的形成和发展以工业化为动力，是现代大工业与科技教育、商贸、交通等现代服务业集聚的区域。现代化的生活方式、价值观念和人口、建筑物高度密集的城市景观是其主要特征。现代城市通常都是各级区域的政治、经济和文化中心，亦是地区经济发展赖以依托的支撑点。"

无论大家对城市的定义如何，都会认为城市是"一个复杂系统"。按钱学森先生对系统的分类定义，城市应该是一个"开放的复杂巨系统"。开放的复杂巨系统是子系统种类很多并有层次结构，它们之间关联关系又很复杂，如果这个系统又是开放的，就称作开放的复杂巨系统。其复杂性可以概况为：①系统的子系统间可以有各种方式的通信；②子系统的种类多，各有其定性模型；③各子系统中的知识表达不同，以各种方式获取知识；④系统中子系统的结构随着系统的演变会有变化，所有系统的结构是不断改变的[62]。

城市作为区域的政治、经济、文化中心，其包括的主要对象有政府机关、社会单位（企业、研究机构等）、公共设施、居民。政府机关对城市进行监管和治理；社会单位由各类企业、事业单位，提供城市的生产力支持，促进经济发展；公共设施，包括城市功能性基础设施、社会性基础设施和生态环境基础设施。功能性基础设施如能源、给排水、交通、通信等方面的基础设施，社会性基础设施如政务服务（政府机关为居民服务的窗口）、文化教育、医疗卫生、商业服务等，生态环境基础设施如公园、绿地等；居民包括有不同背景、不同籍贯、不同国籍、不同文化的人员，其生活习惯也会不同。城市包括由这些对象组成的不同子系统，每个子系统再细分成下属系统，形成一个巨大的体系（System of Systems）。城市又是一个开放的系统，其经济活动、人员活动、气候水文等都会和其外在环境发生交互，是一定区域内能量、物质、信息的聚集和沉淀。

对于这种复杂系统，不能用对简单系统或者简单大系统的研究方法来进行研究。对于简单系统，可以用"机械还原论"处理，即任何一个整体事物可以分解为组成部分，通过研究各个组成部分便可以认识整体事物，具有确定性的规律。而对于一般大系统，可从子系统相互之间的作用出发，再直接综合成全系统的运动功能，这种方法对开放的复杂大系统来说，是无效的。针对复杂系统的研究方法，钱学森先生给出的是"定性定量相结合的综合集成方法"。而美国圣塔菲研究所 John Holand 提出的是复杂适应系统（Complex Adaptive System，CAS）理论。

定性和定量相结合的综合集成方法，"在社会系统中，由几百个或上千个变量所描述的定性定量相结合的系统工程技术，对社会经济系统的研究和应用。在这些研究和应用中，通常是科学理论、经验知识和专家判断力相结合，提出经验性假设（判断或猜想），而这些经验性假设不能用严谨的科学方式加以证明，往往是定性的认识，但可用经验性数据和资料以及几十、几百、上千个参数的模型对其确实性进行检测，而这些模型也必须建立在经验和对系统的实际理解上，经过定量计算，通过反复对比，最后形成结论，而这样的结论就是我们在现阶段认识客观事物所能达到的最佳结论，是从定性上升到定量的认识。综上所述，定性定量相结合的综合集成方法，就其实质而言，是将专家群体（各种有关的专家）、数据和各种信息与计算机技术有机结合起来，把各种学科的科学理论和人的经验知识结合起来。这三者本身也构成了一个系统。这个方法的成功应用，就在于发挥这个系统的整体优势和综合优势"[62]。可以看到，定性和定量相结合的综合集成方法，是将基于知识的模型（显性的或隐性的）和数据相结合的方法，是多学科融合的方法。数字孪生方法可以看作是在新兴技术支持下的一种定性和定量相结合的综合集成方法的具体实现。

CAS 理论认为复杂适应系统的组成元素不是机器元件，其本身是有智能的，称为适应性主体，并能够聚集成更大的适应性主体，层层涌现，最终形成复杂适应系统。Holand 将复杂适应系统的基本分析框架归纳为"主体（Agent）"和围绕"主体"的七个基本特性，分别是聚集、非线性、流、多样性、标志、内部模型以及积木，其中前四个是复杂适应系统的通用特性，它们将在适应和进化中发挥作用；后三个则是个体与环境进行交流时的机制和有关概念。

城市作为一个复杂适应系统，其核心概念是城市主体（City Agent），城市主体是城市的基本构成单元，是具有自适应性的城市活动参与者，城市主体包括个体的人、由人组成的组织机构，还包括与人类活动密切相关、承载人类活动的物质载体（建筑物、交通网络、地下管廊等传统基础设施，大数据等新型基础设施）等。可以按主体的特征构建主体聚集、非线性发展、要素流、目标多样性、特点标志、内部模型和系统积木的七个重要内涵和概念关系。在城市复杂适应系统理论框架下，以大数据与新一代数字技术和算法模型为支撑，可以构建出能够真实映射城市复杂系统的数字城市，用于分析城市及城市群的复杂运行模式，提供解决城市问题的有效方法和方案。

5.2.2　城市模型和城市信息模型

现代城市及其管理是一类开放的复杂巨系统，具有多主体、多层次、多结构、多形态、非线性的城市生命体特征。城市各子系统间形成了空间结构、经济结构、社会结构，针对其不同的结构特征，构建城市模型，是城市研究、城市规划和城市管理的重要手段。城市模型有不同的分类（见表 5-1），从研究内容来说，城市模型包括城市土地利用模型、城市交通规划模拟模型、城市规划模型、城市人口增长和迁移模型、城市景观模拟模型等；从城市模型研究的空间尺度来说，包括城市宏观模型、城市微观模型；从城市模型采用的数学方法来说，有城市统计模型、城市系统动力学模型、城市分形几何模型、城市混沌模型和城市自组织模型等。不同的模型反映了城市系统的某个方面，是分析城市某个方面运作规律的机理模型。而作为一个复杂巨系统，城市模型是各类模型的综合，是一组"模型集"。

表 5-1　城市模型的分类

分　类　标　准	类　　型
城市模型的研究内容	城市土地利用模型、城市交通规划模拟模型、城市规划模型、城市人口增长和迁移模型、城市景观模拟模型、城市环境模拟模型、城市体系规模分布模型和城市就业及居住模型
城市模型研究的空间尺度	城市宏观模型、城市微观模型
模型是否具有时间维	静态城市模型、动态城市模型
模型系统的综合程度	城市子系统模型、城市综合模型
城市模型的建模方式	自上而下的城市建模方式、自下而上的城市建模方式

（续）

分 类 标 准	类 型
城市模型系统的复杂程度	城市线性系统模型、复杂的城市非线性系统模型
城市模型采用的数学方法	城市统计模型、城市系统动力学模型、城市分形几何模型、城市混沌模型和城市自组织模型

在城市的三维表述和信息结构方面，城市信息模型（City Information Model，CIM）是一个重要概念。CIM 通过数据驱动城市治理的新方式，以实现城市规划、建设和运维的全链条协同管理。CIM 管理城市空间地理信息，感知监测公共专题数据、业务数据以及三维模型等多源异构数据。从城市建模的角度，CIM 更加科学严谨地表达城市，以"信息"为主线贯穿城市空间，在信息空间逻辑集成物理分散的各城市组成要素，以实现城市的优化管理和治理。

行业内认为 CIM 是由 BIM、GIS 和 IoT（Internet of Things，物联网）组成。CIM 是一种描述城市的物理和功能的数字化描述方式，基于 CIM 平台进行城市的信息化管理，以实现信息集的多方共享和协同维护，为城市规划、管理提供相关决策信息。

CIM 是一个城市的空间信息模型。CIM 是高精度表达了城市空间的全要素模型，并且汇聚和融合了城市级别海量的多源数据与各类模型。从技术角度来看，CIM 是在云计算基础上，有机结合了大范围的三维 GIS 数据、小场景的 BIM 数据以及微观物联网数据。从模型维度来看，CIM 要表达三个维度：空间维度、时间维度、感知维度。空间维度中应包含不同尺度的地理和物理空间信息，以及这些空间节点上的主体关系信息，如人员、企业单位等之间的关系。时间维度是指 CIM 应该包含城市生命周期内的全部信息，综合了城市的发展历史、目前的状况以及未来的发展规划。感知维度是通过对城市高频信息数据的获取，以多维、实时的特性对传统城市空间维度和时间维度实现更加准确、广泛的感知。在城市感知维度，CIM 考虑人流、物流、信息流等的监测数据和模型，也实时监测了城市的各类运行状态。

CIM 是城市全生命周期的模型和数据管理平台。CIM 不仅是一个 BIM 和 GIS 集成形成的三维模型环境，而是应该以此为基础的一个数据、信息和知识的集成平台。利用 GIS 进行城市地理环境大范围的数据和信息集成与管理，利用 BIM 进行建筑物及其内部数据和信息的集成与管理，而物联网则是把城市运行的实时数据挂接到这个集成平台上，实现基于数据的分析、推理和决策。CIM 汇聚并融合了城市空间高精度的数据，实现城市空间海量多源异构数据的处理、分发，如融合多种模型、轻量化模型、分类分级浏览模型等。为使用户具有更加真实的视觉和地理体验，CIM 平台实现多场景模型的浏览与定位，以及室外室内、二维三维的衔接和切换。

CIM 是一个智慧城市的规划平台。建立智能规划应用模型，统一城市空间布局，通过仿真模拟和分析进行多方案比选、合规性比对、会商会审、同屏沟通、沙盘互动等，设计方案通过多个场景融合模拟和综合研判后优化规划。基于 CIM 智慧城市的规划，覆盖政务服务、城市治理、公共服务、产业经济等多个领域，既包括传统的城市建筑规划，同时也覆盖智慧城市的新型规划内容，如地下管网、基于网格或一网统管的城管设施等规划。

CIM 基于互联网技术形成数据库，实现城市信息的共享和传递。CIM 汇聚了基础地理信息、城市建筑物信息和城市设施三维模型等城市基础数据，并且通过城市物联感知体系，也包含了统一时空的房、人、物、事等多维实时数据库。利用云计算、数据融合、信息网络等技术处理、组织和融合信息，统筹资源，以实现城市高效、便捷运行。利用新一代信息技术，CIM 将城市基础设施串联起来，通过城市数据的监测、分析和优化，以实现建筑、土地等信息的整合，进一步实现城市协同化和智慧化的运行。基于大数据创建 CIM 平台，提供了关于环境保护、能源管理、城市建设等有效的信息，确保了人性化、安全化的城市管理，以提高居民的生活水平。

CIM 数据组织应基于开放共享的 CIM 和三维传输交换标准来构建。在 GIS 领域，由开放地理空间信息联盟（Open Geospatial Consortium，OGC）提出的 CityGML 标准，作为三维城市模型表达和数据交换的标准，定义了城市和区域模型中相关地形对象的类别和关系，以及它们的几何、拓扑、语义和外观属性。CityGML 中定义了建筑物这一专题模块，表示了三维城市内的建筑物对象的各种几何、语义等信息。在建筑、工程和施工（Architecture，Engineering and

Construction，AEC）领域，BIM 是核心技术，是以建筑工程项目录入的各项相关信息数据作为基础建立起来的三维建筑模型，通过数字信息仿真模拟建筑物所具有的真实信息。IFC 是 BIM 的统一数据标准，包括建筑物整个生命周期内各方面的信息，是对建筑物信息描述全面、详细的一个规范。CityGML 和 IFC 两个数据标准作为 GIS 和 AEC 两个领域内的研究热点，都能描述三维城市中建筑物对象的各类信息。

高精度 CIM 是构建智慧城市、城市数字孪生系统的核心。2020 年住房和城乡建设部发布了《关于加快推进新型城市基础设施建设的指导意见》，鼓励各省市申报 CIM 试点并搭建平台，加快城市智慧化进程。

5.2.3　智慧城市与数字孪生

2010 年上海世博会园区总规划师、同济大学吴志强院士认为，城市是人类建的，但是人类建的城市一直依托外力。第一次找到了畜力，第二次找到了石油和煤炭这些化工燃料，使得整个城市尺度完全不一样，第三次找到了电力，整个城市道路完全不一样。有了计算机、电子设备，使得控制系统能力惊人。而有了人工智能，是真正的整个城市智慧的一个革命性时代。

智慧城市概念出现至今，在学界引起了广泛热议，对智慧城市的定义，也因观察视角的不同而存在着不同的理解。最先提出智慧城市理念的 IBM 公司认为，智慧城市是指能够充分运用信息技术和通信手段感测、分析、整合城市运行核心系统的各项关键信息，从而对包括民生、环保、公共安全、城市服务、工商业活动在内的各种需求做出智能响应，为人类创造美好的城市生活。这一概念的关键内涵体现在"技术""信息"和"智能"三个词上，强调基于技术推动的信息整合，以提高城市活动的智能性。

吴志强院士认为，未来的城市是智慧生命体，它是一个复杂的系统。第一是感知：城市要知冷暖，包括城市的主动感知、数据上报、数据挖掘。第二是判断：城市能判断好坏，手段包括数据分析、预测模拟、评测工具。第三能反应：快速应对内外环境变化，包括政府决策、企业决策、治理决策。第四会学习：通过不断学习，包括模型改善、流程改善，通过经验的一次次提升，形成持续进化、持续变成更聪明的城市的过程。

人是智慧城市建设的活动主体，一方面人是推动智慧城市各个领域发展的生产者主体，另一方面人又是享受智慧城市物质文化产品的生活者，智慧城市所倡导的城市发展模式将人们工作与生活所依赖的虚拟空间和现实空间有效地连接在一起。人作为生产力要素将得到进一步解放，其价值潜力也能被进一步发掘，同时，作为城市一切公私服务的最终消费者，城市居民也将获得更具满足感的消费体验。人的需求是智慧城市发展的根本动力。

智慧城市概念自 2008 年（以 IBM 公司首次提出"智慧地球"的时间为参考）提出以来，全国各地加速布局实践，历经多轮迭代演进，先后形成概念导入期（2008—2012 年）、试点探索期（2012—2016 年）、统筹推进期（2016—2020 年）等重要发展期，正迈入集成融合发展的新时期，也就是有些学者认为是进入了"智慧城市 4.0"阶段[65]。

智慧城市进入集成融合期以来，相关技术集成、制度集成、数据融合、场景融合较为活跃。这个阶段以"数字孪生"为驱动技术，强调信息物理融合。这个时期的发展初步呈现出四大态势：一是政策方面，国家系统性整体性布局、各地分级分类推进；二是技术方面，数字孪生与深度学习技术加速重构智慧城市技术体系；三是应用方面，应用整合带动数据与业务需求、业务场景的深度融合；四是实践方面，各级政府加强省市县统筹协同发展，并逐步向基层治理延伸。

当前，城市已进入从管理升华到治理的历史阶段，社区网格化精细管理模式将逐步向基于数字孪生智能化自治模式演进。数字孪生作为一种充分利用模型、数据并集成多学科的技术，其面向系统全生命周期过程，发挥连接物理世界和信息世界的桥梁和纽带作用，从而提供更实时、高效、智能的服务。

数字孪生城市是数字孪生在城市领域融合应用后的产物，是智慧城市深度发展的形态，也是当前智慧城市发展的最新阶段。数字孪生城市的理论基础是数字孪生，而数字孪生又和数字工程、系统工程，尤其是基于模型的系统工程密切相关。从系统工程视角分析，数字孪生城市系统可以按粒度分为设备级、系统级、复杂系统级、复杂巨系统级 4 个系统层级，且自顶向下具有包含关系。数字孪生城市着重考虑的是城市全体系的数字化与智慧化，而非以往阶段所做的城市某个局部的智慧化。

数字孪生城市的全局视野、精准映射、模拟仿真、虚实交互、智能干预等典型特性正加速推动城市治理和各行业领域应用创新发展。尤其在城市治理领域，将形成若干全域视角的超级应用，如城市规划的空间分析和效果仿真，城市建设项目的交互设计与模拟施工，城市常态运行监测下的城市特征画像。依托城市数字孪生系统，能实现通过城市发展时空轨迹推演未来的演进趋势，洞察城市发展规律以支撑政府精准施策，利用城市交通流量和信号仿真使道路通行能力最大化，基于城市应急方案的仿真演练使应急预案更贴近实战等功能。在公共服务领域，数字孪生系统提供的模拟仿真和三维交互式体验，将重新定义教育、医疗等服务内涵和服务手段。同时，通过建立个体在数字空间的孪生体，城市将开启个性化服务新时代。随着数字孪生城市建设持续深入和功能的不断完善，未来生活场景将发生深刻改变，超级智能时代即将到来。

"十三五"时期，我国新型智慧城市建设步伐加快，正在成为各级政府创新城市治理模式、培育数字经济新动能、优化公共服务供给的新途径。据统计，截至2020年4月初，我国智慧城市试点数量累计已达749个。随着新型基础设施建设步伐的持续加快和城市治理理念的不断创新，浙江、上海和深圳等地陆续出台城市数字化发展支持政策，推进城市全面数字化转型正成为国内一线城市发力博弈的新焦点。预计"十四五"时期，新型智慧城市建设将加速步入以"城市是生命体、有机体"理念为指引，数字赋能、制度重塑、全域转型、安全运行的高质量发展新阶段。

5.2.4 城市数字孪生系统架构

城市系统是一个开放的复杂巨系统，具有构成要素众多、多层次、关系复杂的特点。而城市数字孪生系统，包括城市系统以及其对应的城市数字孪生体，需要全过程、全要素、全方位对物理城市进行数字化、网络化、智能化升级，其组成也是一个开放的复杂巨系统。城市数字孪生系统的架构如图5-2所示。该架构参考了数字孪生系统的通用架构，只是在实现上更加复杂、抽象。

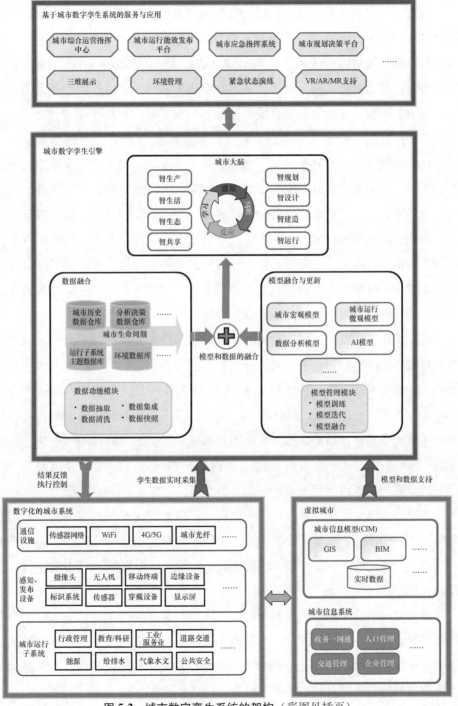

图 5-2　城市数字孪生系统的架构（彩图见插页）

城市数字孪生系统中的"物理实体"是"数字化的城市系统",就是具备感知和数字化执行能力的城市系统,包括城市运行子系统、感知/发布设备以及通信设施。城市运行子系统是实现城市基本功能的各类子系统。感知/发布设备是立体感知基础实施,是实现城市数字化的基础。通过实时监测地上、地面、地下、现在、过去和将来的城市信息,实现对城市的数字化表达。首先,对城市中的建筑、街道、车辆、水电气暖系统以及行人等要素进行数字化标识。在标识要素上,设置传感器、通信、计算等技术,采集和更新城市地理信息和实景三维数据,实时监测城市的动态行为。感知的基础设施包括各类传感器、智能无人机、标识系统、摄像头、移动终端、边缘设备等,执行设备包括移动终端、显示屏等。感知设备可以进行全域全量全时的多源异构数据采集,数据类型覆盖政府信息、行业信息以及第三方机构信息等。执行设备是完成公共信息发布、决策指令下达等功能。通信设施是"数字神经",实现各类感知设备、执行设备与数字化平台的互联。

虚拟城市,是城市在数字空间的一个映射。CIM 为虚拟城市提供了基础支撑,将城市物理空间和数字空间进行映射,实现虚实融合。CIM 也为数字孪生的实现提供了基础模型架构,通过 3D GIS 和 BIM 的集成来构建,是数字孪生城市精准虚拟映射的核心。3D GIS 数字化表达和分析了城市模型,而 BIM 表达了城市物理设施以及功能,通过采集的数据驱动模型,将静态的数字孪生城市变为动态的、立体的。虚拟城市也包括在信息空间运行的各类城市信息系统,这些信息系统与城市运行子系统一起,为城市的正常运行提供服务。

城市数字孪生引擎,是数字孪生城市、智慧城市区别一般城市信息系统的关键。在这个部分,包括了数据融合、模型融合和智能功能三部分。而对于城市来说,智能功能是通过城市大脑来实现的,城市大脑是智慧城市的中枢,也是建设的重点。

城市数据融合不但包括多系统、跨领域的数据融合,也包括城市时间维度的数据融合,即利用城市的过去的数据,来推演城市未来的发展。城市的模型融合,是指在 CIM 的框架上,结合城市各类机理模型,进行城市运行的推演,利用仿真技术,可以对城市的各项决策进行量化分析。

模型和数据的融合，体现了"定性和定量相结合的综合集成方法"。城市管理中的很多社会模型只能通过定性去表述，而通过基于数据的建模方法，可以为定性模型的分析提供量化工具，让原来难以定量计算的模型实现量化。多领域的模型和数据融合，是一种综合集成，而这个集成的指导，是基于城市运行的各类模型。

基于城市数字孪生系统的服务与应用，是数字孪生技术驱动下的新型应用。各类应用基于数字孪生引擎中的模型、数据，以及城市大脑提供的各项智能化功能，为智慧城市实现精细化管理提供条件。

5.3 数字孪生城市应用案例

数字孪生技术应用为智慧城市建设注入活力，随着数字孪生城市从概念培育走向实施落地，物联感知、遥感测绘、模拟仿真、虚拟现实、信息通信等技术加速成熟应用，以空间信息为索引的城市大数据治理体系日益完善，多源异构数据融合能力提升，行业创新应用不断涌现。此外，多技术交叉集成创新全面重构智慧城市技术体系，打造城市"规—建—管"全过程可视化、可模拟、可分析等场景，精准把握城市运行情况，全面提升城市管控、公共服务能力。本节通过两个案例来展示一下数字孪生城市的部分应用效果。

5.3.1 智慧临港

中国新智慧城市建设是物理设施和数字技术同步进行。中国的智慧城市更多是从刚开始规划时就实行智慧城市的概念，就相当于在建设物理城市时，就已经把虚拟城市数字城市的规划都包含在这里面。中国智慧城市实验基本都在新城，比如上海临港以及河北雄安。

在智慧城市的体系化建设方面，中国（上海）自由贸易试验区临港新片区的智慧城市建设是一个典型案例。临港发展智慧城市既是产业发展的需要，也是城市管理的需要。临港智慧城市建设分为三层。第一层是基础设施层，包括网络基础设施和智能感知设施；第二层是赋能层，包括计算平台、智能服务平台、数据资源平台和 BIM/GIS 平台；第三层是应用服务层，包括面向综治、应急、旅游和园区等城市运行一网统管，面向政务服务、特殊综保和金融贸易服务等政务一网通办，以及面向工业互联网示范平台、国际软件信息产业园和国际互联网交换平台等全面发展的数字经济。临港智慧城市的主要特点包括：

1 "BIM+GIS" 构建虚拟城市基础建设

基于 BIM 和 GIS 技术，构建了虚拟城市基础模型。包括 315 平方千米的 2D GIS 地图，20 平方千米的 3D GIS 地图，以及 7 类重要建筑的 BIM：滴水湖地铁站、上海天文馆、临港管委会、上海海昌海洋公园、科创晶体、上海电力大学和北岛西路管廊（地下模型），BIM 也包含管委会、滴水湖地铁站等重要建筑的内部结构、房间布局、管线铺设等对象化设施数据。临港虚拟城市模型构建的是从建筑内到建筑外、从地面到地下的全方位三维模型，达到 Lod4 级别，并可精细到每个路灯、每个变电箱进行对象化管理。在这样一个虚拟城市模型底图上，基于时空标定和数据融合打造城市运行大数据平台，完成城市人流迁徙、车流和人流密度以及交通流量等各类数据的动态采集，汇聚关联，统一呈现，多规合一，从而实现整个城市尺度的动态管理和决策支撑。

2 "互联网+物联网" 全面感知城市脉搏

通过物联网和互联网连接的各类传感器和高分辨率视频摄像头，能够实时感知城市人口热力图、实时交通车流（见图 5-3）、停车库状态、视频实时监控等城市运行态势，也可以通过无人机采集回传到监控中心的数据进行图像自动识别分析，智能识别垃圾倾倒、违章建筑、高密人（车）流等异常问题。

例如，在临港新片区管委会 18 层大楼楼顶部署有鹰眼全景跟踪摄像机——"临港之眼"。这个摄像机可以做到 40 倍变焦，比普通摄像头更高清。城运大厅的大屏幕上 360° 显示的临港主城区高空俯瞰画面，就是由"临港之眼"看到的。"临港之眼"不仅看到一切，还以 AR 技术为依托，在画面中以 AR 标签标注低点摄像机、智感设备、报警柱、景区、建筑物、商场、酒店、厕所、公交站、路灯等静态资源，后台对接 4G 执勤装备、无人机等活动资源，可以实时监测是否有异常行为或警情。"临港之眼"发现警情后，指挥中心可在线呼叫附近执勤力量快速处置，或者采用自动派单的方式实现问题的闭环处置。在

图 5-3　实时车流信息

2021 年的寒潮中，"临港之眼"就发现了环湖西二路与楠木路交叉口附近的绿化带旁一处消防栓出现渗水，城运中心工作人员立即通知相关单位带队抢修。

实时感知数据平台会被 API（Application Programming Interface，应用程序接口）化，最终实现服务分发，通过向不同的应用部门开放，比如城管、环保、公交等，通过数据调用变成一种城市服务能力。

3　城市大脑预见未来

利用"AI+"提升了城市精细化管理能力，具体来说主要包括主动发现、智能派单、闭环处置三大流程节点。

1）主动发现：面向城市管理小区、道路、商区等，利用传感器、摄像头、无人机、卫星遥感等多种技术手段采集数据，通过 AI 算法实现城市事件的主动发现，7×24 小时全域动态感知。

2）智能派单：面向临港地区各事务部门，基于历史派单数据以及经验构建智能派单模型，实现案件工单智能派单，构建智能决策中心，整体提升城市运行处置效率。

3）闭环处置：与浦东新区城运中心、临港城运中心、临港处置单位紧密对接，实现事件发现的处置闭环追溯，结案率超 99%。

基于城市大脑,利用数字模型进行仿真和预测,为城市运行保障提供科学决策支持。如在交通方面,对人流和车流进行预测(见图5-4)。临港尝试做了一个预测算法,比如加入对节假日、周边活动以及天气的考量,做到提前对某个区域交通流量的预测。这个数字对于整个管理部门用来部署警力和保障人员是非常关键的。

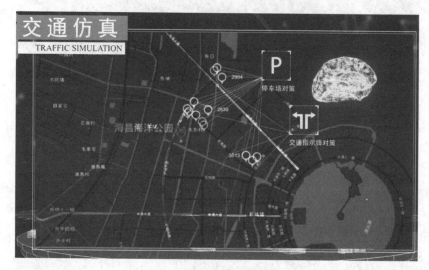

图5-4 交通仿真与预测

4 精细化管理

社区综治方面,则用于燃气安全、群租隐患、风险楼宇等社会治理工作,提升城市精细化管理水平;产业经济运行管理方面,实现管委会和园区业务协同、数据互通和统计汇总,进行园区物联网改造,实现园区运行状态的远程感知和业务评估;智慧工地方面,开展工地的安全应用,实现对施工安全、车辆进出扬尘、垃圾、噪音等场景的工地态势掌控;智慧民生方面,通过智慧安防、智慧物业、智慧垃圾管理、智慧能源管理等应用建设,实现人才公寓AI+智慧社区管理服务。

"数字孪生城市"同样也是智慧城市底座中的一部分。据悉,临港的"数字孪生城市"未来将会向精细化方向发展,面向如园区、工地等场景进行具体化部署。另外,未来孪生空间内会叠加更多维的数据,在虚拟世界中映射真实世界，预知未来，从而影响对真实世界的运行管理。

5.3.2　虚拟新加坡

2016 年 7 月 13 日，达索系统在新加坡举行的世界城市峰会上展示了其 3D EXPERIENCE 平台（3DE 平台）如何帮助全球的行业、政府和市民构想、开发并体验可持续城市解决方案。随着智能产品、3D 打印和智能自动化的出现，工业领域已经在各个层面上发生了变化。而这些趋势将会影响全球经济和整个社会，以及未来城市里聚集的人群，这些人群也会推动并最终将各个智能系统联系起来。目前，全球 60% 的人口聚居在城市中心，因此，创新对于调节经济增长和可持续发展之间的关系至关重要。2016 年峰会的主题是"宜居的可持续城市：充满机遇的创新之城"。在此主题下，达索系统帮助世界城市峰会的参观者体验可持续城市未来的医疗社保服务、公共事业、交通运输、公共安全、设施管理和环境规划，由此促进参观者对 3D 体验城市的深入了解。

1　达索 3DE 平台对于城市数据集成及全生命周期解决方案

达索 3DE 平台对于城市数据集成自下而上分别由地质、隧道、地铁系统、管线通道、电缆网、地下室、地面与地下的交互、建筑集成，如图 5-5 所示。

达索 3DE 平台对于数字城市全生命周期解决方案由 5 个阶段组成，即城市规划设计阶段、城市展示和招商引资阶段、城市建设阶段、城市运营阶段、城市优化和提升阶段，如图 5-6 所示。

（1）城市规划设计阶段

城市规划设计阶段由智慧城市规划设计、城市规划设计仿真、智慧协同数据共享组成。

（2）城市展示和招商引资阶段

城市展示和招商引资阶段由 3D 虚拟城市展示、智慧城市内容展示、智慧招商、智慧网上社区组成。

（3）城市建设阶段

城市建设阶段由智慧项目管理、智慧项目协同、智慧工地、建设项目仿真模拟组成。

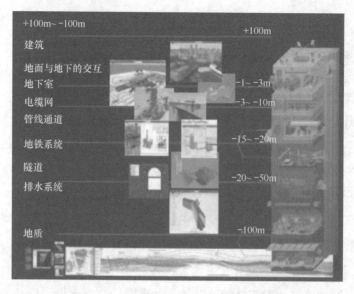

图 5-5   3DE 平台对于城市数据的收集图

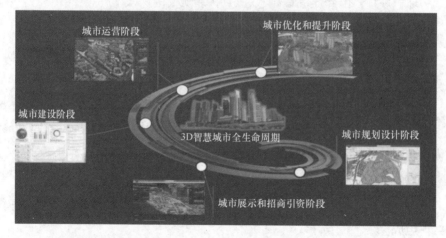

图 5-6   达索 3DE 平台对于数字城市全生命周期解决方案示意图

（4）城市运营阶段

城市运营阶段由智慧能源、智慧环保、智慧交通、智慧楼宇园区、智慧医疗、智慧管廊、智慧民生组成。

（5）城市优化和提升阶段

城市优化和提升阶段由环境仿真模拟、智慧交通仿真模拟、智慧城市应急事件模拟、城市智能化研究组成。

2 虚拟新加坡

达索系统与新加坡总理办公室国家研究基金会（NRF）于 2015 年合作开发
"虚拟新加坡"（Virtual Singapore）——一个包含语义及属性的实境整合三维的
虚拟空间，通过先进的信息建模技术为该模型注入静态和动态的城市数据和信
息。该项目经历 1 年多，耗资 7300 万美元，在 2016 年 8 月完成后交由新加坡
土地管理局运营。

"虚拟新加坡"是一款配备丰富数据环境和可视化技术的协作平台，可帮
助新加坡公民、企业、政府和研究机构开发工具和服务以应对新加坡所面临的
新型复杂挑战。该项目采用达索系统 3D EXPERIENCE City 打造动态的新加坡
3D 数字模型（见图 5-7），利用 3D EXPERIENCE 可以轻松测算出楼体的总建
筑面积、停车场数量、植物数量等。

图 5-7 基于 3DE 平台形成的新加坡智慧城市图

到目前为止，世界上大部分国家的城市规划还与过去几十年一样，工程师
和市政部门对着一张平面的城市地图设计讨论，规划者和开发商们也必须浏览
无数图纸和地方文件。而传统的 2D 图纸对于完全呈现环境的复杂度是远远不
够的。尤其是像新加坡这样地少人多的国家，建筑原本就密集，再细微的变动
都容易对拥挤复杂的建筑生态产生影响：高楼如果在规划上出现问题，不仅在
视觉上显得逼仄，还可能会阻碍空气流动，让这个热带国家的夏天更加难耐。

因此，新加坡给整座城市建模目的在于：它给城市设计过程带来便利的同时，能减少资源浪费，降低基础设施建设的成本，并把所有利益相关方在安全可控的环境中联系起来。

　　3DE 平台可以模拟分析公园中的植物在一天中如何产生阴影，这样能帮助新加坡政府更精确地放置公园长椅、休息点以及活动区；用 3D 模型结合当地天气状况模拟分析，帮助开发商合理安装太阳能板，最大可能利用自然资源，进行地下空间管理，合理建立商场和地铁站，帮助政府机构规划大型活动场地和路线，居民在参与城市规划时，可以更好地可视化自己的建议。对于普通人来说，在这个 3DE 平台探索整座城市也可以立即实现，如图 5-8 所示。

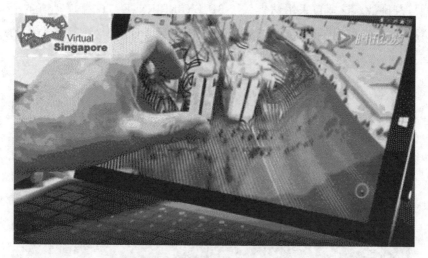

图 5-8　达索 3DE 平台体验交互图

　　2016 年在新加坡举行的世界城市峰会上，达索公司在三个不同位置都展示了达索系统 3D EXPERIENCE City（3D 体验城市）应用，包含了通过 HTC Vive 头盔展示的沉浸式 3D 虚拟现实环境、互动游戏、视频和讨论，由此促进参观者对 3D 体验城市的深入了解。在新加坡官方的"走向一个智能且可持续的新加坡"展台，观众可以了解达索系统与新加坡国家研究基金会、新加坡土地局和新加坡信息通信发展管理局合作开展的"虚拟新加坡"项目如何在 3D EX-PERIENCE City 的协作化环境中整合来自传感器和系统的所有城市数据，以虚拟方式呈现并管理新加坡的数据和流程。在达索系统展台，消费者可以参与简

单有趣的 3D EXPERIENCE City 游戏和虚拟现实体验。参与者可以通过改变新
加坡某一个公寓中的一些数据，以改进整个城市的可持续性，从而体会到城市
解决方案是如何从一家一户开始最终影响到整个城市的。由此，3DE 数字孪生
平台的特点可归纳为 3 点：

1）在 3DE 平台上创建城市的 3D 数字模型，并连接到城市的各种应用数
据，进行集成的可视化展示。

2）可通过 3DE 平台进行大数据分析和仿真，对城市运行模拟和预测，为
管理者提供决策参考。

3）3DE 平台为智能城市的各种业务系统提供统一的 3D 展示平台，实现信
息共享和协作。

第6章

数字孪生的智能化应用

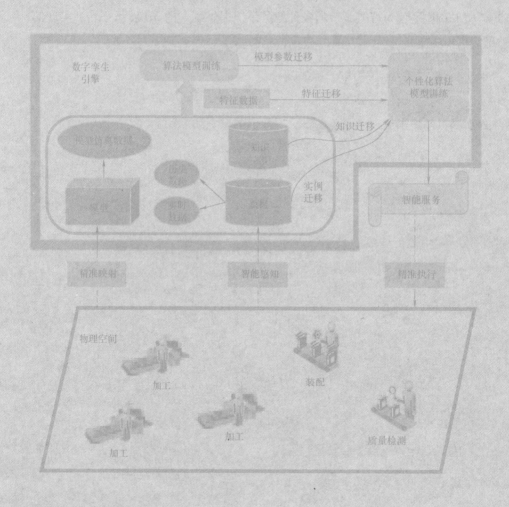

SIGGRAPH（Special Interest Group for Computer Graphics，计算机图形图像特别兴趣小组）成立于 1967 年，一直致力于推广和发展计算机绘图和动画制作的软硬件技术。从 1974 年开始，SIGGRAPH 每年都会举办一次年会。在 SIG-GRAPH 2021 上，英伟达（NVIDIA）公司通过一部纪录片自曝，在 2021 年 4 月举办的"英伟达 GTC（图形技术大会）发布会"内藏玄机，他们构建了一个英伟达首席执行官兼创始人黄仁勋的"数字孪生体"，出现在视频发布会的部分环节中。这个新闻让众多网友兴趣高涨，不断回看视频，看看哪个片段是真正拍摄的，哪个是"数字渲染"的（图 6-1 中，左图为真实拍摄，右图为完全用数字渲染的场景）。

图 6-1　2021 英伟达 GTC 大会上的"真/假"场景

真假发布会场景的背后，是英伟达的 Omniverse 平台，从计算机图形学技术到优化技术，从工具包到引擎，Omniverse 都有提供。NVIDIA Omniverse™ 是 NVIDIA 的开放图形平台（见图 6-2），用于实时交换、协作和共享虚拟世界。Omniverse 旨在实现不同应用程序和供应商之间的通用互操作性。它提供高效的实时场景更新，并基于开放标准和协议。Omniverse 被设计成一个集线器，因此新连接的功能可以根据需要向任何连接的客户端和客户端应用程序公开。

该平台能提供电影级的场景渲染功能，而对于数字孪生应用而言，该平台

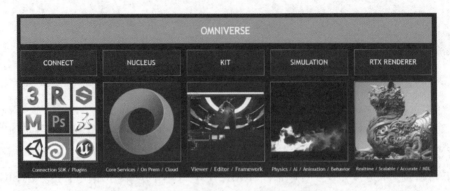

图 6-2　Omniverse 平台包括的内容
（图片来自 https：//docs. omniverse. nvidia. com/，2021 年 8 月的截图）

的 Isaac Sim 和 Drive Sim 两个数字孪生工具值得关注。

　　由 Omniverse 提供动力的 NVIDIA Isaac Sim 是一款可扩展的机器人仿真应用程序和合成数据生成工具，为真实感、物理精确的虚拟环境提供动力，以开发、测试和管理基于 AI 的机器人。训练感知模型需要大量不同的数据集。组装这些数据集可能成本高昂、耗时、危险，甚至在某些情况下是不可能的。通过利用 Isaac Sim 的合成数据生成功能，开发人员可以引导培训任务。在项目的早期阶段，合成数据可以加速概念验证或验证生产线工作流。在开发周期的后期阶段，可以使用合成数据扩充真实数据，以减少训练生产模型的时间。Isaac Sim 内置了对域随机化的支持，允许改变纹理、颜色、照明和位置。它还支持不同类型的数据，包括边界框、深度和分段。开发人员可以以 KITTI 格式输出数据集，从而更容易利用 NVIDIA 的迁移学习工具包（Transfer Learning Toolkit，TLT）。

　　而 Drive Sim 是针对车辆自动驾驶训练而用的。利用 Omniverse 平台渲染出来的虚拟场景对自动驾驶 AI 引擎进行训练，能降低物理行驶环境的局限性影响，丰富训练场景，提高训练速度。

　　这就是数字孪生的威力。数字孪生不但可以是真实物理世界的孪生，还可以是"虚拟物理"的孪生，也就是说，可以是满足物理规律的"另一个世界"的构建。而利用这个"另一个世界"，可以完成许多真实物理世界中不能完成的工作，或者可以更好地完成这些工作。中国科学院的王飞跃研究员提出的"平行宇宙"就是和这个类似的概念。

基于数字孪生的智能化应用，可以从模型和数据相结合的优化入手来考虑。传统的基于模型的或者基于知识的优化，在面向复杂大系统或者巨系统的情况，可能会遇到效率不高、难以实现等问题；而单纯基于数据的优化，在工业、建筑业等已经拥有大量机理模型和物理、化学等演变规律知识的学科与行业中，往往事倍功半，容易在数据中迷失方向。数字孪生的优势，在于基于模型和知识，结合实际系统中采集的数据，融合后进行优化，充分发挥模型和数据各自的优势。

6.1 知识及其表达

根据本书 2.1.1 节中的解释，模型是对现实系统有关结构信息和行为的某种形式的描述，是对系统的特征与变化规律的一种定量抽象，是人们认识事物的一种手段或工具。一般在谈论"基于模型"时，这个模型指客观规律，也指科学家/工程师针对实际需求而构建的反映实际系统运行规律的一个抽象表达。模型分物理模型、形式化模型和仿真模型，在本书大部分的地方，模型都指形式化模型、仿真模型，例如，物理机理模型，就是符合物理学一般规律的，用数学表达的客观对象的抽象。对于"基于模型"说法中的"模型"一词，是知识的一种体现，通过模型，科学家/工程师把隐性知识表达成显示知识（如数学模型），或者把隐藏在物理系统中的运行规律用另外一种计算机可以模拟的方式表达出来（如仿真模型）。从这个意义上说，"基于模型的方法"和"基于知识的方法"可以是类似的概念。

在知识工程中，涉及的形式化模型包括知识表示模型、知识推理模型，这些模型表述了知识如何在计算机中存储以及计算机如何处理应用知识。在数字孪生应用中，以知识工程的知识模型管理框架结合数据智能方法，能很好地构建起"模型+数据"驱动的优化应用系统架构。

6.1.1 数据和知识

（1）数据（Data）

数据是世界的度量和表示，是外部世界中客观事物的符号记录，一般指没有特定时间、空间背景和意义的数字、文字、图像或声音等。外部客观世界中的原始资料可以称为数据，其存在不依赖于人类对它是否认知。数据反映了客观事物的某种运动状态，可定义为有意义的实体，它涉及事物的存在形式。数据是关于事件的一组离散的客观的事实描述，是记录信息的符号，是信息的载体和表示，是构成信息和知识的原始材料。比如，"100"是一个数据，它可能表示"100元钱"，也可表示"100个人"，若对于学生的考试成绩来说，也可以表示"100分"。在生产过程中，由传感器获得的某个变量的测量值是数据。

（2）信息（Information）

数据的关联将产生信息，信息是对数据赋予含义而生成的，是具有特定含义的彼此有关联的数据。信息来源于数据并高于数据。从数学的观点看，信息是用来消除不确定的一个物理量。观点、定义、描述、术语、参数等都可以看成是信息。信息是数据载荷的内容，是对数据的解释，是数据在特定场合下的具体含义。人们对信息的接收始于对数据的接收，对信息的获取只能通过对数据背景和规则的解读。背景是接收者针对特定数据的信息准备，即当接收者了解物理符号序列的规律，并知道每个符号或符号组合公认的指向性目标或含义时，便可以获取一组数据载荷的信息，亦即数据转化为信息。对于同一信息，其数据表现形式可以多种多样。比如，为了告诉某人某事，可以打电话（利用语言符号），也可以写信（利用文字符号），或者画一幅图（利用图像符号）。信息有各种类型，如结构化信息和功能性信息，主观信息和客观信息等。

（3）知识（Knowledge）

信息的关联将产生知识，知识是对信息进行加工而形成的，是结构化的、具有指导意义的信息。人们头脑中数据与信息、信息与信息在行动中的应用之间所建立的有意义的联系,体现了知识的本质、原则和经验。知识是信息经过加工整理、解释、挑选和改造而形成的,因此有加工的知识、过程性知识、命题型知识等。知识是信息接收者通过对信息的提炼和推理而获得的认识,是人类通过信息对事物运动规律的把握,是人的大脑通过思维重新组合的、系统化的信息集合。例如,当我们知道零件加工过程的质量报表这个信息之后,分析出零件加工过程是否稳定,是否存在系统误差,这就是我们得到的知识。从数学的观点看,知识是用来消除信息的无结构性的一个物理量。以成熟度可将知识划分为认知、经验知识、规范知识、常识等。

要传输知识,传输者首先要将头脑中的知识转化为数据,使之成为按一定的规则排列组合的物理符号,再通过一定渠道将数据传至接收者。接收者如果能够解读数据的背景与规则,则可以接收到相关的信息,然而最终能否获取传输者意欲传递的知识,还取决于接收者个人对信息的提炼与推理。只有当信息接收者接收到信息并能够从中提取关于事物运动的规律性认识和合理解释时,信息才转化为知识。

(4)智能/智慧(Intelligent/Wisdom)

智能是理解知识、应用知识处理问题的能力,表现在知识与知识的关联上,即运用已有的知识,针对物质世界发展过程中产生的问题,根据获得的知识和信息进行分析、对比,演绎出解决方案的能力。推理、学习和联想是智能的重要因素。智慧是智能的提升,是对事务能迅速、灵活、正确地理解和解决的能力,是由智力体系、知识体系、方法与技能体系、非智力体系、观念与思想体系、审美与评价体系等组成的复杂系统。不同于数据和信息是可以被量化的特点,从知识升级到智能、智慧,必须加入创新的意念。

(5)数据、信息、知识、智能、智慧的关系

数据、信息、知识、智能、智慧层级关系如图 6-3 所示,从数据、信息、知识再到智能、智慧的过程,是一个彼此关联的过程,是一个不断重用和提炼的过程。数据在反复关联与使用中提升为信息,信息在反复关联与使用中转化为知识,而知识则进一步提炼、累积为智能、智慧,转化为个人、组织或企业的创新能力,沉淀为个人、组织或企业的智力资产。

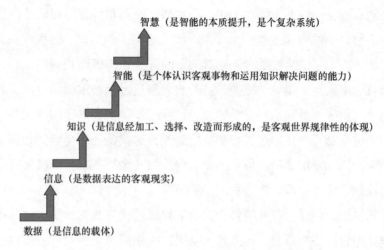

图6-3 数据、信息、知识、智能、智慧层级关系

（6）数据库与知识库

数据库是存放数据的，是长期存储在计算机内有结构的、大量的、共享的数据集合。知识库是用于存储复杂的结构化和非结构化的知识，它由一套语句组成，每个语句都是由知识表示语言表示的，它可以表示关于世界的某些断言，或者关于世界的某个陈述性的知识。知识库系统通常由知识库和推理机两部分组成，知识库表示关于世界的事实，推理机则可以基于这些事实进行推理。

6.1.2 知识表示

知识表示是人工智能（AI）领域中的一个关键课题。知识的处理是知识工程重点研究的对象，因此，知识工程中的关键问题就是怎样表示和管理知识，使其能被智能系统最佳利用。知识工程的存在进一步推动了知识表示的发展。如今，知识表示已经成为 AI 的一个重要分支，并且已经形成了一个单独的研究领域。

利用计算机表示、存储、处理数据的优势，知识表示是借助计算机能够接收处理的符号和方式，把人在客观世界中所接收的知识进行转换。知识表示是一种"符号表示"方法，规定了一种无歧义的语言或者标准的定义语法和语义。符号表示是通过不同结构和各种符号来表达不同概念和概念之间的联系。任何一种表示方式都是一种数据结构，同时把数据结构与人类知识联系起来。人类知识的结构及机制决定了知识表示方式。

知识表示要选择适合的方式表达知识，即找准知识与表示之间的对应关系。各种数据结构的设计是其研究的关键问题，即知识的形式，研究表示与控制的联系，表示和推理的关系以及知识表示和不同领域的联系。知识表示的目的就是，基于知识的准确表示，智能算法程序能利用其知识表示做出对应的决策，制定相关计划，判别状况和识别对象，分析目标物体，获得结果等。

典型的知识表示方法包括：

（1）一阶谓词逻辑表示法

一阶谓词逻辑是目前最精确地表达人类思维和推理的方法之一，它基于数理逻辑，借助计算机进行精确运算（推演）。因为人类自然语言与其表现方式大致相同，所以，人们易于接受将逻辑当作知识表示工具。

一阶谓词逻辑一般由谓词符号、变量符号、函数符号和常量几个部分组成，使用逗号、花括号、圆括号、方括号隔开，用来说明论域内的关系。一阶谓词逻辑的基本积木块是原子公式，应用联词∧（与）、∨（或）以及→（蕴涵）等，更加复杂的合式公式可以通过组合多个原子公式来实现。

例如，Owns［Student（张三），Book］→Color（Book，Blue）就表示"如果这本书是学生张三的，那么它是蓝色（封面）的"。

（2）框架表示法

世界上各种不同的事物，它们的属性状态、进化发展及彼此之间的联系通常都有一定的规律性。人们认识事物固定的框架都是从这种规律性的知识中提炼出来的。框架表示法是由框架理论发展起来的一种知识表示方法，其适应性强、概括性高、结构良好、推理方式灵活，同时可将经验性知识与过程性知识相结合。

框架是一种表示和组织知识的数据结构。它由框架名和描述框架各方面性质的槽构成。每个槽都有一个对应的槽名，每个槽名有对应的槽值。在比较复杂的框架中，槽的下面再进一步分成很多侧面，每个侧面有对应的取值，对槽的细节特征再进行解释。

（3）语义网络

语义网络在多个领域中广泛应用，作为人类联想记忆的一个显式心理学模型。1968 年 J. R. Quillian 首先提出语义网络，之后，在他提出的可教式语言理解器（Teachable Language Comprehender，TLC）中作为知识表示。1972 年 Simon 在自然语言理解的研究中使用语义网络，确定了其基本概念。

语义网络模式在不同系统中有所差别，从形式上看，一个语义网络即一个带标识的有向图，其中问题领域中的物体、概念、事件、动作等通过带有标识的节点表示，节点之间的有向弧标识用来表达它们之间的语义联系。很多情况下有向弧也叫联想弧，因此语义网络也叫作联想网络。

在语义网络知识表示中，节点多被分为类节点和实例节点。语义网络组织知识的关键是有向弧，其用来表示节点间的语义联系。

（4）产生式表示法

产生式表示法最初来源于逻辑学家 Post 在 1943 年提出的一种计算形式体系，该体系基于串替代规则，模型中的一条规则对应是一个产生式。Newell 和 Simon 之后修改了产生式规则，使用一个简单的策略来模拟大家解决问题时的行为。基于人类大脑记忆模式中的不同知识块之间存在的因果关系，以"IF-THEN"的形式，即产生式规则来表示。此形式的规则能够获取人类解决问题的行为特征，进而认识行动的循环过程解决问题。产生式规则表示方式的知识形式相对单一，易于理解和解释，规则彼此独立且结构化好，便于提取知识和形式化，问题解决的过程与人们的认知过程很像。产生式规则比较简单和易于实现，在问题求解和系统开发方面有一定优势，所以在许多专家系统及人工智能领域应用广泛。

具备以下特点的领域知识可通过产生式规则表示：①领域知识包含多个相对独立的知识元，相互关系疏远，没有结构关系，比如化学反应等；②领域知识有一定经验，无确定、统一的理论，比如医疗诊断等；③领域问题的求解过程描述为一组相对独立的操作，一个操作可用一条或多条产生式规则来表示。

（5）基于神经网络的知识表示

随着研究者对神经元网络的不断研究，提出了许多模型，以"并行信息分布处理"模型为例，这种模型是通过大量称为"单元"的简单处理元件来交互假设信息并进行处理的，其中每个单元都向其上层的单元传递激励或抑制信号。网络针对全局进行作用称为"并行性"，指同时处理全部目标；而将信息分布在整个网络内部则叫作"分布性"，每个节点及其连线不具有一个完整的概念，它们只能表达网络的部分信息。

在学习过程中，人工神经网络将其所获得的知识，分布式地存储于节点间的权重和偏置系数之中，有效提升网络的鲁棒性和容错性；而模式识别易受噪声干扰并且模式的部分损失较大，因此网络的这一特点是成功解决模式匹配的重要因素之一。此外，人工神经网络能够自适应、自组织地学习，避免了传统识别方法中各种条件的约束，在某些识别问题中展现出较好的效果。神经网络也易于进行源模式的学习、存储，可以有效实现模式的联想记忆与匹配。

随着机器学习、增强学习等基于人工神经网络的新一代人工智能技术的发展，这种知识表示方法越来越多地被应用。

（6）基于本体的知识表示法

本体（Ontology）最初是一个哲学上的概念，意为一切存在的根本凭借和内在依据，是多样性的世界赖以存在的共同的基础。自 20 世纪 90 年代初期，本体开始逐渐成为计算机领域、知识工程领域及人工智能领域中最为热门的话题之一。通过将现实世界中的某个应用领域抽象或概括成一组概念和概念之间的关系，并在该区域中构建本体，可以大大促进该区域中的计算机信息处理。当前，知识工程领域对本体的研究主要集中在两个方面：领域本体库的构建和本体的表示。

以本体研究的主题为依据，本体通常被分为以下 5 种类型：

1）知识表示本体：本体不限于某种特定领域来对知识描述的语言进行研究。典型的有 KIF（Knowledge Interchange Format，知识交换格式）、OIL（Ontology Interchange Language，本体交换语言）、Ontolingua 等。

2）通用或常识本体：涵盖多个领域并建立庞大的人类常识知识库，以解决计算机软件中的脆弱性问题，例如漏洞等。主要研究如 SUMO、Cyc 工程等。

3）领域本体：它可以在特定区域中被重用，并提供特定区域中概念的定义与概念之间的关系，以及该领域中发生的活动及其主要理论和基本原理等，例如医学概念本体、生物知识库等。

4）语言学本体：它是一种关于诸如语言和词汇之类的本体。以 WordNet 为例，它是普林斯顿大学开发的一个庞大的语言知识库系统，以词汇源文件作为核心，一个源文件都包含一组"synsets"单元，每组"synsets"单元都由一组同义词、一组关系指针以及其他信息组成，由关系指针表示的关系包括继承和反义。

5）任务本体：共享问题解决方法和推理的研究与领域无关。具体的研究主题包括：通用任务、任务方法结构、与任务相关的体系结构、任务结构和推理结构等，例如 Chandrasekaran 等人的关于任务和问题求解方法本体的研究。

（7）知识地图

知识地图（knowledge map），或称知识图、知识分布图、知识黄页簿，是知识的库存目录。就像普通地图显示道路名称、车站、餐馆、学校、派出所等各类机构和设施的地理位置一样，知识地图是用来整理个人或组织所拥有的知识项目及其访问地址的工具，以便用户能快速定位到其所需要的知识，"按图索骥"地寻找知识来源。

图 6-4 是一种 V 型知识地图的结构。V 型知识地图最初由美国康奈尔大学教育心理学专家 D. B. Gowin 教授于 1997 年设计出来，作为围绕某一主题探索理论与方法之间联系的一种简单的启发式工具，其主要功能是以形象化方式对知识进行结构化的组织和揭示。

（8）知识图谱

知识地图构建了知识的索引，不对知识本身有更多的处理，知识图谱则对知识关系进行了梳理。知识图谱试图用实体及实体间的关系来解读各种知识和用户需求，并以此实现知识和用户的更好匹配。根据知识数据的来源和图谱应

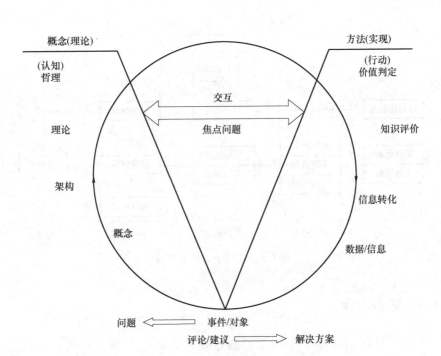

概念(理论)　　　　　　　　　　　　方法(实现)

(认知)　　　　　　　　　　　　　(行动)
哲理　　　　　　　　　　　　　　价值判定

交互

焦点问题

理论　　　　　　　　　　　　　　知识评价

架构　　　　　　　　　　　　　　信息转化

概念　　　　　　　　　　　　　　数据/信息

问题　⟵　事件/对象
评论/建议　⟹　解决方案

图 6-4　V 型知识地图基本模型

用的领域,可以将其分为通用知识图谱和行业知识图谱。通用知识图谱主要面向的对象为普通用户,以常识性知识为主,强调一种知识的广度,但由于缺乏行业专家的参与,知识深度上表达不够。典型的通用知识图谱以百度知心、谷歌知识图谱等为代表。行业知识图谱又称作垂直知识图谱,是在特定的行业数据的基础上构建的,对知识的深度有较高的要求。通用知识图谱和行业知识图谱相互补充,可以实现广度与深度的互补,形成更为完整的知识图谱。通用知识图谱中的知识,为行业知识图谱的构建提供基础;而构建的行业知识图谱可以补充融合到通用知识图谱中。

　　知识图谱构建的流程规划包括知识抽取、知识融合和知识加工。知识抽取是知识图谱构建过程中最关键的环节。知识融合是从多个异构的网络资源中识别和抽取知识,并对知识进行转化,将这种知识集合应用到具体问题求解的过程。知识加工是在知识融合完成后,通过计算和推理,建立实体间新的关联或推理出隐含的关系,如图 6-5 所示。

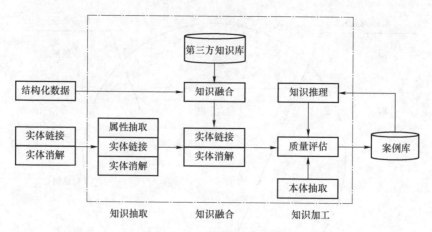

图 6-5　知识图谱构建过程

6.1.3　知识推理

　　推理一般是指这样一个过程，通过对事物进行分解、分析，再进行综合，然后给出决策，这个过程往往是从事实开始，运用已经掌握的知识，找出其中隐含的事实或总结出新的知识。这个过程也是根据某种想法由已知的一个判定（判断）得出另外一个判断的过程。在智能系统中，推理通常是由一组程序来实现的，一般把这一组用来控制计算机实现推理的程序称为推理机。例如，在故障诊断系统中，知识库存储故障常识和专家的经验，数据库存放设备的故障表现、数据采集结果等初始事实，利用专家系统为设备进行故障诊断实际上就是一次推理过程，即从设备的故障表现及现场数据等初始事实出发，利用控制策略结合知识库中的知识，对故障原因做出判断，给出维修建议。像这样从一些事实出发，不断运用专家库中已知的知识逐步推出结论的过程就是推理。

　　推理方法是解决在推理的过程中推理前提和推理结论的逻辑关系问题，包括确定性的以及不确定性的传递问题。可以从多个角度来对推理进行分类，如是否使用一些启发式信息、推理过程是否单调、所用的知识是否确定以及其逻辑基础等。按推理过程的单调性分类，推理可分为单调推理与非单调推理，这是根据推理过程所得出的结论是否越来越接近目标来区分的；按推理的逻辑基础分类，常用的推理方法可分为归纳推理、演绎推理和类比推理；根据推理过程所应用知识的确定性，推理可以分为确定性推理和不确定性推理。

推理的控制策略是指如何使用领域知识使推理过程尽快达到目标的策略。知识系统的推理往往表现为对知识库的搜索，推理控制策略又分成推理策略和搜索策略。搜索策略指解决推理效果、推理效率和推理线路等问题的方法，推理策略包括求解策略、推理方向控制策略、限制策略等解决推理方向冲突消解等问题的方法。

推理的常用方法有逻辑推理（包括命题逻辑、谓词逻辑）、基于规则的推理、基于案例的推理、基于模型的推理等方法。

6.2 模型和数据双驱动的优化

模型（或者知识）驱动方法与数据驱动方法是指导工程人员研究工程系统的两大方法论。数据驱动方法与模型驱动方法本质上都源于对人类知识的总结和扩展，都具有一定的数学理论基础。在现有的文献研究中，数据驱动方法（Data-driven Method）能够将数据样本转化为经验模型（Experience-based Model），而模型驱动（Model-driven Method）方法通常以机理模型（Model-driven/Physics-based Model）或者知识规则（Rule-based Model）的形式展现。虽然两种方法都以数学理论为骨架，但仍然存在一定区别，数据驱动方法中样本数据决定了经验模型的功能，而模型驱动方法中机理模型的形式一般由功能和需求的特点决定，如图6-6所示。

1 模型驱动方法

在工程应用中，模型驱动的方法已经证明了其指导实际应用系统的有效性，例如频率稳定分析中的系统频率响应（System Frequency Response，SFR）模型，功角稳定分析中的扩展等面积法则（Extended Equal Area Criterion，EEAC）等。模型驱动方法有助于辨明问题起源、认识问题机理、提取普适规则、实施控制决策，并且能够在应用场景发生变化时，通过模型细化或参数修改等

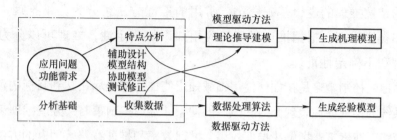

图 6-6　数据驱动与模型驱动方法的区别与联系

方式扩展，以增强模型适应性。对于大多数工程系统（如机电液设备、电子电路、过程控制系统等），系统的运行机理和结构较为清晰，因此通常采用机理建模的方式建立白箱模型，基于系统的运行原理对系统进行刻画。但模型驱动方法也面临诸多问题，如模型误差难以避免、模型难以清晰表达、计算难度大、模型复杂度与准确度矛盾等，限制了物理机理方法在实际系统工程应用中的实施效果。现实世界中的许多系统，其机理至今仍不甚清楚。白箱建模在面对这类系统时就显得力不从心，特别在社会、经济等非工程系统上的应用效果不甚理想。

模型驱动方法能够对研究问题整体考虑，以具体的机理模型或者相关的规则描述研究对象的特性，有助于寻找问题本质和开发新理论。同时，模型驱动方法需要研究者高度介入，通过对深层机制、原理的理解来推断研究对象的特点，并结合功能需求以合适的数学表达式描述变量间的因果关系，其特点在于能够通过推理预测未知现象，且可以不断进行改进和结果验证。图 6-7 对模型驱动方法的分析过程进行了示意说明。

模型驱动方法主要以模式分析、概率模型和优化模型等理论工具为基础构建研究对象的分析模型，并进行求解；在实际应用中，由于研究问题的复杂性，这些理论工具相辅相成，相互之间存在交叉，各类理论工具的特点归纳如下：

模式分析：针对工程应用问题，通过物理对象的试验和充分观察，建立状态量与观测量间的数学关系，并以大量场景进行验证，最终形成统一的机理模型或关联规则。但是该方法依赖于研究人员的技术经验，模型完备性和合理性

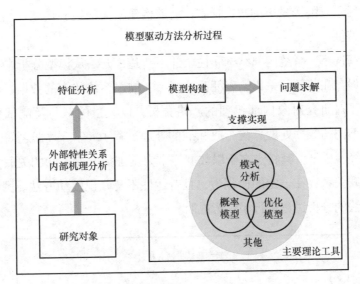

图 6-7   模型驱动方法实施示意图

需经过长期的测试验证进行改进。

概率模型：以概率分析理论为基础，将事件发生的不确定性以概率的形式进行表示和推广，从而评估事件发生的可能性。该方法需要依据假设条件和统计数据获得概率模型形式和模型参数，具有天然的与数据驱动方法联合的能力。

优化模型：以目标和约束的方式对待解决的问题进行描述，通过相关的算法搜索可行解或最优解。该方法模型构建简单明确，但是在最优解搜索求解方面存在难度，一是求解过程可能较长，二是求解结果在非凸场景下无法保证最优。

2   数据驱动方法

随着新一代信息技术和人工智能技术的发展，推动了数据驱动方法在工程系统中的应用。数据驱动方法以数据构建模型，包括统计分析方法、人工智能方法等[67]。一方面历史数据的分析有助于了解产品、系统在历史运行中的特性，另一方面在线数据的分析有助于了解产品、系统实际的运行状态，支撑系统运行态势感知、评估和预测。数据驱动方法的性能高度依赖于数据规模和质量，而获取实际工程系统全面且合格的数据往往代价高昂。总的来说，数据驱动方法作用于有限场景下的数据样本，能够构建相关的经验模型，从数据中挖掘问题的特征。

很多情况下，系统内部结构和性质并不清楚，无法从模型分析中得到系统的规律，但存在若干可采集、表征系统规律、描述系统状态的数据。数据驱动方法摒弃了对研究对象内部机理的严格分析，以大量的试验及测试数据为基础，通过不同的数据处理算法（或标准的处理流程），分析数据之间的关联关系，生成经验模型。其特点在于以数据样本为基础提取变量间的关联关系，其中数据关联关系存在一定的模糊性，且普适性不及知识驱动方法。图6-8对数据驱动方法的分析过程进行了示意说明。

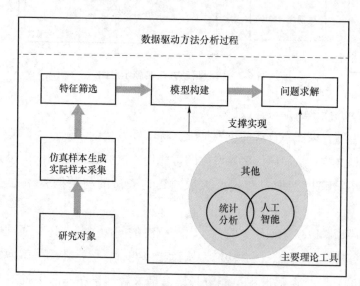

图6-8 数据驱动方法实施示意图

通过对系统采集的大量观测数据运用模式学习和统计学等理论进行充分分析，建立系统输入变量、可观察变量以及预期输出变量之间的模型，即以数据为基础去发现系统模型，这种方法就称为数据驱动建模。生产过程中的数据驱动建模主要是为了从制造系统产生的大数据中智能提取有价值的决策信息并建立决策模型，再利用这些数据对模型的性能进行评估。数据驱动建模方法有很多，比如回归分析建模、神经网络建模和支持向量机建模等方法。回归分析建模是以概率论为基础，通过对客观现象中部分资料的观察、搜集和整理分析，根据样本推断总体、从具体到一般的归纳方法。人工神经网络从仿生学角度对人脑的神经系统进行模拟，以简单非线性神经元为基本处理单元，通过广泛连接构成大规模分布式并行处理的非线性动力学系统，来实现人脑所具有的感知、学习和推理等智能行为。采用神经网络进行建模通常有两种形式：一种是利用神经网络直接建模来描述辅助变量和主导变量的关系，完成由可测信息空间到主导变量的映射；另一种是与动态参数模型相结合，用神经网络来拟合系统模型所含动态参数的非线性。支持向量机以统计学习理论中的结构风险最小化为准则，在最小化样本点误差的同时缩小模型泛化误差的上界，提高算法的泛化能力。此外，支持向量机方法将机器学习问题转化为一个二次规划问题，因此能够得到全局最优解，再结合核函数技巧提升模型的非线性拟合能力，进一步扩展了系统模型的实用性。

对于很多复杂系统，特别是包含人的一些系统（如社会系统等），难以进行明确的数学、物理或化学机理描述，可采用数据收集和统计归纳的方法来建立模型。近年来，随着大数据、人工智能技术的发展，上述方法中基于数据和统计的"黑箱"建模方法受到了越来越广泛的重视和应用。基于深度学习技术，DeepMind 开发出了围棋人工智能 AlphaGo，接连战胜了著名围棋选手李世石与柯洁。不同于白箱建模方法，数据建模方法可以不依赖于系统机理与先验知识，从数据本身出发发掘数据结构或建立数据之间的关系，可作为一种黑箱建模方法。由于基于机器学习的人工智能方法在模式识别、自动信息处理等领域的成功，越来越多的人依靠数据来建模，忽视机理模型。

然而，数据建模也存在一定的问题。首先，由于数据模型不依赖于系统机理，而是直接从数据集中构建而来，当数据集对应的环境条件发生变化时，该数据模型将无法再适应环境，需要重新构建。此外，如果将数据建模方法单纯作为一种黑箱建模方法，在不利用先验知识和系统机理下构建的模型通常精度有限。而借助一定的系统机理和先验知识可以更好地提取数据之间的关系，获得更为准确的建模与预测效果，如机器学习模型构建中通过特征工程构造更高效的特征，从而提高模型精度。综上所述，两种建模方法各有千秋，同时又存在各自的弊端与限制。

人工智能先驱，图灵奖获得者 Judea Pearl 指出，基于统计的、无模型的机器学习方法存在严重的理论局限；难以用于推理和回溯，难以作为强人工智能的基础。实现类人智能和强人工智能需要在机器学习系统中加入"实际模型的导引"。因此，脱离机理模型的大数据分析不适合复杂工业环境，需要两者结合，才能实现有效的应用。

3　数据与模型双驱动方法

综合来看，机理建模方法虽然具有精确度高、适应性强等优点，但是也存在诸多限制条件，比如充分可靠的先验知识、大量的实际经验、对生产过程机理的深刻认识等，在面对复杂非线性过程时建模难度极大，因而造成在实际生产活动中模型的开发周期较长。数据驱动方法仅依赖样本数据，需要在极少量先验知识的前提下能够较好地拟合复杂过程中的非线性特性，但因为样本数据对特征的覆盖区域有限而降低了方法的准确度，盲目扩大样本数据集的范围又会导致模型复杂且求解难度增加。模型和数据相互联系的双驱动方法可以解决这个问题，如图 6-9 所示。而数字孪生系统为这个融合提供了支撑条件。

图 6-9 表示了数据驱动和模型驱动两种方法融合的一个过程。左侧是基于数据方法的一般流程。当遇到一个新的问题时，通过检索是否有类似的模型可以解决。如果没有，则是一个基于数据的建模过程，如果有模型，则需要进行模型迭代、迁移学习，并且进行模型验证。当模型验证达不到解决问题的要求时，一般是通过获取更多的数据、持续进行模型迭代、训练来让模型能解决实际问题。

图 6-9 的右侧，是基于模型的方法，也就是传统的基于专家知识的方法。当没有类似模型时，需要有专家进行模型假设，建立问题的解决方法（例如，针对控制问题，可能是构建控制系统图、建立状态方程），然后是进行模型的验证。当模型不能解决问题时，需要进行模型的修正。

在这个过程中，基于数据的方法和基于模型的方法都会形成自己的模型库，这个模型库可以看作是一种结果，是解决问题的一个解集。两种方法的结果，都可以指导另外一种方法的进行，进行相互的补充。

1）在模型构建阶段，模型和数据双驱动建模融合方式一般被分成两大

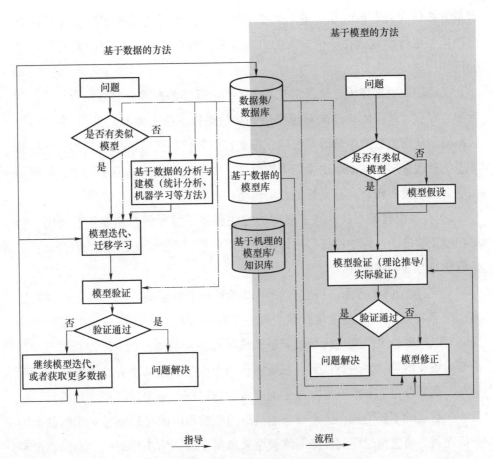

图 6-9　数据驱动与模型驱动的联合应用方式

类，数据辅助机理建模和机理辅助数据建模。数据辅助建模，是针对传统的基于机理模型方法难以建立"白箱"模型的问题时，可以利用基于数据的方法，构建"黑箱"模型，或者是部分黑箱的"灰箱"模型。对于白箱或灰箱模型，也可以利用数据驱动方法对模型中的参数进行优化。如杨思等[68]先根据动力学原理建立车辆-轨道动力学模型，再利用实际测得的参数数据和仿真模型中参数数据的误差对模型参数进行优化调整，优化算法选择最小二乘法以及遗传算法。实验证明，该方法具有更高的精确性和泛化能力，为实际的生产过程提供了指导。Ma 等[69]提出了一种基于机理数据双驱动的电池健康状态诊断模型。首先基于半细胞机理模型建立电池状态健康诊断模型，以定量方式研究衰老机制和可能的容量衰减属性。然后使用粒子群优化算法对电池模型进行参数优化。该方法的可靠性和稳健性已经由相关的实验进行了验证和评估。

机理辅助数据建模方法是指先基于系统可采集数据建立参数拟合模型，然后参考专业领域中的机理来对模型中的参数进行优化。如 Liu 等[70] 首先利用数据模型从历史数据中学习系统退化模式，以便预测系统的未来状态；然后参考退化机理来矫正数据驱动模型中的参数。与传统数据驱动模型相比，数据知识融合驱动模型明显具有更好的预测精度。

2）在模型验证方法，基于模型的方法和基于数据的方法能相互协助，帮助在模型验证的过程中进行得更好。如利用机理模型产生已知的结果，来验证机器学习方法的准确性。

3）在模型修正方面，机理模型可以指导基于数据的方法，进行数据采集方面的采集点配置以及优化，减少采集规模的盲目扩展；而基于数据的模型库，可以帮助机理模型进行参数调整和模型修正。例如，在工厂仿真过程中，需要对设备的可靠性进行设置，在规划阶段一般是利用某个分布函数（如二项分布、高斯分布）来模拟故障发生率或者故障时间。当生产线正式运行后，随着产生数据的不断增加，这个设备的故障率和故障时间可以通过对实时数据的分析而得，通过构建预测神经网络模型来预测设备正常工作时间。利用这个预测模型修正仿真模型，就能更好地符合生产线的实际。

机理模型和数据驱动融合的建模方法具有以下三个优点：可以将独立的预测方法取长补短；预测的准确性极大提高；降低计算复杂度及成本。

6.3 基于数字孪生的机器学习

6.3.1 基于模型的生成对抗网络

1 生成对抗网络原理

生成对抗网络（Generative Adversarial Networks，GAN）是 Goodfellow 等

在 2014 年提出的一种生成式模型[71]。GAN 在结构上受博弈论中的二人零和博弈（即二人的利益之和为零，一方的所得正是另一方的所失）的启发，系统由一个生成器和一个判别器构成。生成器捕捉真实数据样本的潜在分布，并生成新的数据样本；判别器是一个二分类器，判别输入是真实数据还是生成的样本。生成器和判别器均可以采用目前研究火热的深度神经网络[72]。GAN 的优化过程是一个极小极大博弈（Minimax game）问题，优化目标是达到纳什均衡[73]，使生成器估测到数据样本的分布。它设定参与博弈双方分别为一个生成器（Generator）和一个判别器（Discriminator），生成器的目的是尽量去学习真实的数据分布，而判别器的目的是尽量正确判别输入数据是来自真实数据还是来自生成器；为了取得博弈胜利，这两个博弈方需要不断优化，各自提高自己的生成能力和判别能力，这个学习优化过程就是寻找两者之间的一个纳什均衡。GAN 的计算流程与结构如图 6-10 所示，任意可微分的函数都可以用来表示 GAN 的生成器和判别器，由此，用可微分函数 D 和 G 来分别表示判别器和生成器，它们的输入分别为真实数据 x 和随机变量 z。$G(Z)$ 则为由 G 生成的尽量服从真实数据分布 P_{data} 的样本。如果判别器的输入来自真实数据，标注为 1，如果输入样本为 $G(z)$，标注为 0。这里 D 的目标是实现对数据来源的二分类判别：真（来源于真实数据 x 的分布）或者伪（来源于生成器的伪数据 $G(z)$），而 G 的目标是使自己生成的伪数据 $G(z)$ 在 D 上的表现 $D(G(z))$ 和真实数据 x 在 D 上的表现 $D(x)$ 一致，这两个相互对抗并迭代优化的过程使得 D 和 G 的性能不断提升，当最终 D 的判别能力提升到一定程度，并且无法正确判别数据来源时，可以认为这个生成器 G 已经学到了真实数据的分布。

2　生成对抗网络的应用

目前 GAN 的最基本的应用就是生成以假乱真的图像。图像生成的任务主要分两种，第一种是生成某种类别的图像，第二种是根据用户的描述生成符合描述的图像。目前，第一种图像生成的任务已经取得了很好的效果，例如 2016 年发表的 PPGN 模型[74]，在视觉效果上已经取得了行业顶尖的效果（见

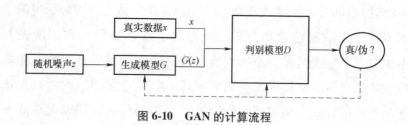

图 6-10　GAN 的计算流程

图 6-11），其生成的火山图像整体上已经可以达到以假乱真的效果。

图 6-11　PPGN 模型生成的火山图像[74]

另一种很热门的应用是图像转换（image-to-image translation），图像风格迁移只是其中一小类而已。具体而言，图像转换可以包含很多种，例如把一张夏天的图像转换成冬天的样子，给用笔画的物体轮廓填上彩色的细节纹理，给手机拍摄的照片自动虚化使之看起来像单反相机拍摄的一样。

3 生成对抗网络与数字孪生系统

从前面的分析可知，数字孪生系统主要包括虚拟模型、智能学习引擎及智能控制，构成一个虚拟场景和真实场景之间融合系统，强调虚实互动，构建虚拟系统来描述实际系统，利用计算实验来学习和评估各种计算模型，通过智能控制和执行来提升实际系统的性能，使得虚拟系统和实际系统共同推进和发展。GAN 训练中真实的数据样本和生成的数据样本通过对抗网络互动，并且训练好的生成器能够生成比真实样本更多的虚拟样本。GAN 可以深化数字孪生系统的虚实互动、交互一体的理念。GAN 作为一种有效的生成式模型，可以融入数字孪生的研究体系。

在真实的工程系统运行中，虽然产生了大量数据，但是由于传感器的部署及物联网的发展限制，数字孪生系统无法获取到大量的、多种类的异构数据来构建超现实的虚拟场景。这可以通过 GAN 来实现，GAN 能够生成大规模多样性的场景数据集，与真实数据集结合起来构建虚拟模型并训练智能算法模型，有助于提高虚拟场景和智能算法模型的泛化能力。

数字孪生中的智能学习引擎可嵌入机器学习框架，其理论框架可定义为如图 6-12 所示。该框架通过"软件定义的数字孪生体"来生成人工数据，这些数据参与到计算实验和强化学习中，并且通过形成针对特定场合的小知识，用于智能控制中。通过智能控制和协同学习结果，产生原始数据，再进行评价和选择。在这个过程中，使用预测学习解决如何随时间发展对数据进行探索，使用集成学习解决如何在空间分布上对数据进行探索，使用指示学习解决如何探索数据生成的方向。

数字孪生系统的智能控制是一种反馈控制，是数字孪生理论在复杂系统控制领域的具体应用，其结构如图 6-13 所示。系统的智能控制核心是利用虚拟系统进行建模和表示，通过计算实验进行分析和评估，最后实现对复杂系统的控制。除了虚拟系统的生成和计算实验的分析，智能控制中的虚拟系统和实际系统的智能执行过程也可以利用 GAN 进行模拟，一方面可以进行虚拟系统的预测学习和实际系统的反馈学习，另一方面可以进行控制单元的模拟学习和强化学习。

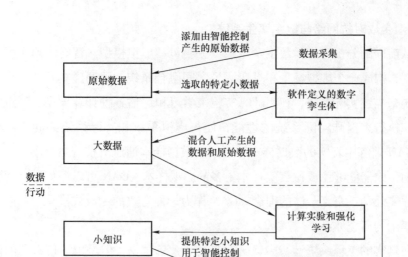

图 6-12　数字孪生系统智能学习引擎框架

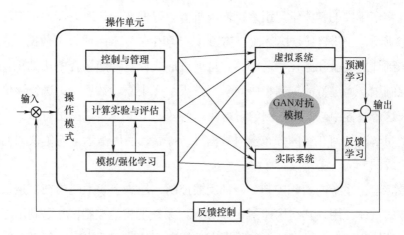

图 6-13　数字孪生智能控制框架

6.3.2　基于模型和数据的迁移学习

　　机器学习的繁荣发展使得机器学习在越来越多的场景下得以运用，但是机器学习中算法效果较好的有监督学习算法需要大量的有标签训练数据。针对训练数据加标签的操作在数据量较少时还可以担负，在数据量庞大的情况下，枯燥繁琐的标签操作使得有监督学习在应用过程中受到限制。在不同的领域中的对象一定程度上存在共有的特征，在应用这种特征过程中发展诞生了迁移学习技术。近年来，迁移学习在计算机语言处理、计算机图像识别、故障诊断领域中广泛使用。

迁移学习是一种将已有源领域知识，迁移到目标领域，使得目标领域获得更好效果的方法。在迁移学习中有一个重要的概念：域（Domain），域表示某个时刻的某个特定领域，域的设计概念在迁移学习算法中极为重要。迁移学习在应用过程中，需要处理源领域的数据，分析获取源领域的特征，将源领域中提取到的特征应用到目标领域中，分析不同领域之间的差异并改善结构，最终实现目标领域的改进。

1　迁移学习的应用场景

迁移学习到底在什么情况下使用呢？ 是不是模型训练不好就可以用迁移学习进行改进呢？ 当然不是。使用迁移学习的主要原因在于数据资源的可获得性和训练任务的成本。当已经有海量的数据资源时，自然不需要迁移学习，机器学习系统很容易从海量数据中学习到一个鲁棒性很强的模型。但通常情况下，需要研究的领域可获得的数据极为有限，仅靠有限的数据量进行学习，所得的模型必然是不稳健、效果差的，通常情况下很容易造成过拟合，在少量的训练样本上精度极高，但是泛化效果极差。另一个原因在于训练成本，即所依赖的计算资源和耗费的训练时间。通常情况下，很少有人从头开始训练一整个深度卷积网络，一个是上面提到的数据量的问题，另一个就是时间成本和计算资源的问题，从头开始训练一个卷积网络通常需要较长时间且依赖于强大的GPU（图形处理器）计算资源，对于一门实验性极强的领域而言，花费好几天乃至一周的时间去训练一个自己心里都没谱的深度神经网络通常是不能忍受的。

所以，迁移学习的应用场景如图 6-14 所示。假设有两个任务系统 A 和 B，任务 A 拥有海量的数据资源且已训练好，但并不是我们的目标任务，任务 B 是我们的目标任务，但数据量少且极为珍贵，这种场景便是典型的迁移学习的应用场景。那究竟什么时候使用迁移学习是有效的呢？ 新的任务系统和旧的任务系统必须在数据、任务和模型等方面存在一定的相似性。所以，要判断一个迁移学习应用是否有效，最基本的原则还是要遵守，即任务 A 和任务 B 在输入上有一定的相似性，两个任务的输入属于同一性质，要么同是图像、要么同是语音或其他形式，这便是所说的任务系统相似性的含义之一。

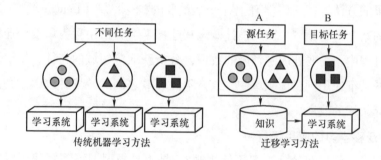

图6-14　迁移学习的应用场景

2　迁移学习方法

迁移学习发展过程中，不同的迁移学习技术方法逐渐明确化，最终可以归为四大类迁移学习方法：基于实例迁移学习（instance-based transfer learning），基于特征表示迁移学习（feature-representation transfer learning），基于参数迁移学习（parameter-transfer learning），以及基于关联知识迁移学习（relational-knowledge transfer learning）。

基于实例迁移学习，主要通过修改源领域的数据权重对目标领域进行适应，在修改源领域权重时，增加与目标领域相对匹配的样本权重，进行反复迭代更新权重。基于实例的迁移学习方法的关键点是选取合适的源领域样本进行权重修改，在计算源领域与目标领域的相似度过程中需要选用合适的匹配算法。主要的算法有联合矩阵分解、核均值计算等。基于实例的迁移学习方法在理论上有一定的支撑，实现效果在领域间数据相似的情况下较好。

基于特征表示迁移学习，不同于基于实例的方法在于，基于特征表示的迁

移学习方法构建的是源领域与目标领域之间的特征空间，利用特征空间计算在
不同域中的分类误差。有监督和无监督的特征构建方法有所差异，有监督学习
的源领域数据样本附有标签，源领域与目标领域经过特征变换可以变换至一个
特征空间。在无监督学习过程中，源领域不具有标签信息，无监督学习需要利
用字典学习对无标签样本进行处理，得到的字典学习结果标记学习到的特征
值，之后与有监督学习类似，经过特征变换后计算目标领域与源领域共同特征
空间。

基于参数迁移学习，主要针对参数进行迁移，将训练得到的源领域参数在
目标领域进行运用，最终实现目标领域参数的优化，提高目标领域模型效率。
实现过程为：使用源领域有标签数据集正常训练，得到的模型测试目标领域的
有标签样本，根据模型输出结果调节已训练好的参数，使得模型在目标领域可
以达到较好的分类回归效果。基于参数迁移学习在训练过程中对源领域数据量
要求较高，目标领域有标签数据要求不多。

基于关联知识迁移学习，需要学习目标领域与源领域的关联知识，利用关
联知识建立迁移模型。针对关联知识的迁移学习相对其他几种类型的迁移学习
研究较少，需要在源领域和目标领域之间建立知识映射，通过关联规则将源领
域中与目标领域有关的知识传递到目标领域。

3 基于数字孪生的迁移学习

数字孪生系统中，通过对物理空间的智能感知，构建和物理空间精准映射
的数字孪生体，并且保存着和物理空间相关的数据、知识。通过注入历史数
据、实时数据，利用数字孪生模型进行仿真，得到仿真数据。同时对各种数据
进行特征提取，进行相关的智能模型训练。然后将训练好的模型参数、特征、
数据库中的实例以及与实际环境关联的知识迁移到实际的应用环境中，并实时
获取数据，再将数据输入到迁移后的个性化算法模型中，从而快速准确地输出
结果并通过精准执行环节反馈控制物理空间，基于数字孪生的迁移学习框架如
图 6-15 所示。

参考文献 [75] 给出一个应用案例，光伏发电功率由于受到太阳辐照度、
温度和一些随机因素的影响，具有较强的间歇性和波动性，很难进行精确的光

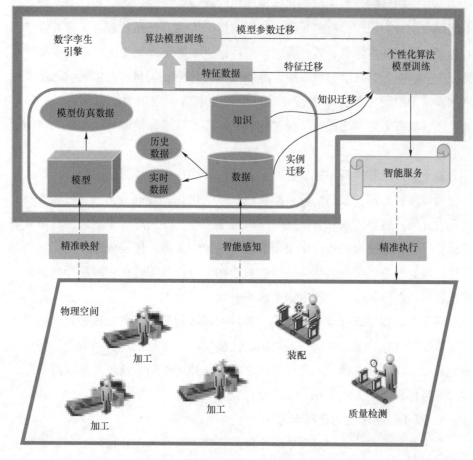

图 6-15　基于数字孪生的迁移学习框架

伏功率预测。通过构建面向光伏发电功率预测的数字孪生模型，并通过迁移学习将此模型应用到其他投入运行时间较短、数据不足的光伏系统发电功率预测中。所构建的数字孪生模型，实现了与光伏系统物理实体的同步和实时更新，因此获得比传统预测方法更准确的预测结果，同时利用从历史数据充足的光伏系统中学到的知识来辅助历史数据有限的光伏系统建立发电功率预测数字孪生模型，对于历史数据不足的光伏系统利用迁移学习在节省模型训练时间成本的同时可提高预测精度，其框架如图 6-16 所示。

234

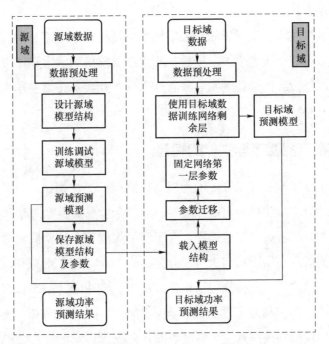

图 6-16 基于数字孪生和迁移学习的光伏功率预测流程图[75]

6.4 基于数字孪生的装配优化

6.4.1 背景

精密装备的装配质量要求高，不同品种产品有不同的装配工艺过程，且检验环节繁多，目前主要依赖手工装配操作。例如，航天装备中使用广泛的航天电连接器因外形相似不易区分、装配操作过程复杂而对装配工人技能要求高，使得装配过程耗时长，影响了装配效率，而且作业质量与操作人员的工艺熟练程度和技艺水平密切关联。然而，现场操作人员对工艺的理解和操作熟练度属于人为主观因素，以人工经验为主导，为产品装配质量管控带来巨大挑战。因此，复杂零件制造过程亟需面向零件装配过程中质量优化的方法与系统，本节将数字孪生技术应用在高精密产品装配中，使用一种数字孪生驱动的高精密产品智能化装配方法。

随着计算机技术、实时感知与采集技术以及机器学习算法的发展，数字化装配技术也取得了巨大进步。基于数字孪生系统提供的数字模型以及实时采集的数据，可以进行装配过程的指导与质量优化，开展基于数字孪生的虚拟装配应用。

6.4.2　装配产品数字孪生体的构建

实现基于数字孪生虚拟装配的前提是构建高拟实性模型。为了保证所构建的高精密产品数字孪生体具有高保真度，应包含装配全要素信息。如图 6-17 所示，所构建的高精密数字孪生体中包含了产品集成信息和实际测量信息。产品数字孪生体的信息在层次结构上可以分为结构 BOM、工艺约束和性能约束。根据多层次结构建立了装配特征关系集、装配工艺约束集、动态稳定性约束集、静态稳定性约束集和动静态耦合约束集。这些信息存储于 MBD 模型文件中。为了实现几何模型的高保真度，将理想的几何模型生成一棵用装配特征描述的树。根据此特征树，建立点云的配准树，通过点云特征快速生成方法，将离散的没有拓扑关系的点云快速映射到理想特征树上。将装配特征分为关键装配特征和非关键装配特征，给出其配准权重；根据结构 BOM、工艺约束、性能约束分配不同共融规则，从而建立了一棵共融规则树，规则树优化了精细配准方法。

在静态信息上，基于 MBD 技术的信息模型描述了产品的装配 MBD 数据集与装配工艺属性集。装配 MBD 数据集包含了在装配工艺规划阶段和现场装配指导阶段等过程中用到的所有信息的集合。装配 MBD 数据集中定义了高精密装配部件的多物理、多学科、多层次特性。对于多物理性，静态 MBD 模型不仅描述实体产品的几何特性（如形状、尺寸、公差等），还描述实体产品的多种物理特性，包括结构特性、力学特性、流量特性等。对于多层次性，组成最终产品的不同组件、部件、零件等都可以具有其对应的模型，从而有利于产品数据和产品模型的层次化和精细化管理。对于多学科性，高精密产品通常涉及机械、电气、液压等多个学科的交叉和融合。装配 MBD 数据集为装配全过程服

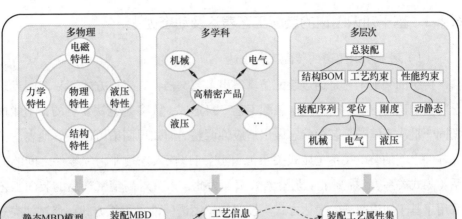

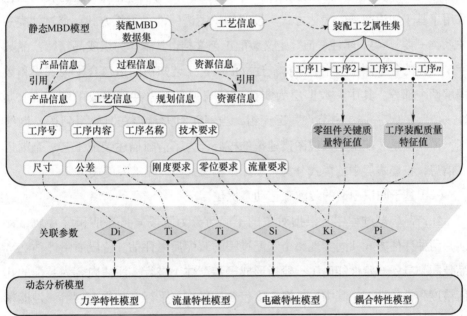

图 6-17　装配产品数字孪生体信息模型

务，作为唯一的数据源来规范装配相关的活动，最后在实物产品的装配过程中
得到实例化和应用。

在静态 MBD 模型中各类参数已经定义的基础上，考虑装配过程的复杂性
和动态不确定性，建立可描述高精密产品性能的模型。以电液伺服阀的空载流
量特性（流量曲线）为例，流量曲线是输出流量与输入电流呈回环状的函数曲
线，通过该流量曲线可以了解到很多关于产品的物理性能特征。

6.4.3　基于知识图谱的装配工艺表达及动态优化

（1）基于知识图谱的装配工艺表达

传统的装配工艺是通过装配仿真得出工艺文档，其表达方式不易查阅且缺乏隐含知识的挖掘。同一批次装配工艺一旦形成，大多是无法变更的，不能根据同一批次不同产品装配状态做出适应性调整。而知识图谱可以很好地表达相邻零件之间的装配关系（显式关系），同时可以深入挖掘非相邻零件之间的关系（隐式关系），提高了工艺检索效率。为此，本节对高精密产品的装配工艺采用了基于知识图谱的表达方式。按照知识图谱的信息组织方式，通过"类—关系类—类""类—属性—值"定义装配工艺文档，其本体为组成高精密产品数字孪生体的各零件子数字孪生体。建立的装配工艺知识图谱包含了模式层和数据层两个部分。其中，数据层为实体对象与关系对象共同组成的"节点—属性—值""节点—连接—节点"三元组，当三元组大量存在时就得到语义网络图。模式层是装配工艺知识图谱建模的核心，为了清晰描述装配工艺复杂的语义信息，将模式层中的模式分为了装配结构模式和装配工序模式。

（2）基于知识图谱的装配工艺动态优化

在产品装配过程中，根据对象的不同可分为阶段质量评估和综合质量评估，两种评估方式共同实现整个装配过程的装配质量评估。阶段质量评估在产品装配到具备一定性能时（一般指形成子装配体）进行，评估内容为装配的几何精度和性能精度。其中，几何精度包含同轴度、平行度和垂直度等。性能精度包含静态性能（压力特性、负载特性等）和动态性能（幅频、相频等）。综合质量评估和阶段质量评估的方法相似。不同的是，若子装配体性能不符合装配需求，则构建的产品性能一定不符合要求。而由于构成产品的子装配体之间又存在关联关系，所以，在所有子装配体性能满足要求的情况下，装配形成的产品性能不一定符合要求。可以理解为阶段质量评估是综合质量评估的必要不充分条件。以阶段质量评估为例，首先通过传感器、测量设备和专用设备获取各项关键特征数据，经过智能算法预测性能指标，然后进行匹配对比对应的装配性能指标得出评价结果。最后根据评价结果进行装配工艺优化。

在高精密产品的装配过程中存在多个装配过程阶段，局部工艺优化是在阶段装配完成后根据阶段装配质量评估结果，利用机器学习算法得出修正装配工序参数，进而形成装配工序链插入末端工序后。其中，插入的工序属于调试工序（配合值修改或二次拆装）。全局工艺优化是由于根据综合质量评估结果可能存在多个装配过程阶段的工艺优化，为此是面向全局的工艺调整。在全局工艺优化过程中，需要重新抽取装配工艺知识图谱中的部分装配工序，与原装配工序参数进行匹配对比，将得出的参数差值形成新的工序插入到原装配工序链中。其中，插入的工序可看作为调试策略。

6.4.4 "操作-状态-质量反馈"三层结构下的质量控制过程

高精密产品质量控制点多，装配性能与装配参数之间存在复杂的非线性关系，导致装配质量难以控制。参考文献［76］给出了一个"操作-状态-质量反馈"三层结构下的质量控制策略框架，从控制最基本人工、设备操作行为开始，逐步实现装配过程与状态的控制，最终完成装配质量与性能的控制，如图6-18所示。其中，操作层控制包括设备操作变量控制，即控制设备运行参数；标准作业流程控制，针对高精密产品建立标准作业流程，对装配作业人员的行为进行规范；装配标准执行度控制，即衡量装配作业人员对标准作业流程的执行程度。状态层控制包括多学科性能的相互补偿控制、装配组件刚度控制、动静态控制。质量反馈层控制总装产品的动态静态稳定性，以及最终产品的动静态耦合性能，质量反馈层是评价产品最终性能的关键。

面向复杂装配过程的动态装配质量闭环控制过程如下：

（1）装配实体动态数据的实时采集

在复杂的装配过程中，利用传感器和专业的测量设备实现对装配状态信息的实时感知。针对实时采集的多源、异构装配数据，在预定义的装配信息处理与提取规则的基础上，对多源装配信息关系进行定义并进行数据的识别和清洗，在此基础上进行数据的分析与挖掘，实现多源异构数据的集成。多源异构数据可分为结构化数据、半结构化数据和非结构化数据。对于非结构化数据类型具有不同的处理方式，如图像数据可以采用卷积神经网络（CNN）进行识别

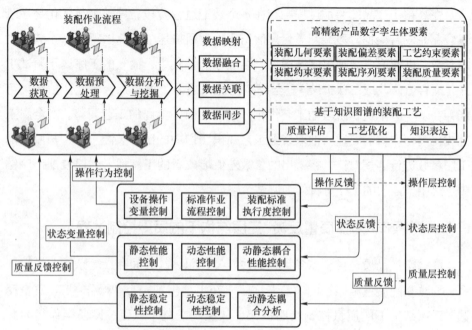

图 6-18 "操作-状态-质量反馈"三层结构下的质量控制策略框架[76]

处理，对于噪声、XML 类数据可采用自然语言处理（NLP）进行识别处理。

（2）虚实之间的关联与映射

在虚实数据融合、关联、同步的基础上，实现装配实体与数字孪生体之间的关联与映射。对统一规范化处理的装配实体数据，匹配数字孪生体中的各个装配要素。目前数据的融合方法可采用主成分变换法、小波变换法、贝叶斯算法、神经网络算法等。具体方法的选择视情况而定。

（3）基于数字孪生体和知识图谱的反馈控制

在实时采集装配数据的基础上，根据质量评估结果，通过知识图谱做出工艺优化。从操作行为的反馈控制开始，逐步上升到装配状态的反馈控制，最终完成装配质量的控制，形成一套操作-状态-质量三层结构下的质量控制策略。需要说明的是，上述过程是一个不断迭代优化的过程，直至装配产品质量满足要求。

6.4.5 应用案例

参考文献［76］给出了一个虚拟装配的案例。该案例结合发动机缸体单元

的实际装配过程，从装配工艺动态调整的角度出发，将所提方法应用于发动机
缸体单元装配中，以此验证上述方法的实用性。

（1）装配工艺知识的生成

在开始实际装配前，即装配设计阶段需要形成装配工艺知识。如图 6-19 所
示，首先利用历史装配工艺数据形成装配工艺知识图谱，根据产品装配需求和
零组件的实际尺寸提取装配工艺信息。其中零组件在虚拟空间中的表示是集成
了三维几何模型、点云模型和属性信息。几何模型来源于上游的产品设计部
门，通过 CAD 软件（UG、CATIA 等）生成 .stl 格式模型文件，然后导入数字
孪生装配系统的模型库中。点云模型是通过连接物理空间模块的三维激光扫描
仪获取点云数据，经过点云的过滤、拟合等预处理形成点云模型。属性信息依
靠 XML 文件进行存储，主要包括几何特征信息、材料属性信息、物理属性信
息、约束关系信息等。在完成整个装配仿真过程后，根据装配过程的不同阶段
（与阶段质量评估相对应）对总装配序列进行分解，形成不同装配过程阶段的
子知识图谱。子知识图谱表示的是不同装配过程阶段的工序链。

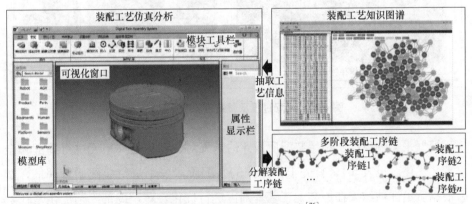

图 6-19　装配工艺知识的生成[76]

（2）质量控制过程下的工艺动态优化

发动机缸体单元的实际装配过程要分为装配曲轴、装配主轴承盖、装配止
推轴承等数十个阶段。在装配过程中首先对装配状态数据进行采集，如图 6-20
所示，列举了部分间隙测量数据。采集的数据包括每一道工序的装配尺寸数
据，通过 OPC-UA 标准通信协议上传至虚拟空间装配系统的数据存储模块，并

根据不同工序和数据类别进行分类。其中装配数据检测实现了全自动化控制，设备部件的移动均采用气动控制，通过动作控制柜控制设备的各个动作。

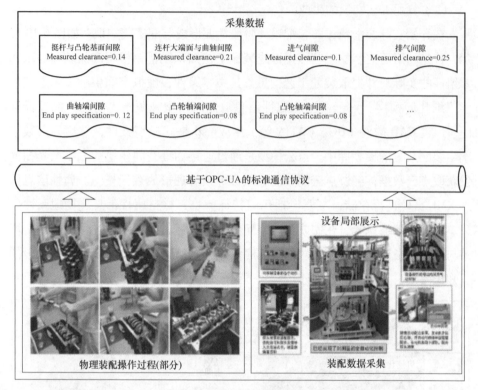

图 6-20　装配过程及质量检测数据采集[76]

　　根据采集的数据，利用装配质量评估结果对发动机缸体单元进行局部和全局工艺优化。见表6-1，首先根据不同的装配阶段分别进行装配质量评估，然后根据质量评估结果在原装配工艺基础上进行优化。对于局部工艺优化是在阶段装配完成后，加入新的装配工序链。如在装配曲轴过程中，需要采集的数据主要为装配几何误差，在进行装配质量评估时需要对 4 项指标进行评估，根据评估结果重新插入了 2 道工序来修正装配误差（如在本案例中，轴向间隙指标过大，不符合装配质量需求，所以插入工序是"工序 1：拆卸原止推垫片""工序 2：更换 JTW-3W-13 止推垫片"）。如在装配连杆活塞过程中，需要采集的数据包含装配几何误差和性能误差两大类数据，在进行装配质量评估时需要分别对几何质量的 3 项指标和性能质量的 2 项指标进行评估，根据评估结果重新插入了 2 道工序来修正装配误差。对于全局工艺优化，需要采集的数据同样包含装配几何误差和性能误差两大类数据，在进行装配质量评估时需要分别对几何质量的 9 项指标和性能质量的 8 项指标进行评估。通过装配工艺知识图谱重新提取总装配工序链，经过装配工艺仿真后进行分解成多阶段装配工序链。值得注意的是，发动机缸体单元装配顺序是固定的，也就是意味着优化的装配工艺主要为部分工序的装配参数。经过优化的装配工艺会再次下达物理装配空间，进而实现动态迭代优化装配。

表 6-1　装配工艺及应用结果对比[76]

装配阶段	装配质量评估	原装配工序链	优化装配工序链	平均装配时间/s	质量一致性/%
装配曲轴	$G_s(x_1, x_2, x_3, x_4)$			220→151	94.7→97.0
装配凸轮轴	$G_s(x_1, x_2, x_3)$			42→22	96.1→98.3
装配连杆活塞	$G_s(x_1, x_2, x_3)$ $P_s(x_1, x_2)$			198→101	97.5→99.1
…	$G_s(x_1, x_2, \cdots, x_n)$ $P_s(x_1, x_2, \cdots x_n)$	…	…	…	…
完成总装	$G_s(x_1, x_2, x_3, x_4, x_5, x_6, x_7, x_8, x_9)$ $p_s(x_1, x_2, x_3, x_4, x_5, x_6, x_7, x_8)$			1265→746	97.7→98.9

6.5　基于数字孪生的设备维护

目前，工业设备维护存在的主要问题有：①与设备总量相比，接入互联网的设备还不够广泛，工程师需要以人工的形式对设备状态进行检查，同时设备的状态监测参量种类还不够丰富，对突发性故障的预警作用不够明显；②现有的设备状态信息仅以数据的形式存储在计算机中，数据的利用率较低，基于新一代数据处理技术的设备健康管理和智能报警的技术应用较少；③目前，大多数监测数据主要以文本或表格的形式进行存储和展示，很难直接指导工程师对设备状态进行设备管理。

数字孪生概念属于新一代智能制造概念的范畴，相较于传统制造，数字孪生集成了新一代通信和数据处理技术，大幅提高了制造过程效率。在生产过程中，通过先进传感技术将各设备的振动、转速、效率等状态信息以高速低延迟的通信手段传输至云端服务器中，实现对分散设备的数据汇总，然后利用机器学习等新一代数据处理技术对数据进行大数据挖掘、智能化分析和决策，最后利用混合现实技术对数据统计和决策结果进行可视化显示，对潜在风险进行智能化预测维护。

6.5.1　设备维护理论

（1）设备维护的定义

设备在使用过程中会随着时间的改变逐步退化，当设备中某些部件退化到一定程度时，会引起设备的功耗变大或者效率降低，导致设备性能衰退，当退化量超过某个既定阈值时，严重的甚至会发生设备的意外故障，造成停机维修或者设备损坏，导致生产暂停，企业利益受到了很大的损失。而为了避免这种情况的产生，一般会采取定期维修或者维护。维护是检查设备各个相关部件，对相关部件的状态进行评估，通过补充消耗品和替换有问题的部件来保证设备正常工作。维修通常来讲，是一种事后手段，即在设备发生故障之后进行，采取的是对损坏部件进行修理或者更换；而维护不只是包含维修手段，更泛指一种事前维护的手段，在设备部件衰退到一定程度但是并没有导致设备发生故障停机时对设备进行零部件的更换或维修，这种措施能够有效地预防意外停机带来的生产暂停，故而一般称事前维护为预防性维护[82]。

（2）维护的分类

设备的维护分类可以分成不同的维度，一般有两种分类方法，一种是基于维护发生的时间对维护进行分类，另一种是基于维护的策略对预防性维护进行分类。

基于维护时间的分类，从维护活动发生的时间对维护分类，一般可分为事前维护（预防性维护）和事后维护（故障维护）两种情况，如图 6-21 所示。事后维护是指设备在发生故障之后造成生产停顿，是一种被动的对设备进行维护的手段，是比较原始的设备维护方式。停工检修适用场景是设备故障不会导致严重的并发反应、停机对于生产损失较小、设备价值不高不会带来较大经济损失、设备意外停机不会导致生产事故危及安全等。停工检修能够发挥出设备或者零部件的所有使用寿命，做到物尽其用，不会造成性能的浪费，例如普通电器或小型设备比较适合此种模式。在工厂生产环境中，生产计划是预先制定的，如果意外进行停机维修，由于此种维修缺乏计划性，而且对于修理部件的备件不足，会造成设备的长时间停机，打乱工厂的生产计划。

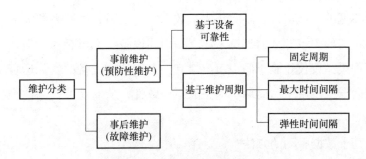

图 6-21　设备的维护分类

随着工业企业规模和要求的提升，以及工业化的进一步发展，原始的停工检修完全不能满足企业生产的需求，于是一种事前维护的手段即预防性维护被提了出来。预防性维护，从文字可知，是预防设备发生故障从而进行的维护，发生的时间点是在设备真正发生故障之前，是一种具有目的性、计划性的维护手段，通过预防性维护来保证设备不会在生产过程中发生故障，防止设备故障突发而对设备使用以及企业生产造成大规模的影响，由于预防性维护是一种已知的、有目的的维护手段，所以维护人员可控性较高。通常又可以基于两种策略进行预防性维护分类，一种是基于时间对设备进行维护，另一种是基于设备的健康状态或者可靠性对设备进行维护，也可称为预测性维护。

6.5.2 复杂设备预测性维护方法

（1）基于模型的预测性维护方法

基于模型的预测性维护方法，是根据设备的内部工作机理，建立反映设备性能退化物理规律的数学模型。通过设定边界条件和系统输入等参数，进行数学模型的求解和仿真，得到计算的结果。通过建立数学模型，可以了解设备性能退化的物理本质，预测退化的发展趋势。Lung 等[79]提出了一种综合考虑运行状况、健康监测和维护行为的有效退化模型，该模型基于与设备退化水平相关的离散状态和累积的连续状态建立，具有很高的可用性。另外 Lei 等[80]提出了加权最小量化误差健康指标，实现了来自多特征的交互信息融合，与设备的退化过程进行关联，并使用最大似然估计算法初始化模型参数，之后利用粒子滤波算法来预测设备的剩余使用寿命。

基于模型的方法可以在不收集大量数据的情况下，表述系统的故障逻辑和退化趋势，需要领域专家的支持来建立和表述设备的数学模型。但是传统复杂设备的物理模型仅仅是基于假设工况建立的，无法与设备的实际运行工况保持一致，因而导致设备生命周期中模型的不一致性，从而造成预测性维护精度不高的问题。

（2）基于数据驱动的方法

基于数据驱动的预测性维护方法需要从运行设备中收集状态监测数据，而不需要建立设备故障演化或寿命退化的精确数学模型。常用的基于数据驱动的方法有自回归（Autoregressive，AR）模型、人工神经网络（Artificial Neural Network，ANN）、支持向量机（Support Vector Machine，SVM）、相关向量机（Relevance Vector Machine，RVM）和高斯回归等。Liao 等[81]利用数据驱动的方法来评估设备的健康状况和预测设备的性能退化过程，确定了设备的维修阈值和预测维修周期数。Baptista 等[83]针对航空公司的定期维修计划带来的维护不当问题，采用了 ARMA（Autoregressive Moving Average，自回归滑动平均）模型预测组件和系统发生故障风险的时间，并采取维护措施。

数据驱动的方法需要从历史数据中提取特征，并将其转化为知识。通过数据分析和处理，挖掘隐藏在设备数据中的健康状态指标和性能退化特征信息。然而，数据驱动的算法模型并没有考虑机电设备的实际物理特性规律和差异性，对不同的系统预测性维护采用无差别的数据处理与分析预测，从而导致其适应性差的问题。

综上所述，目前的单一预测性维护方法均存在不同的缺陷，如预测性维护的模型一致性、算法适应性以及预测结果准确性等问题，因而单一方法不能满足设备更高精度和可靠性的要求。采用融合型预测性维护方法，可以实现多种方法之间的性能互补，充分利用各种方法的优点，有效地避免单一方法的局限性，从而获得更精确的预测性维护结果。但是如何构建复杂设备精确的数字化模型并保持其一致性，如何充分挖掘和利用设备运行过程中产生的大量传感数据，以及如何制定智能的预测性维护策略仍是有待解决的关键技术问题。数字孪生理念的出现，为机床融合型预测性维护中存在的这些问题提供了很好的解决思路。基于数字孪生虚实映射的特点，利用其生命周期高保真模型和智能感知数据，采用模型和数据融合的策略来实现机床的智能预测性维护。

6.5.3　数字孪生驱动的设备预测性维护框架

数字孪生本质上是物理系统在虚拟空间中的一种独特的映射模型。物联网、动态模拟、机器学习、增强现实/混合现实等技术作为支撑，数字孪生技术能够持续适应环境和操作的变化，并实现产品设计、工艺规划、调度优化、精准配送、智能控制、质量分析、能耗管理、健康管理等服务，为优化操作、产品全生命周期管理，并加速新产品开发提供了巨大的潜力。本节在传统的设备健康维护的基础上，提出新一代基于数字孪生的设备故障诊断和预测框架，如图 6-22 所示。

（1）物理系统和智能传感器

物理系统是实际世界的客观存在。为了构建设备故障诊断和预测性维护的数字孪生模型，需要从物理系统获得几何结构、材料特性、工艺参数、工作状态、操作环境等不同的系统属性，由于设备的运行状态不是绝对稳定的，零部件需要在高速、重载下长时间工作，此外设备的工作状态和操作环境也会不断

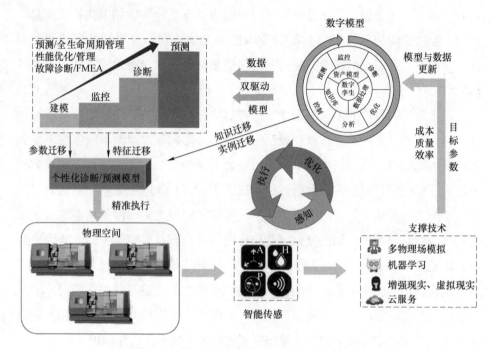

图 6-22　基于数字孪生的设备预防性维护框架

变化，其使用性能将逐步退化。因此获得物理系统的动态状态对判断设备状态至关重要，多源低延迟高灵敏度的物联网系统的发展将决定这个过程能否实现。针对物理系统的工作包括以下几部分：

1）建立设备的数据采集模块。数据采集是数字孪生的基石，为后续的多种功能提供最需要的数据支撑和实时状态反应，维护方法同样需要实时状态监测和历史数据回顾作为决策支撑。需要确定采集数据中模块的特征参数，确定所有的传感器和采集的数据量纲。数据采集内容主要包括方便远程监管的运行状态监测和对主要设备部件进行监测。运行状态的监测主要根据机械设备的工作参数而定，对于数控机床，包括主轴速度、进给速度、功率、振动、温度等信息，还包括对于设备异常的监测和对于机械设备内部运行状态的监测。根据所采集的数据集，建立虚拟实体模型，在虚拟实体上进行模拟运行并对数据进行训练得到靠近真实物理环境情况的模拟运行数据。

2）获得几何和规则模型。几何模型是指从设计阶段获得的系统的最基本参数，如材料属性，外形尺寸、零部件的装配关系等。规则模型是指物理系统的固有属性参数，例如转子系统的固有频率、临界转速等，这些参数与材料的几何模型有直接的关系。通过构建物理系统的几何和规则模型，可以进一步利用静力学、瞬态动力学、流体力学等多物理模拟进行后续物理系统的静态和动态分析。

3）分析工作状态。物理系统的健康状态变化通常表现为其结构的变化。通过智能传感器可以获得表征物理系统状态变化的观测量，但想要获得实际的状态变化需要进一步分析。例如转子系统的状态监测通常是在轴承处安装振动传感器，当转子系统发生不平衡故障时，系统的状态发生变化，但通过振动传感器仅能观察到振动的幅值增大。

4）获取操作和环境条件。一般来说，物理系统的动态响应不仅受其健康状态的影响，还与操作和环境条件密切相关。机械设备运行状态的特征是不同参数的复杂性、可变性和各因素耦合作用的结果，以旋转机械为例，转速和负载是最相关的操作条件，操作条件的变化同样会影响设备的状态监测值，这种不确定性将会给设备的状态判断带来挑战。环境条件包括设备所处环境的数据变化，例如温度、湿度和振动干扰，其中振动干扰是特别需要注意的参数，判断设备振幅增大是由本身状态变化而产生的还是由外界干扰引起的至关重要，因此是否对外界环境进行监测将决定设备状态判断的准确性。

（2）数字孪生模型的构成要素

利用物理系统的基本物理信息和动态传感信息，通过基于物理模型和基于数据驱动的分析方法，可以构建数字孪生模型，该数字孪生模型是由数字模型、数据分析和知识库构成的。主要包括：

1）数字模型。数字模型以物理系统的几何和规则模型为基础，并从生产、操作和环境中采集传感数据构建系统，它描述了物理系统的子系统和组件的结构和动态变化过程。数字模型可以在虚拟空间中模拟不同状态、不同工况下的正常或异常行为，通过在数字模型中创建虚拟传感可以提高模型的保真度。这种仿真过程能够帮助我们更好理解物理系统的运行规则，从而更好地控制和优化物理系统。

2）数据分析。数字模型中表征的都是物理系统的可观测数据，想要挖掘更深的系统内部运行规律，就需要通过数据分析手段对系统响应进行特征提取，获得系统状态与系统响应之间的对应关系。数据分析是传统设备健康维护的关键，它用于描述、诊断、预测和规定物理系统的行为。同时将数据分析结果传递给物理系统的数字模型，以更新数字模型的参数。

3）知识库。通过仿真技术很难得到完整的客观系统的本质，需要通过对物理系统定期进行故障检测和分析，以维修报告的形式构建物理系统健康评定的知识库，通过不断完善故障模式、健康指标、诊断规则、阈值设定和操作风险等内容，物理系统能够不断提高抗风险能力。这能帮助企业根据单个设备的具体情况安排理想的维护计划和性能优化方案。在预测性维护算法部分，分别构建故障诊断和故障预测模型，如 CNN 模型、LSTM（长短期记忆）网络模型和随机森林模型，利用场景感知的特征进行模型的训练和验证。针对不同的应用场景，分别利用迁移学习算法和滤波算法实现数字模型仿真和数据驱动算法的有效融合，从而提高预测性维护精度和可行性。

6.5.4 应用案例

参考文献［77］给出了一个针对数控机床的预测性维护案例。针对数控机床故障数据可获取、难标记的应用场景，采用基于迁移学习的数字孪生模型与数据融合的预测性维护方法，如图 6-23 所示。例如，机床轴承和滚珠丝杠的寿命预测与故障诊断应用中，由于轴承和滚珠丝杠的额定寿命较长，造成运行数据可采集但性能退化标记可行性不好，此时可以应用基于迁移学习的融合方法。通过数字孪生故障模型可以进行仿真，以获取机床性能退化的模拟传感数据，利用仿真数据进行数据驱动模型的训练；然后将训练好的模型迁移到实际应用环境中，将实时获取的传感数据输入到迁移后的模型，并微调模型的修改，从而可以较快速准确地输出预测诊断结果，而不需要复杂的数据算法构建和长时间的模型训练。基于迁移学习的融合方法解决了设备性能退化数据难以标记和模型训练资源不足的问题。

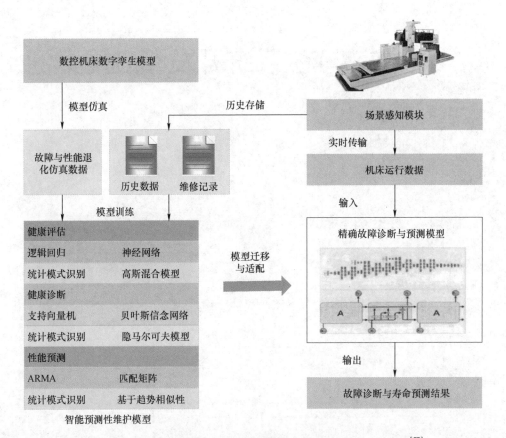

图 6-23　基于迁移学习的数字孪生模型与数据融合的预测性维护[77]

第7章

数字孪生系统开发和应用案例

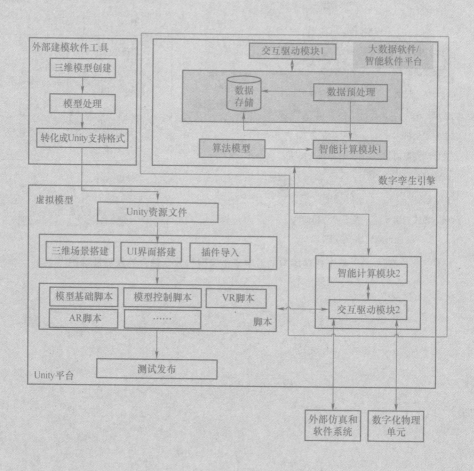

7.1 利用 Unity 开发数字孪生应用的准备

7.1.1 Unity 开发环境配置

Unity 是一款优秀的 2D/3D 游戏引擎，使用 Unity 开发的游戏大作层出不穷。如今，Unity 已经不止用来开发游戏，其在电影、工业制造、教学、仿真实验和工程领域也有很多的应用。Unity 应用开发的主要特点包括：①跨平台支持，所开发应用支持 Windows、Mac、Xbox、iOS、Android 等 PC、移动和主机平台；②能构建拟实的场景，Unity 渲染底层支持 DirectX 和 OpenGL，支持 NVIDIA PhysX 物理引擎，可模拟包含刚体、柔体、关节物理、车辆物理等对象；③支持 VR/AR/MR 应用，支持 HTC Vive、Microsoft Hololens 等应用的开发。本节主要介绍使用 Unity 开发应用时在 Windows 平台上的开发环境搭建。

Unity 开发环境主要组成部分是 Unity Editor 和脚本编辑器。Unity Editor 用于游戏/应用中场景和对象的设计与制作，游戏中的对象称为 GameObject（游戏对象），每个游戏对象都可以添加若干 Component（组件），组件用于控制游戏对象的特征或行为，Script（脚本）就是其中一种组件，用于定义游戏对象的行为逻辑。脚本可以使用 C#或者 Javascript 编写，可以使用任意的编辑器编写脚本，这里以 Visual Studio 2019 为例，介绍如何安装开发环境和调试工程的脚本。

1）安装 Visual Studio 2019 的 Unity 编辑器组件。Visual Studio 2019 的安装包自带 Unity 编辑器的安装入口。在开始菜单中搜索"Visual Studio Installer"。如果没有安装的话，建议安装 Visual Studio。启动完 Visual Studio Installer 之

后，单击"修改"按钮，如图 7-1 所示。

图 7-1   Visual Studio Installer 修改窗口

2）在"单个组件"中勾选两个组件，分别是①Unity 64 位编辑器；
②Visual Studio Tools for Unity。单击右下角的"修改"按钮后，等待安装，如
图 7-2所示。

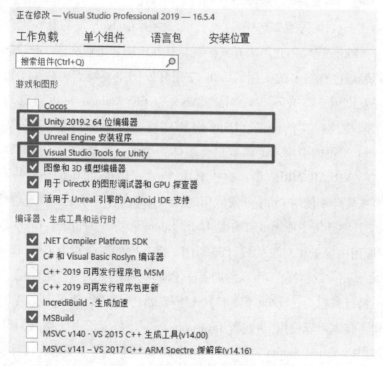

图 7-2   Visual Studio Installer 安装 Unity 组件

3）如果没有 Unity 授权，那么将无法使用 Unity 编辑器，而获得 Unity 授权
在 Unity Hub 的应用中才能进行，因此首先需要安装 Unity Hub。登录 Unity 官

方网站 https://unity.com/download 下载 Unity Hub，并安装。启动 Unity Hub，进入 Unity Hub 许可证界面，单击"激活新许可证"按钮，然后按照自己的需求选择许可证即可，如图 7-3 所示。

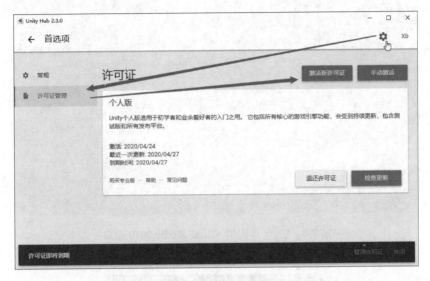

图 7-3　Unity 激活许可证界面

4）配置 Visual Studio 解决方案。进入 Unity 工程，选择"Edit→Preference"打开 Unity 的设置。在设置中，打开 External Tools，在 External Script Editor 中选择"Browse"，找到 Visual Studio 2019 的主程序，然后勾选 Generate all.csproj files。设置完成后，单击"打开 C#项目"按钮可以在 Visual Studio 中打开此项目的解决方案，就可以在里面编写 C#脚本。配置过程如图 7-4 所示。

5）在 Visual Studio 中调试 Unity 程序。正常可以直接在项目原本的"启动"或"调试"按钮处看到"附加到 Unity"按钮，单击即可调试 Unity 程序，如图 7-5 所示。

7.1.2　AR 和 VR 环境配置

1　基于 Unity 和 Vuforia 的 AR 开发环境配置

Vuforia 是高通公司的 AR 解决方案，需要在官网上进行 Target Manage，也就是图像预处理，Vuforia 不但对于商业级应用提供云识别，而且还支持三维立

255

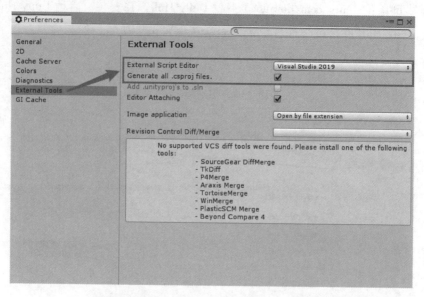

图 7-4　Unity 中配置 Visual Studio 2019 窗口

图 7-5　Visual Studio 调试 Unity 程序

体物体识别和 HoloLens 应用。目前高通公司的 AR 解决方案已经成为事实上的一个 AR 的 SDK（软件开发工具包）标准。本节采取 Vuforia SDK 结合 Unity 作为 AR 的实现方案，将 AR 技术用于人机交互。

　　首先需要到高通公司官网下载 Vuforia SDK，目前最新的版本是 6，Unity 从 Unity 5 开始分为 32 位版本和 64 位版本，Vuforia 到版本 6 才开始支持 64 位，所以 Vuforia 6 之前的版本只能使用 32 位版本的 Unity。图 7-6 所示为数字孪生引擎和 Vuforia 支持下 AR 应用的实现方法流程。

　　Vuforia 开发所需的 SDK 可以在官方网站免费下载，下面从图片识别和 3D

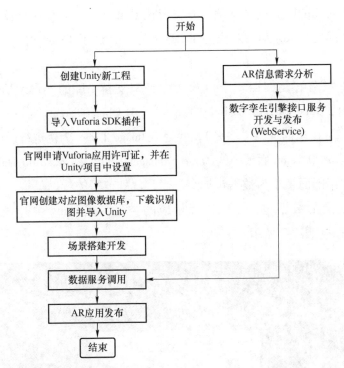

图 7-6　数字孪生引擎和 Vuforia 支持下 AR 应用实现

物体识别来分别说明如何搭建 Vuforia 开发环境。

（1）基于 Vuforia SDK 的图片识别环境配置操作步骤

1）在 Vuforia 的官网地址注册账号，注册完毕后用该账号登录，单击"Downloads"按钮，进入下载界面。此页面有 Android、iOS 以及 Unity 开发所需的 SDK，下载 Unity 开发所需的 Vuforia 的 SDK。

2）在 Unity 中创建 AR 项目，将下载好的 SDK 文件导入该项目。开发者在每次创建新项目后都需要导入此文件，然后就可以在 Unity 端进行 Vuforia 的开发。

3）在 Vuforia 官网中单击"Develop"按钮，然后单击"Add License Key"按钮，申请一个许可，填写相关的参数，填写完成后，审查参数内容完成申请。申请许可后，在 Develop 面板中就会出现刚刚申请的项目名。单击项目名就可以看到许可的 Key 值。开发者上传某对象作为 Target 以后，系统会自动生成与 Target 对应的唯一的 Key 值。开发者在 Unity 的开发窗口中填写进去，程序就会自动匹配与 Key 值相对应的 Target 对象，保证了 Target 对象的准确性和唯一性。

4）AR 案例需要扫描一个目标文件夹来支持 AR 的实现，Vuforia 支持 Image Target、Cube Target、Cylinder Target 和 3D Object Target 四种类型的 Target（Target 为 Unity 里的资源文件夹），此处以 Image Target 为例进行说明。

5）在官网 Develop 面板中的 Target Manager 页面，单击"Add Database"按钮，并在弹出的面板中为数据包填写包名，此处填写的数据包是将要做成 AR 插件以备使用的数据包，然后选择相应的类型，在 Unity 中开发一般选择 Device 类型，如图 7-7 所示。

图 7-7　添加数据包和选择类型

6）创建完毕后会在列表中出现刚创建好的数据包，单击该数据包后再单击"Add Target"按钮，选择 Single Image 类型，单击"Browse"按钮导入找好的图片，然后单击"Add"按钮完成添加，如图 7-8 所示。

7）添加成功后选中刚创建的 Target，单击"Download Dataset"按钮，在新界面中勾选"Unity Editor"项，然后单击"Download"按钮开始下载数据包，如图 7-9 所示。系统会将所需的资源打包成 Unitypackage 格式，开发者导入项目中即可。

Vuforia 插件中包含许多的预制体，其中 ARCamera 和 ImageTarget 是所用到

图 7-8　添加 Target 参数

图 7-9　下载 Target 数据包

的基础组件，如图 7-10 所示。在 Unity 中将 ARCamera 和 ImageTarget 两个都拖放到 Hierarchy 面板中，选择刚拖进来的 ImageTarget，右侧的 Inspector 中的 C# 脚本 Image Target Behaviour 中需要配置我们的图片数据库及对应的识别图片，如图 7-11 所示。

　　每个 AR 应用的开发都需要到高通公司官网申请许可证，并在 Unity 项目中进行配置，如图 7-12 所示。

　　（2）基于 Vuforia SDK 的 3D 识别环境配置操作步骤

图 7-10　Vuforia 里预制体组件

Image Target Behaviour (Script)

Script	ImageTargetBehaviour
Type	Predefined
Database	TongJiI5os
Image Target	timg
Width	0.4
Height	0.4
Preserve child size	☐
Enable Extended Tracking	☐
Enable Smart Terrain	☐

图 7-11　Image Target Behaviour 配置界面

▼ Vuforia

App License Key

AWljgvv/////AAAAGR1v0JCmH0xSvWbAlqcSAy1yh8
WbrgOiD5dDenVpcx4u+PTLdOph/NR0ABGFDwpMd8
D6Z3itueM6dL6BczhqOtFGtGF+G70usAs1P1BFjDco+
K1z79K6m8eSdoB+nEZRtNd/Sq7yw5MhFfy9IVIwLMz
pwXz8rzYlE2Beob0L/gU1Xc2hDFaxyCB2H+IIP/pilpa
vbVwrByu0rybzma7vs1EZdSzFiNnQPYYhwA2wQuAPF
ZnX5UASx0gJn//WEPmYaMFvXUNMXYkuXCYPlPfqw7
YtFhWwSq2zKFxb0Rin4HmR9Rct3JB6ntvV5QX71Po5
FASC/x0ZtEHDQbUozSpeT5E+zljQtzYkybGPKBa9/w
Sq

Delayed Initialization	☐
Camera Device Mode	MODE_DEFAULT
Max Simultaneous Tracked Image	1
Max Simultaneous Tracked Object	1
Load Object Targets on Detection	☐
Camera Direction	CAMERA_DEFAULT
Mirror Video Background	DEFAULT

▼ Digital Eyewear

Eyewear Type	None

▼ Datasets

Load TongJiI5os Database	☑
Activate	☑

▼ Video Background

图 7-12　AR 应用许可证配置

前面介绍了将设备的图片作为识别对象。图片信息是二维的，同一对象不同角度就是不同的图片，导致识别结果的不同，在某些应用，如零件辅助装配应用，如果将零件或者装配体的图片作为识别对象，零件转动会导致不同的识别结果，给装配指导带来巨大困难。Vuforia 提供了一套技术来实现与 3D 物体的交互，官方提供了一款扫描 APP（应用软件），利用该软件可以将 3D 物体的物理特性扫描成数字信息。该 APP 所识别的 3D 物体是不透明、不变形的，并且其表面应该有明显的特征信息，这有利于 APP 去收集目标表面的特性信息。图片目标与 3D 物体目标的对比见表 7-1。

表 7-1　图片与 3D 物体目标的对比

物体目标类型	说明	使用建议
基于图片的目标	平面图	出版物、产品包装
3D 物体目标	根据扫描仪扫描出来的目标特性	玩具、产品、复杂的几何图形

在高通公司官网上下载并在移动设备上安装 Vuforia 扫描仪后，就可以利用该 APP 对 3D 物体进行扫描，扫描完成后会产生一个 *.od 文件，该文件包含了 3D 物体表面的物理信息。将其上传至官网，经在线处理后再打包下载，数据源即可使用，下面详细讲解扫描 3D 零件物体的步骤。

1）在开始扫描物体之前，需要将 APK 压缩包中附带的 Object Scanning Target.pdf 文件打印出来，如图 7-13a 所示。将 3D 零件物体放置在该图片右上角的空白区域，并且与图片中的坐标轴对齐。该图片的作用是用来确定物体的精准位置和姿势。

2）准备工作完成后，就可以开始 3D 零件物体扫描。单击 Vuforia 扫描仪图标进入应用程序，如图 7-13b 所示。单击 "+" 图标创建新的扫描会话，当物体位置摆放正确时，会出现一个矩形区域将物体包裹，如图 7-13c 所示。

3）如果只将 3D 零件物体的一部分放在空白区域，Vuforia 扫描仪就只会扫描收集位于空白区域的物体部分表面的数据信息，如图 7-13d 所示。单击红色按钮开始对物体进行扫描，在扫描过程中不要移动 3D 零件物体，而是通过移动摄像机来对整个物体进行扫描。

4）当一个表面区域被成功捕捉后，该区域会由白色变成绿色，如图 7-14a 所示。可以适当改变摄像机和 3D 零件物体间的距离对部分区域进行捕捉。当

a) Object Scanning Target图片

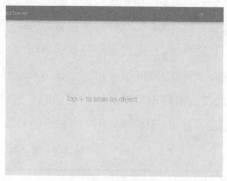
b) 扫描开始界面

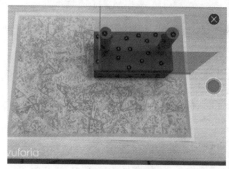
c) 整个零件矩形包裹

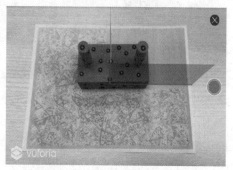
d) 半个零件矩形包裹

图 7-13　Vuforia 零件体扫描过程

捕捉到大部分的表面信息后，即表面区域大部分变为绿色时，再次单击录制按钮停止扫描。

5）输入扫描结果名称，保存后会出现一个信息摘要，如图 7-14b 所示。在界面底部会出现 Test 和 Cont Scan 两个按钮。可以通过单击 Test 按钮对扫描结果进行测试，测试结果如图 7-14c 所示。若对扫描结果不满意，可以单击 Cont Scan 按钮继续对物体进行扫描。

2　基于 Unity 和 SteamVR 实现的 VR 开发环境配置

本节以 HTC Vive 作为 VR 功能实现的硬件设备为例介绍 Unity 中 VR 开发环境配置准备工作。HTC Vive（V1.0）是一款 HTC 和 Value 合作推出的 VR 头显，它搭配两个无线控制器，并具备手柄追踪功能。它的主要特色是能进行较

a) 扫描表面特征建立

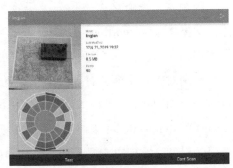
b) 扫描信息摘要

c) 扫描测试结果

图 7-14   Vuforia 3D 零件体扫描结果

大范围的移动，而且具有低延时、高精度的特点。

Unity 开发 VR 应用主要利用 SteamVR SDK，该 SDK 是一个由 Value 提供的官方库，以简化 Vive 的开发，它同时支持 Oculus Rift 和 HTC Vive。将插件导入到 Unity 中后，打开插件文件，最基础的是预制体组成，如图 7-15 所示。

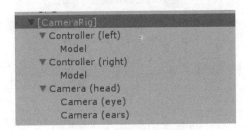

图 7-15   CameraRig 预制体

预制体由一个父物体和三个子物体组成，而每个子物体又有自己的子物体。父物体［CameraRig］主要挂了一个脚本 StreamVR_ControllerManager，这个脚本根据左右手柄是否连接来控制左右手柄是否显示。CameraRig 下的三个子物体分别对应左手柄、右手柄以及头盔。Controller（left）和 Controller（right）下各有一个 Model，这个物体就是在 VR 场景中看到的手柄模型。它上面有一个 SteamVR_RenderModel 来控制手柄的表现，可以在实际项目中将 Model 替换成自己的模型，实现自定义手柄。Camera（head）有两个子物体。这两个子物体主要控制 VR 场景中的视觉和听觉，如果想要在摄像机上加一些特殊的后期处理效果就可以加载在 Camera（eye）上。

除了以上预制体，在开发时经常用到的扩展脚本主要是 Assets/SteamVR/ Extras 下的 SteamVR_TrackedController 和 SteamVR_Laser-Pointer。这两个脚本主要对外提供手柄事件，SteamVR_TrackedController 中声明了 11 个手柄上的基本事件，比如菜单按钮按下、菜单按钮松开、Steam 按钮按下、扳机按钮松开等。这 11 个事件对应着手柄上的各个按钮，如图 7-16 所示。

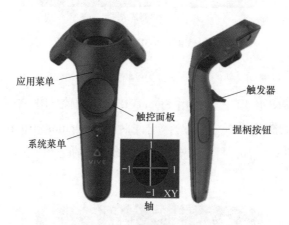

图 7-16　HTC Vive 手柄

从 Asset Store 中下载并安装 SteamVR 的插件，并打开 SteamVR 应用，如图 7-17所示。

单击 "Import" 按钮，Unity 将开始导入 SteamVR 资源库，如图 7-18 所示。

Unity 的一些默认设置并不适用于 SteamVR，该窗口会提示用户需要更改

图 7-17　SteamVR Plugin 下载

图 7-18　Unity 导入 SteamVR

的设置以及它们需要被更改成的结果。根据提示单击 Accept All 按钮即可自动更改项目设置。在 Unity 编辑器中，使用 Window→SteamVR Input 命令，打开 SteamVR Input 窗口。在 SteamVR 2.0 中，使用 SteamVR Input 窗口作为入口，对所有动作进行管理。初次导入 SteamVR 2.0 并运行程序时，会弹出一个对话框，提示没有 actions. json 文件，并询问是否要使用默认值。单击"Yes"按钮，将默认的"SteamVR Input JSON"文件以及一些常见的控制器相关绑定文件复制到当前项目的根目录下，如图 7-19 所示。

图 7-19　SteamVR Input JSON

复制完成后，SteamVR Input 窗口将读取文件信息并展示其包含的动作集合以及动作集合下的所有动作。这些操作和绑定提供了一些默认的可以帮助交互系统工作的手柄手势，同时还可以自定义添加或删除手柄动作。单击"Save and generate"按钮，此时保存了你的操作并且生成了一些类用来初始化这些默认操作，可以在编辑器中通过 SteamVR API 直接访问。

同时，Assets 面板中出现了两个新的文件夹：Steam 和 SteamVR_Resources。它们包含了所使用硬件的 API、所有的代码、预制体模型以及示例。在基础装置中，VR 摄像机无疑是核心装置。

在 SteamVR 文件夹中找到 Prefabs 文件夹，在其中找到名为［CameraRig］的预制体，拖动［CameraRig］到 Hierarchy 面板的空白处，即将 VR 摄像机的组件添加到场景中。同时删掉原本存在的主摄像机 MainCamera，避免与 VR 摄像机产生冲突。下面将简单介绍［CameraRig］中包含的组件。

［CameraRig］游戏对象本身包含一个名为 SteamVR_PlayArea 的组件，该

组件允许用户在移动的区域进行蓝框绘制。其下两个子控件 Controller(left) 和 Controller(right) 类型相同，并在一定情况下可互相替代。它们在 HTC Vive 虚拟世界中渲染模型来显示控制器的位置。这两个游戏对象上包含一个 SteamVR_Behaviour_Pose 组件，用于设置转换的位置和旋转。在它们下面还各有一个叫作 Model 的 GameObjects，它包含了 SteamVR_RenderModel 组件。它有几个成员包括索引、模型覆盖、着色器、详细、创建组件、动态更新用于渲染模型。

在使用时，硬件装置可以感知控制器是否连接，如果未使用控制器并不会产生任何错误。如果不使用控制器的情况下，Controller 游戏对象也不会影响性能。

之后是 Camera 组件，这是组成 GameObject 系统的主要部分。在右侧 Inspector 面板中单击 "Add Component" 按钮添加组件 SteamVR_Camera，Camera 组件被分为了 Camera(eye)、Camera(head) 两个控件，同时 Camera(head) 还带有一个名为 Camera(ears) 的子控件。

Camera(head) 包含一个名为 SteamVR_TrackedObject 的组件，SteamVR_Tracked 对象的索引字段设置为头戴式显示器。Camera(head) 游戏对象将与头戴式显示器一同移动，SteamVR_TrackedObject 组件会确保摄像机装置的顶部位于正确的位置，模拟现实世界中头戴式显示器的位置。

在 Camera(eye) 中可以看到实际头戴式显示器中的虚拟世界，它与 Camera(head) 位置相同，类似于现实世界中头和眼睛的关系，但它拥有用于渲染视图主要部分的 Camera 组件。它是添加依赖于视图的组件的地方(比如标注图像来定位的组件或者 LookAt 函数)，其中它包含了 SteamVR_Camera 组件，可以用于处理视图并将其发送到 SteamVR 并渲染呈现给头戴式显示器。

最后是 Camera(ears) 游戏对象。它是音频接收的部分，处理场景中的听觉问题，并将听到的内容传递给音响系统。它包含了一个 SteamVR_Ears 的组件，当使用扬声器时，它将匹配到音频监听器。利用 OpenVR 库中的一个属性来判断是否在使用扬声器。

以上就是全部最基础的环境配置，此时按下 "Play" 按钮并戴上 VR 头戴式显示器便可预览场景，将手柄拿到视野中也可以看到手柄的位置。

7. 1. 3 Unity 中 WebService 接口实现

Unity 移动端与数据服务接口一般采用 WebService 接口的形式。在 Unity 中调用 WebService 有两种基本方式：①使用 UnityWebRequest 调用 WebService；②利用 Visual Studio 自带的 WSDL 工具生成接口类（. cs 文件）。

（1）使用 UnityWebRequest 调用 WebService

新建一个 WebServiceDemo，然后在鼠标右键新建项中，添加一个 Web 服务（ASMX），图 7-20 所示为 WeatherForecast 类创建。

```
using System;
using System.Collection.Generic;
using System.Linq;
using System.Web;

namespace WebApplication1
{
  public DateTime Date { get; set; }

  public int TemperatureC { get; set; }

  public int TemperatureF >= 32+(int)(TemperatureC / 0.5556);

  public string Summary {get; set; }
}
```

图 7-20   WeatherForecast 类创建

WebService 中 SOAP（简单对象访问协议）传输用的是 XML 格式，不过为了配合 Unity 的 JSON，这里在 Nuget 组件中还是要添加 Newtonsoft. Json。如图 7-21所示。

在 WebServiceDemo. asmx 中写入了两个方法：一个不带参数的方法 Hel-loWorld（用 Get 调用），如图 7-22 所示；一个带参数的方法 DealWeather（用 Post 调用），如图 7-23 所示。这样简单的 WebService 就创建完成了，和 Asp. Net Core 的发布一样，也是先生成文件系统，然后在 IIS 中新建网站进行发布。

图 7-21　Newtonsoft. Json

```
Namespace WebApplication1
{///WebServicedemo的摘要说明
[WebService(Namespace = "http://tempuri.org/")]
[WebServiceBinding(ConformsTo = WsiProfiles.BasicProfile1_1)]
[System.ComponentModel.ToolboxItem(false)]
//若要允许使用ASP.NET AJAX 从脚本中调用此Web服务，请取消注释
以下行。
// [System.Web.Script.Services.ScriptService]


Public class WebSercivedemo : System.Web.Sercvice.WebService
{
  [WebMethod]
     Public string HelloWorld()
   {
           Return "Hello Wrold";
     }
   }
}
```

图 7-22　Get 调用方式

发布后的 WebService 如果要用 Http 的 Get 和 Post 方法，还需要在

```
[WebMethod]

Public string DealWeather(string json)
{
    WeatherForecast weather = JsonConvert DeserializedObject<WeatherForecast>
    Weather.Summary +="Hello World";
    Weather.TemperatureC += 2;
    Return JsonConvert.SerializeObject(weather);
}
```

图 7-23　Post 调用方式

Web. config 中进行配置，即需要在 Web. config 的文件<system. web>的节点下增加 Get 和 Post 方法，如图 7-24 所示。

```
<webServices>
<protocols>
<add name="HttpPost" />
<add name="HttpGet" />
</portocols>
</webServices>
```

图 7-24　在 Web. config 中配置 Get 和 Post 方法

（2）利用 Visual Studio 自带的 WSDL 工具生成接口类

Unity 应用调用 WebService 服务需要将 Unity 目录/Editor/Data/Mono/lib/mono/2.0 文件夹中 System. web. dll 和 System. web. services. all 这两个文件复制到 Unity 的 plugins 文件夹中。然后通过 Visual Studio 自带的命令行工具 WSDL 命令生成对应 WebService 服务文件并复制到 Unity 中，便可实现相关服务的调用。需要注意的是 . NET 的版本，如果 Web 服务器的 . NET 版本和 Unity 应用不匹配，可能会导致访问失败。在 File→Build Settings→Play Settings 中找到如图 7-25所示的选项，可以进行 . NET 版本设置。

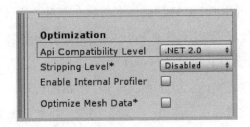

图 7-25 Unity 导入设置

7.1.4 Unity 中 Socket 通信

Unity 和其他软件（如数字实体中的各类应用软件系统）的通信，可以采用 SOA（面向服务架构）模式的 WebService 形式。但是 WebService 通信开销比较大，在一些准实时的应用中数据不能及时传递会带来延迟问题。部分轻量级通信中，采用 Socket（套接字）通信是常用的方法。

Socket 是 TCP/IP 中应用层对网络层和传输层的一个功能封装，它提供了一组接口，支持 TCP/IP 通信的基本操作单元。可以将 Socket 看作不同主机间的进程进行双向通信的端点，它构成了单个主机内及整个网络间的编程界面。为了满足不同程序对通信质量和性能的要求，一般的网络系统都提供了以下 3 种不同类型的套接字，以供用户在设计程序时根据不同需要来选择：

1）流式套接字（SOCK_STREAM）：提供了一种可靠的、面向连接的双向数据传输服务。实现了数据无差错、无重复的发送，内设流量控制，被传输的数据被看作无记录边界的字节流。在 TCP/IP 协议簇中，使用 TCP 实现字节流的传输，当用户要发送大批量数据，或对数据传输的可靠性有较高要求时使用流式套接字。

2）数据报套接字（SOCK_DGRAM）：提供了一种无连接、不可靠的双向数据传输服务。数据以独立的包形式被发送，并且保留了记录边界，不提供可靠性保证。数据在传输过程中可能会丢失或重复，并且不能保证在接收端数据按发送顺序接收。在 TCP/IP 协议簇中，使用 UDP 实现数据报套接字。

3）原始套接字（SOCK_RAW）：该套接字允许对较低层协议（如 IP 或 IC-MP）进行直接访问。一般用于对 TCP/IP 核心协议的网络编程。

（1）Unity 中基于 TCP 协议的 Socket 通信

TCP 是一种面向连接的、可靠的、基于字节流的传输层通信协议，为两台主机提供高可靠性的数据通信服务。它可以将源主机的数据无差错地传输到目标主机。当有数据要发送时，对应用进程送来的数据进行分片，以适合在网络层中传输；当接收到网络层传来的分组时，它要对收到的分组进行确认，还要对丢失的分组设置超时重发等。为此 TCP 需要增加额外的许多开销，以便在数据传输过程中进行一些必要的控制，确保数据的可靠传输。因此，TCP 传输的效率比较低。

由于实际开发中基本都是使用异步的方式，所以这里只以异步的方法为示例。

服务端的步骤如下：

1）创建（new）一个 Socket，SocketType 选择为流模式（SOCK_STREAM），ProtocolType 选择为 Tcp。

2）指定一个端口，然后根据端口和本地 IP 创建一个 IPEndPoint。

3）Socket 进行绑定 Bind。

4）Socket 开启监听 Listen，同时设置最大连接数。

5）调用 BeginAccpet 和 EndAccpet 异步等待客户端的连接。

6）调用 BeginReceive 和 EndReceive 异步接收客户端发来的数据。

7）调用 BeginSend 和 EndSend 异步发送数据。

8）调用 Close 关闭连接。

客户端的步骤和服务端基本类似，但不需要人为指定端口号，也不需要绑定和监听，只需连接到服务端就行（连接时，系统会自动为客户端分配端口），步骤如下：

1）创建（new）一个 Socket，SocketType 选择为流模式（SOCK_STREAM），ProtocolType 选择为 Tcp。

2）根据服务端的端口和本地 IP 创建一个 IPEndPoint。

3）调用 BeginConnect 和 EndConnect 异步连接服务端。

4）调用 BeginAccpet 和 EndAccpet 异步等待客户端的连接。

5）调用 BeginReceive 和 EndReceive 异步接收客户端发来的数据。

6）调用 BeginSend 和 EndSend 异步发送数据。

7）调用 Close 关闭连接。

（2）Unity 中基于 UDP 协议的 Socket 通信

UDP 是一种简单的、面向数据报的无连接的协议，提供的是不一定可靠的传输服务。所谓"无连接"是指在正式通信前不必与对方先建立连接，不管对方状态如何都直接发送过去。这与发手机短信非常相似，只要知道对方的手机号就可以了，不要考虑对方手机处于什么状态。UDP 虽然不能保证数据传输的可靠性，但数据传输的效率较高。

UDP 与 TCP 的比较如下：

1）UDP 速度比 TCP 快。由于 UDP 不需要先与对方建立连接，也不需要传输确认，因此其数据传输速度比 TCP 快得多。对于强调传输性能而不是传输完整性的应用（比如网络音频播放、视频点播和网络会议等），使用 UDP 比较合适，因为它的传输速度快，使通过网络播放的视频音质好、画面清晰。

2）UDP 可以一对多传输。由于传输数据不建立连接，也就不需要维护连接状态（包括收发状态等），因此一台服务器可以同时向多个客户端传输相同的消息。利用 UDP 可以使用广播或组播的方式同时向子网上的所有客户进程发送消息，这一点也比 TCP 方便。

3）UDP 可靠性不如 TCP。TCP 包含了专门的传递保证机制，当数据接收方收到发送方传来的信息时，会自动向发送方发出确认消息；发送方只有在接收到该确认消息之后才继续传送其他信息，否则将一直等待直到收到确认信息为止。与 TCP 不同，UDP 并不提供数据传送的保证机制。如果在从发送方到接收方的传递过程中出现数据报的丢失，协议本身并不能做出任何检测或提示。因此，通常人们把 UDP 称为不可靠的传输协议。

4）UDP 不能保证有序传输。UDP 不能确保数据的发送和接收顺序。对于突发性的数据报，有可能会乱序。

Unity 中设置 UDP 的 Socket 通信步骤如下：

服务器：

1）创建一个 Socket，SocketType 设置为数据报套接字（SOCK_DGRAM），ProtocolType 设置为 Udp。

2）指定一个端口，然后根据端口和本地 IP 创建一个 IPEndPoint。

3）Socket 进行绑定 Bind。

4）使用 BeginReceiveFrom 和 EndReceiveFrom 异步接收数据。

5）使用 BeginSendTo 和 EndSendTo 异步发送数据。

6）Close 关闭。

客户端与服务器是一样的步骤，只是端口号和服务器对调。

7.2　智能车间数字孪生系统实施案例

本节用一个制造单元的数字孪生系统原型的实现，来说明智能车间数字孪生系统的具体实施方法，给出关键模块的实现方案。

智能制造单元包括上料区、加工单元、成品货架、机械手四类单元。整个组成俯视图如图 7-26 所示，系统组成实景如图 7-27 所示。

该生产单元的主要加工任务是用户定制产品生产。主要流程如图 7-28 所示。

（1）微信下单

通过 iSESOL[⊖]工业云平台提供的微信小程序，用户可以选择手环或指环

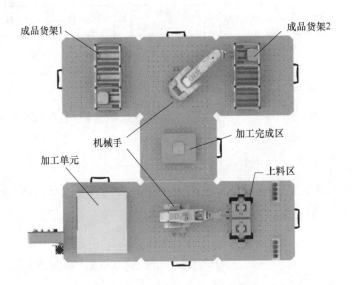

图 7-26　智能制造单元组成（俯视图）

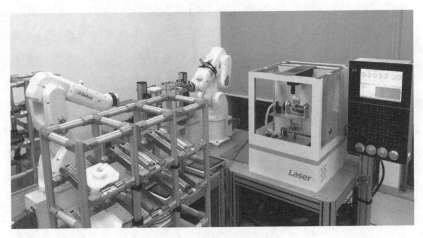

图 7-27　智能制造单元实景图

⊖　智能云科信息科技有限公司提供的一个面向机加工领域的工业云平台，详见 www.isesol.com。

（戒指）产品，然后根据个性化需求，选择雕刻图案（生肖图案或星座图案）。完成定制后下单。

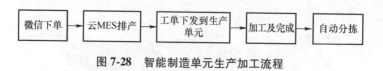

图 7-28　智能制造单元生产加工流程

（2）云 MES 排产

订单进入 iSESOL 平台，利用 iSESOL WIS 系统提供的云 MES 功能，进行排产，确定加工地点和加工设备。

（3）工单下发到生产单元

智能制造单元的加工设备实时连接 iSESOL 云平台。当云 MES 排产并下达工单后，智能制造单元的加工设备会接收到工单，进入到设备的待加工列表中。

智能制造单元是一台带沈阳机床 i5 数控系统的激光雕刻机。该数控系统通过 iport 协议经工业互联网和 iSESOL 云平台连接。

（4）加工及完成

上料区有两排原料柱，分别放指环毛坯和手环毛坯。原料采用堆栈结构。

当激光雕刻机开始加工后，机械手根据订单毛坯需求，自动选择指环或手环，上料到激光雕刻机。激光雕刻机根据用户选择的图案，自动调用相应加工程序完成雕刻。雕刻完成后，通过机械手放到加工完成区。

（5）自动分拣

根据用户下单时选择是自提或快递，成品货架挑选机械手自动把加工完成的零件分别放到两个不同的货架，等待取货或发货。

除了上述设备外，智能制造单元还包括用于控制设备数据采集和通信的边缘层接入设备 iSESOL BOX，该设备由智能云科信息科技有限公司提供，可以实时收集机床设备的相关参数，比如机械臂的实时关节角度等，收集参数内容以及频率等均可根据具体需求进行配置。另外机械手与云端 MES 系统的信息交互也通过 iSESOL BOX 来实现。

本套系统关键参数，比如机械手臂状态信息、雕刻机状态数据以及货仓状

态信息等均可通过网络获取,是后续数字孪生单元实现的基础。

7.2.1 智能车间数字孪生系统功能需求分析

一个智能车间的生命周期可分为规划与施工、运行与维护阶段。而车间数字孪生系统在车间的全生命周期内都有着重要的作用。

1 规划与施工阶段系统的功能需求

传统的车间规划一般都采用二维图纸的模式,但是此种规划模式下,周期较长,而且不利于车间不同工作人员之间的协同工作。数字孪生车间面向车间全生命周期,在规划阶段数字孪生车间需要改变传统车间规划设计模式下的缺点,比如非专业人员难以从设计图获取足量信息、规划变更周期长及不易协同工作等问题。

从以上分析来看,在车间的规划阶段,车间数字孪生系统主要的功能需求包括:

1)车间专用设备模型库,即利用高精度三维设计软件设计的车间虚拟三维模型集合,可以通过便捷的方式调取库中的设备模型,以便快速地完成车间的布局规划设计等。

2)虚拟仿真试验,即在车间虚拟模型的基础上能够进行各类仿真试验,比如机器人运动仿真、工艺仿真等,这样可以保证车间的合理性及安全性等,比如能够保证机器人的运动区间在合适的范围内。

3)施工辅助,即利用车间和设备虚拟模型能够辅助现场建筑的施工以及设备的装配,能够缩短施工周期和节省成本。

2 运行与维护阶段系统的功能需求

车间是日常制造活动进行的场地,而车间数字孪生系统如何在车间运行阶段发挥出数字孪生技术的作用对于推动制造的智能化具有重要的作用。传统的制造车间离智能车间还有一定的距离,仍然存在不少的问题:①传统车间的监控主要以多种数据统计表的形式展示给工作人员,这种方式存在信息分散、可视化效果差、信息难以与实际车间具体设备对应等问题;②缺乏实时的物流规划及指导,目前车间物流一般根据专家经验或者提前进行离线的物流规划进行，这种方式无法适应车间制造活动的动态性，无法根据实时的车间情况做出最合适的物流运输决策；③生产调度过于被动，无法及时发现问题导致后续生产资源等的调度出现问题；④对于产品的质量追溯及分析不够，无法更好地促进工艺、加工质量的改进；⑤设备故障的被动式响应，导致影响车间整体运行计划及效率；⑥传统的车间维护存在周期长、故障定位不准确等问题。比如设备出现问题需要专家从外地过来维修，导致设备停机时间长，维修成本过高；⑦缺乏故障的智能化诊断手段，导致无法准确地定位故障原因，诊断时间较长。

通过以上分析，在车间运行阶段，为了改进传统车间制造过程中的问题，车间数字孪生系统需要具备的功能需求主要包括：

1）车间全要素实时监控功能，即在车间运行过程中，在系统的虚拟空间内需要能够以较强的可视化效果展示给工作人员所需的所有数据。比如，获取某个设备的所有相关信息并在虚拟空间内实时展示。

2）实时物流规划及配送指导功能，即结合实时车间各个工位需求、库存等实时状态给出最优的物流路径，并指导自动配送车或者对应车间人员进行配送。

3）智能生产调度，即结合车间生产资源、设备故障等具体情况，实时调整生产计划，进行预测性生产。

4）产品质量追溯及分析功能，即在产品质量出现问题时，在物理车间采集的各个工序定位精度、切削力误差等信息基础上，通过在虚拟空间进行仿真模拟，对加工质量进行分析预测，从而发现问题改进工艺，控制加工质量。

5）设备故障预测功能，即需要在车间进行生产活动时，能够进行设备的故障预测，提前发现问题，主动推送报警消息，及时做出响应，防止因设备故障问题大量拖延生产计划。

6）全要素故障重放功能，即需要能够在虚拟车间进行准确的故障重放，并能够获取故障发生前后重要的参数状态变化，以便专家更好地进行故障诊断。

7）远程诊断功能，即能在远程通过虚拟车间终端进行车间故障的诊断，从而缩短因地理位置造成的时间成本问题。

8）虚拟调试功能，方便专家在诊断故障原因、制定维护计划后进行车间的虚拟调试，调整维护计划，提高现场维护的准确率。

3　从人机交互角度看系统的功能需求

随着信息技术的发展，涌现出了很多实用的人机交互和计算技术，比如增强现实（AR）、虚拟现实（VR）及移动应用等。在车间数字孪生系统中应用这些技术可以使用户有更好的使用体验。比如，系统中虚拟车间以三维形式构建，并以 VR 的方式展现，可以使得用户沉浸在数字化环境中，对物理车间的各类真实数据信息有着非常好的可视化效果，对车间的实时监控、故障诊断等方面均会有重要的增强。而把 AR 技术利用在物理车间中，为物流配送指导及相关信息的查看提供了便捷的途径。移动应用技术的发展可以推动虚拟车间移动端的实现，方便用户随时随地进行相关操作。

综上，从人机交互的角度来看，数字孪生车间系统的功能需求主要包括：

1）VR 功能，用户可以佩戴 VR 头盔在虚拟车间现场漫游，及时了解车间设备运行情况及相关参数信息，并能够利用 VR 手柄在虚拟环境内进行交互。

2）AR 功能，即把系统的指导或决策以 AR 的方式提供给用户，比如在 AR 眼镜中提供给工作人员实时的物流规划结果及配送路径。或者通过扫描二维码的方式获取相关信息，比如设备实时参数、仓库库存情况等。

3）移动端虚拟车间功能，为了车间工作人员的便利性，系统最好能够实现移动端的虚拟车间，以便随时对车间的状态进行监控，实施移动场景下的车间管理操作。

4　系统的总体功能需求

根据上述的分析可知，从不同角度看车间数字孪生系统的功能需求并不是完全独立的，也存在功能上的交集。从 CPS 角度出发考虑的功能需求更多地是从智能制造需求特点出发，从设计、生产、服务角度阐述了系统总体的功能需求方向，而从车间生命周期角度则是针对具体车间所提出的功能需求，最终结合上述需求分析，根据功能需求特点对上述需求进行分析总结，将车间数字孪生系统功能需求划分为规划设计功能、运行维护功能以及辅助功能。具体如图 7-29所示。

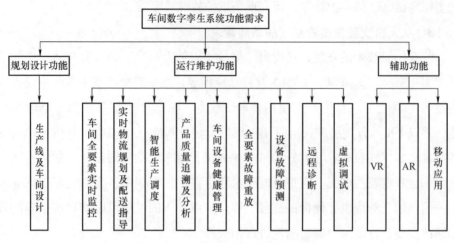

图 7-29　车间数字孪生系统功能需求

7. 2. 2　智能制造单元数字孪生原型系统构建框架

根据上一节车间数字孪生系统的功能分析，针对智能制造单元的实际情况，原型系统对生产单元建模仿真、生产过程监控、设备健康评估、车间性能评估等功能进行了实现。

参考数字孪生系统的实施架构，智能制造单元的数字孪生系统实施框架如图 7-30 所示。

整个数字孪生系统包括了物理单元层、数字孪生引擎和虚拟模型层三部分。参考第 2 章的实现框架，因为是原型系统，所以数字孪生引擎部分包括了数字孪生系统的服务功能，实现孪生智能的对外服务接口。虚拟模型层也就是虚拟制造单元，通过三维建模构建三维模型，并且在 Unity 平台实现了制造单元的虚拟动作。部分信息通过虚拟模型展示，因此，虚拟模型也承担了部分人机交互功能。外部软件包括了 Plant Simulation 生产仿真平台和 iSESOL WIS 提供的云 MES，为数字孪生引擎提供仿真和生产过程信息。物理单元层就是带数字接口的智能制造单元硬件设备。

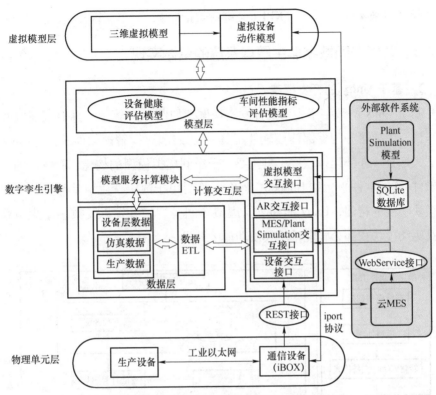

图 7-30　智能制造单元的数字孪生系统实施框架

数字孪生引擎数据层主要分为生产数据、仿真数据、设备层数据。如前面介绍的，数据流转主要通过接入设备 iSESOL BOX（即图 7-30 中的 iBOX）来实现。设备层数据通过 RESTful 协议从 iSESOL BOX 中实时获取，生产数据比如工单信息等通过 WebService 的方式从云 MES 中获取。仿真数据指的是来自于 Plant Simulation 所建模型的仿真信息。计算引擎层的实施主要分为模型服务计算模块以及交互驱动模块中的各类交互接口。交互驱动模块主要用于物理车间层和虚拟模型层的信息交互，比如利用实时设备数据来驱动虚拟模型，实现虚实同步，实时监控的目的。而模型服务计算模块既可离线计算也可实时分析计算。算法模型层主要分为设备健康评估预测模型和车间性能指标评估模型。设备健康评估预测模型通过 CBRM（基于条件的风险管理）方法结合层次分析法来构建。通过分析车间运行监控的关键性能指标体系特点构建了车间性能指标评估模型用来实时分析车间 KPI（关键绩效指标），为车间管理人员服务。

7.2.3 智能车间数字孪生原型系统的具体实现

1 基于 Unity 的开发框架

基于 Unity 的数字孪生系统开发实现框架如图 7-31 所示。从开发工具和技术来说，主要可分为外部建模软件工具、大数据软件/智能软件平台、Unity 平台三大部分。外部建模软件工具主要用于车间虚拟模型的构建，而成熟的大数据软件/智能软件平台如 Hadoop、Python 等则用于数字孪生引擎部分的智能计算模块功能的构建，Unity 能够支持虚拟车间模型的开发以及数字孪生引擎中交互驱动模块和部分智能计算模块功能的开发。

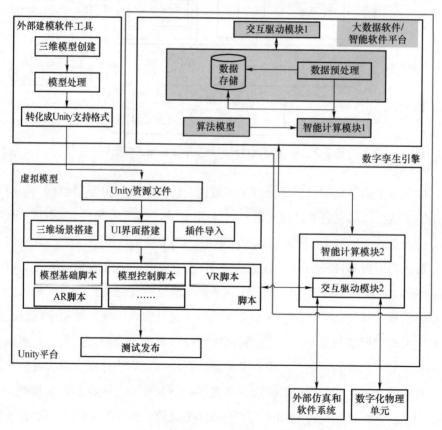

图 7-31 数字孪生车间系统开发实现框架

除了三部分需要开发的软件平台外，图 7-31 中还显示了 Unity 开发部分需要与外部系统、物理单元连接的部分。这部分交互驱动功能也是数字孪生引擎需要包括的。

2　数字化模型构建

智能制造单元的数字化模型构建包括两部分：一部分是用于三维展示用的三维模型，基于 Unity 平台构建并绑定其动作模型；另一部分就是用于单元生产过程仿真的 Plant Simulation 模型，可以对生产单元的运行方案进行仿真分析。

（1）基于 Unity 平台实现三维虚拟动作模型

三维虚拟动作模型参考图 7-31 的实施流程，先用建模软件绘制各个硬件单元的三维模型，然后导入 Unity 平台进行动作设定。完成的模型如图 7-32 所示，包括取料台 A，雕刻机和显示屏 B，中间的公共放料台 C，左成品仓库 D，右成品仓库 E。

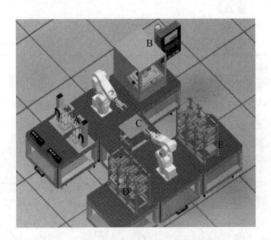

图 7-32　智能制造单元的虚拟模型

（2）基于 Plant Simulation 的生产仿真优化模型构建

Plant Simulation 平台可以构建生产过程基于离散事件的仿真模型，是生产过程的逻辑模型，对生产过程的调度方案、生产性能、物流方案等进行仿真分析和计算。在实际生产系统运行前对设计方案进行验证，在实际生产系统运行时对一些调度方案、设施配置等进行提前验证。当然，本制造单元组成简单，在这里只是从技术上介绍一些虚实映射方法。

图 7-33 所示为根据 i5OS 智能制造单元构建的 Plant Simulation 模型，其中机械臂仿真区域是对机械臂实体的描述，图 7-34 对各个仿真单元进行了标记，对应图 7-32 中各个单元。Plant Simulation 模型中 OrderInf 模块能够对订单信息进行更新；控制模块能够对订单的先后加工次序、加工路线进行优化控制；机械臂仿真模块是对实际的机器加工、机械臂传输进行仿真；Socket 模块用于与 Unity 进行通信。

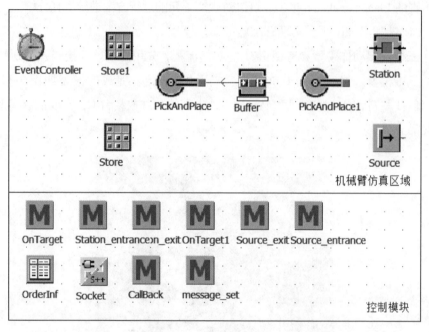

图 7-33　智能制造单元的 Plant Simulation 整体模型

当新增订单时，将订单信息放于 OrderInf 表中，由 Source 模块根据规则挑选合适的订单送入整体系统开始加工。机械臂 PickAndPlace1 将订单送入 Station 中进行激光雕刻。雕刻完成后夹取放在 Buffer 平台上，2 号机械臂 PickAndPlace 在成品区 1 号 Store 没有放满的情况下放在成品区 1 号 Store 中，若放满则置于成品区 2 号 Store1 中。

（3）虚拟动作模型与 Plant Simulation 模型交互

数字孪生系统的一个功能，就是能对生产系统进行虚拟展示。由于虚拟动

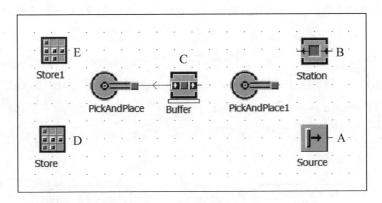

图 7-34　机械臂仿真区域

作模型本身没有动作逻辑，因此其动作需要外部数据驱动。驱动虚拟展示动作的数据源有两种方式：一个是基于实际数据的展示，可以是实时动作跟随，也可以是根据历史数据的回放；另外一个是用外部仿真软件进行驱动，也就是通过 Plant Simulation 模型进行生产过程的仿真，其产生的数据驱动 Unity 模型进行动作。

Plant Simulation 模型驱动 Unity 平台模型的原因如下：①Unity 提供了很好的动画展示和人机交互接口，对于虚拟场景的构建能力、VR/AR 的支持能力都远远大于 Plant Simulation 平台，因此用其构建虚拟动作模型可以提供很好的人机交互体验；②Plant Simulation 平台提供了强大的生产过程建模仿真能力，其提供的建模对象能方便地构建生产系统模型，并且能通过设定各类参数来很好地契合各类生产场景，也可以避免在 Unity 里再开发反映生产过程逻辑仿真引擎的工作。因此，结合两者优势，可以提供数字孪生车间的运行仿真模拟。

Unity 中的虚拟动作模型能够反映生产任务的实际逻辑，必须建立起 Unity 与 Plant Simulation 平台之间的通信。为了保证模型驱动的实时效果，两者之间的通信采用 Socket TCP 协议，Plant Simulation 模型作为服务器，Unity 模型作为客户端。本案例中一共包含五个工位，通信包括工位之间的运动序列以及对应工位上的加工工序，这个可以预先定义好。仿真开始前，服务器等待客户端连接，客户端成功连接到服务器后发送仿真开始请求代码 2000。服务器收到该请求代码后开始仿真过程。仿真过程中，Plant Simulation 模型根据相应的订单信息对订单的先后加工次序、加工路线进行优化控制。在 Plant Simulation 模型完成优化后，将对应的加工路线或者当前的加工工序按照预定义的指令代码 1001 通过 Socket 发送给 Unity 模型，Unity 模型接收到指令并解析后执行动作，动作完成则通过 Socket 向 Plant Simulation 模型发送下一步动作的请求指令代码 2001，Plant Simulation 模型根据 Unity 的执行情况规划后续的加工流程。如此往复，直至所有订单加工完成，图 7-35 所示为 Plant Simulation 模型与 Unity 中虚拟模型的交互流程。

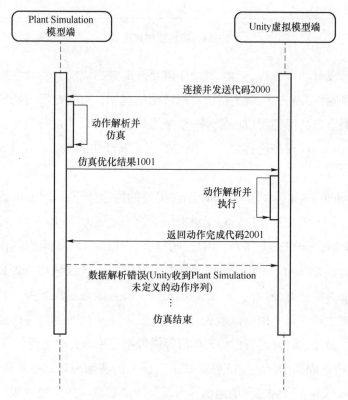

图 7-35   Plant Simulation 模型与 Unity 中虚拟模型的交互流程

通过将 Plant Simulation 模型发过来的生产执行任务代码解析成虚拟设备模型可执行的动作代码，便可实现数字孪生系统中虚拟制造单元的生产任务仿真。

3 数字孪生引擎的实现总体架构

（1）数字孪生引擎的部署架构

数字孪生引擎的部署不仅包括硬件服务器，更重要的是软件架构的部署。本案例中数字孪生引擎架构可分为数据层、模型层以及计算交互层，根据系统功能模块的总体方案给出数字孪生引擎的部署方案如图 7-36 所示。其中数字孪生引擎需要根据应用特点部署到不同服务器上。

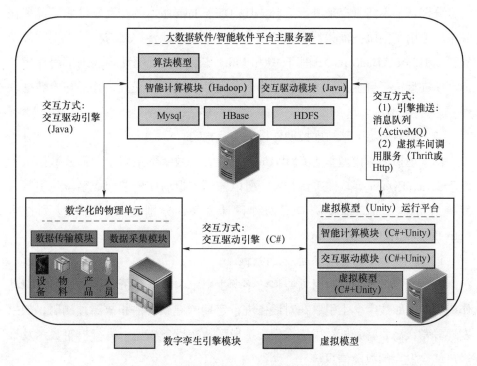

图 7-36 数字孪生部署方案（彩图见插页）

数字孪生引擎数据层的部署主要是相关数据存储系统的部署，本案例中选取三种成熟且具有代表性的数据存储系统作为数字孪生引擎的数据层实现，关系型数据存储采用 Mysql 实现，非关系型数据存储采用 HBase，文件系统采用 HDFS。而模型层则是一系列具体算法模型的集合，需要根据具体的需求来构建。

数字孪生引擎最重要的部署是计算交互层的部署，即智能计算模块和交互驱动模块的部署。智能计算模块可以分为需要依赖大数据框架和无需依赖大数据框架两部分。其中需要大数据软件框架的部分需要部署专门的服务器，本书以 Hadoop 作为代表。而依赖本地算法计算的部分只需部署在虚拟模型所在的计算平台上，并且利用 C#和 Unity 即可实现。目前大部分大数据软件框架较为成熟的编程语言是 Java、Python 等，而 Unity 并不支持 Java、Python 等开发语言⊖，为了保证数据的传输速度，减少中转流程，在交互驱动引擎的部署实现上，分别基于不同语言来进行部署，其中基于 Java 版本的交互驱动引擎部署在数字孪生引擎主服务器集群上，其目的是为了更好地将数据与相关数据软件交互，如 HBase、Hadoop 等；基于 C#和 Unity 实现的交互驱动模块则部署在虚拟模型所在运行平台上，只负责与数字化车间部分数据的交互，并不与大数据软件框架直接交互。

（2）数字孪生引擎与虚拟动作模型交互方案

由于虚拟动作模型基于 C#和 Unity 构建，而数字孪生引擎中部分数据服务基于 Java、Python 等软件平台开发，所以需要虚拟动作模型和数字孪生引擎之间跨语言的交互，本案例考虑两种设计方案，分别是基于消息队列技术 ActiveMQ 和 RPC 框架 Thrift。

1）基于 ActiveMQ 的交互方案设计：

系统运行过程中，有时需要将数字孪生引擎中数据分析结果推送给虚拟动作模型，比如数字孪生引擎在对设备进行定期的健康评估和故障预测时，如果发现异常，需要将分析结果推送到虚拟模型，在设备模型上进行报警显示及推送可能会发生的故障信息等。

根据前文分析，基于 Unity 开发的虚拟动作模型编程语言支持 C#，而数字孪生引擎中相关的大数据软件或智能软件平台主流编程语言为 Java 及 Python 等，所以在进行消息推送时需要选择适配多种语言的消息队列方案。

不同语言通信常用的解决方案是通过消息队列的方式。目前较为成熟的开源消息队列解决方案有 ActiveMQ、RabbitMQ、RocketMQ。这三种均能够支持多

⊖ 从 Unity 2018.2 开始，Unity 支持 Android 应用中使用 Java 或 Kotlin 源码文件作为插件导入 Unity 工程中使用。

种语言，比如 C#、Java 及 C++等。RocketMQ 架构简单而且易用，但是缺点就是版本迭代快，有较大的兼容性问题。RabbitMQ 具有高并发低延迟的性能，但是它使用 Erlang 编写，需要手动部署，上手难度较大。而 ActiveMQ 技术文档多，技术成熟，而且并发性在工业领域足够满足，综合来看，本方案中 ActiveMQ 是比较合理的选择。

ActiveMQ 支持多种语言编写客户端，包括 Java、C、C++、C#、Ruby、Perl、Python、PHP。ActiveMQ 有 Topic 和 Queue 两种消息模式。其中 Queue 模式下每条消息只能被消费一次，而 Topic 模式下每条消息可以被多个订阅者消费。在数字孪生车间系统中，消息一般情况下只需被一个客户端消费一次，所以本方案采取 Queue 模式。

此处以设备健康评估为例对 ActiveMQ 支持下数字孪生引擎与虚拟模型交互方案进行设计说明，如图 7-37 所示。其中消息队列主题可定义为 "equipment_health_evaluation"，推送的消息内容设计为 Json 格式 "{"equipment_ID":"", "equipment_name":"", "equipment_health_state":"", "equipment_sensor_state": "", "equipment_health_report":""}"，分别对应设备 ID、设备名称、设

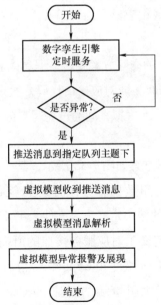

图 7-37 数字孪生引擎与虚拟车间消息交互用例

备健康状况、设备传感器数据、设备健康报告。虚拟模型接收到消息后，根据设备 ID 名称等即可在虚拟车间找到异常设备进行报警及异常信息的展示。

2）基于 Thrift 的交互方案设计：

跨语言交互除了使用消息队列以外，常用的方案还有 RPC（Remote Procedure Call，远程过程调用）。在 Unity 开发的虚拟模型主动调用数字孪生引擎服务的情况下，可以采用 RPC 的方式来实现跨语言服务调用。目前这类 RPC 框架有 Hession、Dubbo、Thrift 等。考虑到工业领域对于并发等性能并没有很高的要求，以及上手需要比较容易，综合考虑来说，Thrift 是一个比较合适的选择。Thrift 是一个跨语言的服务部署框架，通过 IDL（Interface Definition Language，接口定义语言）来定义 RPC 的接口和数据类型，然后通过 Thrift 编译器来生成不同语言的代码（目前支持 C++、Java、Python、PHP、Ruby、Erlang、Perl、Haskell、C#、Cocoa、Smalltalk 和 OCaml）。Thrift 实际上是 C/S 模式，通过代码生成工具将 Thrift 文件生成服务器和客户端代码（可以为不同语言），从而实现服务器和客户端的跨语言调用。用户在 Thrift 文件中声明自己的服务，这些服务经过编译后会生成相应语言的代码文件，然后客户端调用服务，服务器提供服务即可。

简单来说，基于 Thrift 的交互方案就是根据具体需求，编写符合 Thrift 规范的 .thrift 文件，并利用 Thrift 生成对应接口代码，发布到 Thrift 服务器，数字孪生引擎实现具体接口逻辑，而虚拟车间通过编写对应 C#接口来实现对数字孪生引擎服务的调用。

基于 Thrift 的服务调用方案如图 7-38 所示，其中虚拟模型作为客户端，一般通过界面 UI 的方式来调用数据服务，而数字孪生引擎此时作为一个服务器，Service.thrift 是 Thrift 的接口定义语言文件，主要内容有：变量声明、结构体声明及服务接口声明，定义了对应服务接口的所需内容。利用 Thrift 命令可以生成对应代码文件，如 Java 文件和 C#文件，然后虚拟工厂中调用 Service.cs 中的接口即可调用数字孪生引擎端的对应 Service.thrift 文件中声明的方法接口。

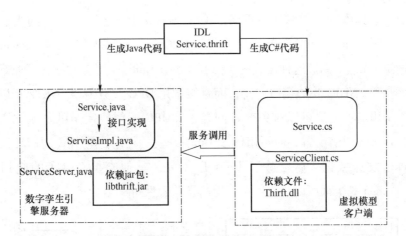

图 7-38   基于 Thrift 的服务调用方案

（3）数字孪生引擎与物理单元系统交互方案

数字孪生引擎与实体工厂的交互主要通过交互驱动引擎基于工厂数据采集协议来实现。目前工厂主流数据采集协议主要是 OPC/OPC UA。OPC 技术是用于工业控制领域的 OLE（Object Linking and Embedding，对象连接和嵌入），是为解决应用软件与各种设备驱动程序的通信而产生的一个工业技术标准，其作用是为服务器和客户端的连接提供统一和标准的接口规范，现在逐渐为 OPC UA 技术所替代。OPC UA 是一种专为现场设备、自控应用、企业管理应用软件之间实现系统无缝集成而设计的接口方案，适合现场的数据传输。

一些传统的系统还是以 OPC 通信为主，从现场采集的数据发送方向包括大数据分析/智能软件平台或者是 Unity 平台，为了保证数据交互质量，交互驱动引擎较为合适的方案是使用 Java 或者 C#结合 Unity 两种方式开发，并且分开部署。基于 Java 来开发交互驱动引擎相关接口可以使用 Utgard 来连接 OPC，实现与数字化车间的通信。而基于 C#和 Unity 开发需要考虑 Unity 的兼容性问题。因为 Unity 部分运行环境是基于 . NET2. 0 架构的，而实现 OPC 通信所需的 Opc-DaNet. dll 是基于 . NET2. 0 以上架构的，所以 Unity 中不完全支持 OpcDaNet. dll 库方法的调用。

本案例中为了增加通用性，在 OPC Server 和 Unity 应用之间增加了一个 OPC 通信转换器，通过一个 OPC 通信转换器来设计基于 C#和 Unity 开发的交互驱动引擎。具体流程如图 7-39 所示。OPC Server 上进行现场数据的组态和发送，用 C#开发相关 OPC 通信转换器获取 OPC Server 中的数据，再以 Socket 方式传输给 Unity 应用。这种模式的优点在于：①Unity 应用有时候为了兼容性，需要不高于 . NET2. 0 的接口支持，而直接调用 OPC 服务需要 . NET2. 0 以上的版本，采用这种方法可以避免兼容问题；②OPC 通信转换器可以独立完成与 OPC Server 的通信配置，而不用修改 Unity 开发的程序；③OPC 通信转换器通过 Socket 发送数据，后端除了 Unity 应用外，其他支持 Socket 的应用（如 Java、Python 等）都可以与之连接，提高了兼容性。

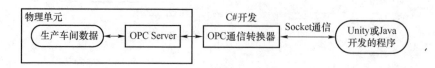

图 7-39 OPC 数据通信接口方案结构图

采用图 7-39 方法的具体配置方法如下：

1）基础配置：

OPC 数据通信转换器的开发首先需要在开发环境中导入 OPCAutomation. dll 文件。该 DLL（动态链接库）封装了所有关于 COM 和 OPC 的技术细节，将 OLE、COM、DCOM 技术和 OPC 的技术细节隐藏起来，使 OPC 开发工作集中在特定的数据采集任务上。DLL 可以很容易地集成到现有的应用系统中，较为方便地实现对现有系统功能的丰富和扩展。

2）编写 OPC 程序的方法：

基于 DLL 文件，程序引用 OPCAutomation 命名空间，使用其中类和方法。针对目标 OPC 服务器，配置 IP 地址，编写 GetServer 方法与 ConnnectServer 方法用于获取 OPC 服务器名并建立与 OPC 服务器的连接。

依照 OPC 标准，数据的获取还需要建立 OPC 组并添加 OPC 项。OPC 项对应着 OPC 服务器中的数据点，代表与 OPC 服务器中数据源的连接关系。对 OPC 服务器进行访问前，必须先在 OPC 组里添加要访问的 OPC 项，并对 OPC 项的一些属性进行设置，以获取数据。

3）编写 TCP 连接功能程序：

利用 Socket 接口，在转发程序里引用 System. Net. Sockets 命名空间并建立 TCP 监听器 TcpListener 以建立与三维展示系统连接。编写 sendMessage 方法，将数据以字节流的方式发送。

4）数据的订阅模式转发：

OPC 服务器按一定的更新周期更新 OPC 服务器的数据缓冲区的数值，当数值变化时，就会以数据变化事件（Data Change）通知 OPC 客户端，即 OPC 数据访问方法的订阅模式，这种方式可以减轻 OPC 服务器和客户端的负荷，充分发挥 OPC 服务器的性能。

本节 OPC 数据通信转换器的设计采用 OPC 订阅方式进行数据访问，在 OPC 服务器中的数据发生变化时触发 DataChange 事件，返回 ClientHandles 数组并得到发生数据变化的项和项值。通过实现 DataChange 接口，在获得数据的同时调用 sendMessage 方法将 OPC 项和项值发送给 Unity 应用的数据接收端。

Unity 应用中的数据接收模块用于建立转发程序的连接，获取由转发程序得到的设备数据。模块配置转发程序的 IP 并与其建立 TCP 连接，通过编写 recieveMessage 方法得到转发程序发送的字节流数据，解析数据为基本文本类型，并将数据在模块中暂存，供模型控制模块调用。

（4）数字孪生引擎与外部软件系统交互方案

根据第 4 章对于数字孪生车间系统构建过程中的分析，数字孪生引擎需要与外部软件进行集成，外部软件主要包括仿真软件系统（物流仿真软件等）、制造执行系统、产品研发系统、自动化物流系统。此类软件系统一般均有独立的数据库，所以数字孪生引擎可以考虑直接对软件数据库进行操作，但是为了避免对数据库的直接操作可能引起的数据不一致问题，数字孪生引擎优先考虑通过 WebService 接口进行数据交互，如可以采用 SOAP、RESTful 等 SOA 接口。

（5）智能计算模块实现方案设计

根据第 4 章中的分析，智能计算模块是数字孪生车间系统的计算中台，承载着数据分析计算的重任。据此设计了智能计算模块的流程图，图 7-40 所示为智能计算模块的实现流程图。计算需求一般来自于虚拟模型，通过数据结合算

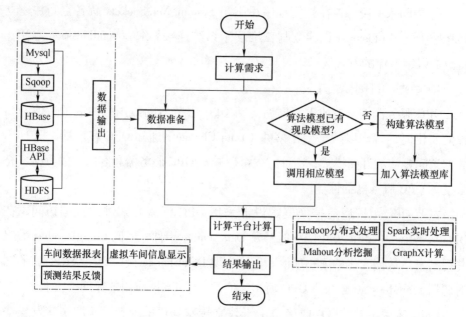

图 7-40　智能计算模块的实现流程图

法模型，用数据计算工具来实现。由前文分析可知，数字孪生引擎分为数据层、模型层和计算层。实现方案以三种典型数据库来实现数据层：关系型数据库（Mysql）、非关系型数据库（HBase）、分布式文件系统（HDFS）。车间大数据可分为结构型数据、半结构型数据及非结构型数据。其中数据层分别用于存储不同类型的数据。另外，不同数据库之间也可以进行灵活转化，比如从现有软件系统中的关系型数据库 Mysql 中通过 Sqoop 抽取数据到数字孪生引擎的 HBase 等，更好地适用于数据分析。车间数据计算平台主要可以从以下方面进行实现：Hadoop 分布式计算处理服务；Spark 处理实时数据分析的需求；Mahout 对数据层的数据进行主成分分析、聚类等分布式处理、分析及挖掘；GraphX 提供强大图形计算及分析功能。在最终计算结果的输出实现上，实现方案第一种就是车间数据报表的形式，利用开源报表系统 Echarts 等将数据分析结果进行高度清晰的可视化展示。第二种形式就是以虚拟车间信息面板的形式展示给工作人员，比如车间的实时性能指标等。最后一种形式就是预测结果主动反馈的形式，比如给车间人员做出信息推送，提醒车间人员及时做好预防准备。

7.2.4　运行结果

最终实现的智能制造单元数字孪生原型系统效果如图 7-41 所示。

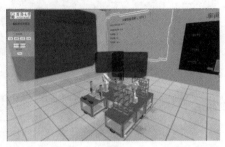

图 7-41　数字孪生智能制造单元

系统的主要功能可分为实时监控、离线仿真、单元评估服务、VR 实现、AR 实现五个部分，如图 7-42 所示。

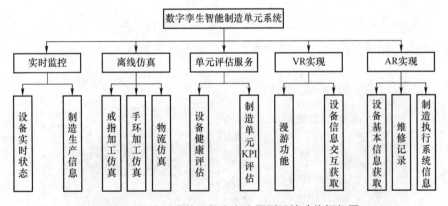

图 7-42　智能制造单元数字孪生原型系统功能框架图

实时监控主要指设备实时状态的监控和制造生产信息的监控，设备实时状态通过数字孪生引擎从智能制造单元获取，在虚拟智能制造单元虚拟环境中进行数字信息化监控。设备实时状态显示如图 7-43 所示（VR 中的显示效果）。

离线仿真主要包括指环（戒指）加工仿真、手环加工仿真及物流仿真。指环和手环的加工仿真来自于虚拟制造单元本身自带的功能，而物流仿真是通过数字孪生引擎与物流仿真软件 Plant Simulation 交互得到。

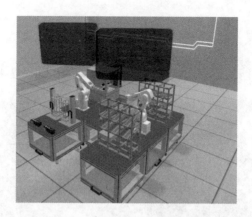

图 7-43　车间设备实时状态显示

单元评估功能主要包括设备健康评估和 KPI 评估，通过数字孪生引擎中数据结合算法模型计算分析得到。

VR 功能是指将虚拟制造单元利用 HTC Vive 实现 VR 技术，并提供车间漫游功能以及通过手柄交互获取设备信息的功能。

AR 功能主要指在移动端通过扫描智能制造单元二维码的方式获取设备的基本信息、维修记录以及 MES 中的部分信息（见图 7-44）。

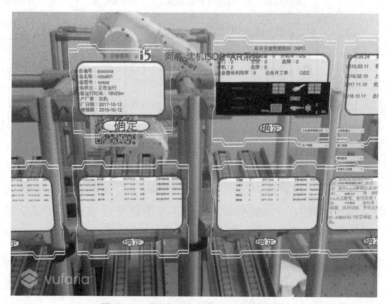

图 7-44　原型系统中的 AR 显示效果

7.3 数字孪生生产系统中 VR/AR 可视化应用

随着移动计算、图形处理等计算机技术的发展，VR、AR 在游戏、展览、产品概念设计、教育等领域越来越普遍地得到应用。VR/AR 技术也推动了数字孪生技术的发展，并且为数字孪生中的模型展示、人机交互提供了新的手段，甚至很多人认为，数字孪生就需要 VR/AR，否则就不是一个真正的虚拟重现。

本书认为，数字孪生重点在于虚拟空间对物理实体的真实映射，这个映射不一定要用 VR/AR 或者 MR 技术，甚至某些场合不用三维模型也能完成数字孪生系统的大部分功能。同时，VR/AR 在工业领域的应用也一直不温不火，虽然 VR/AR/MR 的产品供应商、软件方案解决商会提出很多 VR/AR/MR 在工业领域应用的例子，但是，真正在工厂中得到应用并且作为生产力工具的，几乎没有，很多时候是"锦上添花"的宣传效果。

那么，VR/AR 或者 MR 在工业领域真的没有用途吗？ 答案当然是否定的。数字孪生要发挥真正的效果，一个拟实的三维场景是不可缺少的。三维空间模型给用户的信息远远大于二维报表或者图纸，而 VR/AR/MR 的应用能提高人机交互能力，改变人机交互方式，更加能发挥数字孪生的效果。而且随着计算机技术的不断发展，VR/AR/MR 终端会越来越平民化，会成为类似手机终端、平板电脑这类大众化的设备，这个时候，VR/AR/MR 应用的普及就水到渠成了。

本节从分析工厂或车间生产系统中可视化应用需求入手，通过几个案例来说明 VR/AR 技术在工厂的应用。当然，VR/AR 只是一个人机交互接口，是前端，应用的后端必不可少地需要虚拟模型、数字孪生系统的支持。

7.3.1 生产系统中可视化应用需求分析

1 制造运行管理方面的需求分析

ISA-95 标准中首次明确提出了制造运行管理（Manufacturing Operations Management，MOM）的概念，其把制造运行管理的活动定义为利用生产资源中可协调的人员，利用可使用的设备、物料以及能源把全部或者部分原料转化成产品的一系列活动。所以，制造运行管理包含可能由物理设备、人员和信息系统来执行的活动。图 7-45 所示为制造运行管理活动模型，ISA-95 标准中的企业运行管理认为制造企业的制造流程需有图 7-45 所示的十个主要功能外加两个外部活动（即研究开发和设计，市场营销和销售）。制造运行管理的范畴即图中阴影部分的范围包括生产运行管理、库存运行管理、质量运行管理以及维护运行管理，共四个部分。结合 ISA-95 标准中的制造运行管理内容来看，车间生产可视化系统需具备对数字化车间的生产运行、维护运行、质量运行和库存运行状态进行可视化指导。

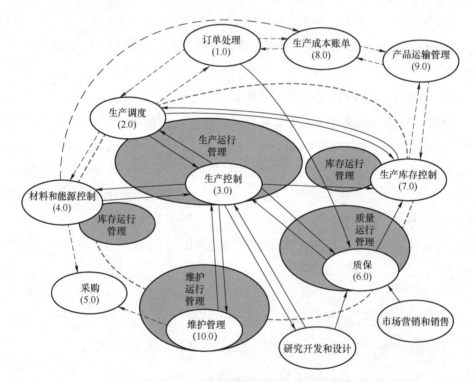

图 7-45 ISA-95 标准中的制造运行管理活动模型

2 车间可视化系统功能需求分析

（1）生产任务和进度指导功能

当生产任务下发到车间层时，每个工作中心的生产员工可以凭借 AR 可视化系统设备直接接收到生产任务拾取列表，不需要再到计算机系统中去手动查询并通过大脑去记忆当前的生产任务，而车间管理员携带 AR 设备在车间随时随地可以查看到每个工位当前的生产进度。

（2）实时物流规划和配送指导功能

通过其他面向对象的离散事件仿真软件结合实时车间各个工位的需求、库存等实时状态做出最优的物流路径，并通过 AR 可视化指导系统指导对应车间人员进行物料配送。

（3）设备故障重放功能

需要能够在 AR 和 VR 界面中进行准确的设备故障重放，并能够获取故障发生前后重要的参数状态变化，在全要素故障重放应用中将贯彻信息互通、信息共用和"所见即所想"的目标，可以大幅度地提高故障诊断的效率和准确性。

（4）远程诊断及维修指导功能

通过 AR 系统设备，可以进行远程协作及工作指导，让后台专家看到前台维修人员的第一视角画面，实时提供高效率的工作指示与指导，降低人为错误、因现场人员经验不足而产生的效率低下、等待专家的时间耗费等情况，同时提高工作安全性。

（5）设备管理功能

通过 AR 设备自动识别设备、设备特征点或二维码，结合定位信息或是在指定区域触发，将传感器采集的设备实时数据信息（生产报表、产量、利用率、维保信息等）叠加在眼前设备上，并且借助于虚拟触控交互技术、语音交互技术、设备姿态传感器交互技术，从真正意义上解放人的双手，完成对设备生产、制造、装配等环节的进度与状态的实时监控。借助 VR 设备，巡检人员也可以进行虚拟巡检，不用到现场而通过采集的视频、图像和数据进行设备巡检。

（6）库存运行管理

通过 AR 系统设备对着车间货物的二维码、标签等进行识别，匹配对应的货物信息。员工可以在设备端看到相关库存信息以及物料拣选清单。

（7）质量运行管理

在零件生产过程中，能够对零件的质量，比如表面划痕、尺寸精度等质量信息，进行在线检测并发现问题，主动推送不合格报警消息，及时做出响应，防止不合格零件流入下道工序，影响整体产品的质量。

（8）装配作业指导功能

将装配作业中的指导手册或企业中熟练工人的既有知识经验和技能固化下来，成为行动准则和模板，通过 AR 可视化技术将正确的装配动作和信息在人员眼前呈现，达到指导的效果。利用 AR 技术指导系统，可以减少生产过程中操作人员查阅资料的时间，通过设计、工艺之间的数据互联互通，形成产品设计、工艺设计和现场制造之间的数据闭环。

（9）远程作业指导功能

本地用户与远程用户协同作业，两个用户通过 AR 设备连线，分享第一视角画面，远程技术人员可以通过语音视频进行指导，并在上面做标记等操作，从而帮助工人实时解决技术难题，还可以全程录音记录，形成技术问题案例库。

（10）操作员工培训功能

通过将熟练工人的经验和行为在新手眼前重现，让新手可以依据视觉指导操作完成任务，使用 AR 系统设备让新手可以依据视觉"诱导操作"完成任务让智力资产得以复用增值，填平经验鸿沟。

综合以上需求，一个车间可视化系统的功能需求如图 7-46 所示。

7.3.2 数字孪生生产系统 AR/VR 应用架构

数字孪生生产系统是一个典型的信息物理系统（CPS），因此，智能生产系统或智能生产单元中物流系统的优化基于 CPS 中信息和物理两个系统"协同优化"的基本思想进行，其基本实现过程按照"感知-实时优化-可视化指导方法"的思路展开。

在数字化车间内，综合运用 RFID 技术、照相机视觉识别技术、传感器感知、现场总线、多传感器数据融合技术、无线网络通信技术以及室内 3D 定位

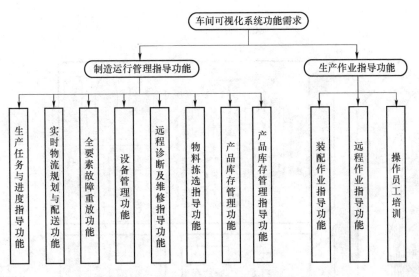

图 7-46　车间生产可视化系统功能需求

技术与方法，实现对车间生产设备、生产人员、在制品信息等生产要素信息的实时获取，基于统一的信息表达模型，将获得的多源异构数据进行描述封装并根据数据的特点存储在相应的数据库中。

将上述采集到的生产制造数据，传递给上层的信息网络层，并与企业信息系统中间层 MES 以及上层 ERP 等系统进行信息交互集成，为系统的生产管理模块功能实现提供可靠的信息依据。

本节基于 CPS 思想，并参照第 4 章的制造数字孪生系统框架设计了基于数字孪生生产系统的 AR/VR 应用框架，如图 7-47 所示。该框架基于 AR 技术与 VR 技术对车间的信息透明化并精准指导车间生产活动，由 3 个部分组成，分别为物理层、数字孪生引擎层、基于 AR/VR 的数字孪生服务层。

（1）物理层

物理层主要是采集车间多源异构数据，针对的对象是具备数字化接入能力的各类物理资源，贯穿整个车间的生命周期，针对不同类型的生产数据，数据采集的方式也不尽相同。针对不同的数据采集项目，目前的技术手段主要分为智能感知技术、智能终端设备两种。

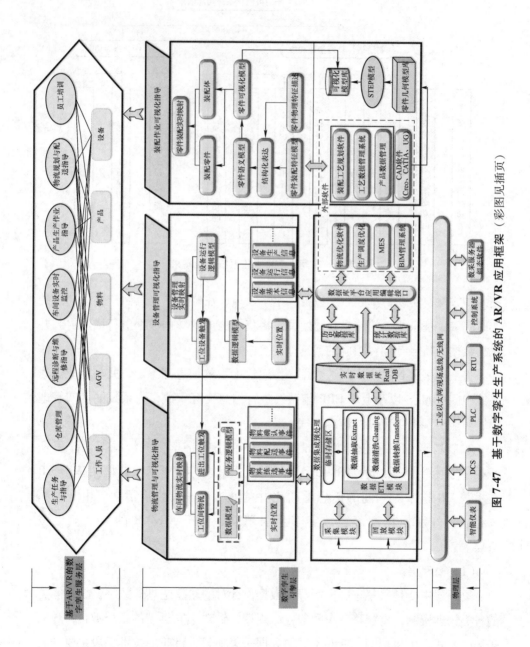

图 7-47 基于数字孪生生产系统的 AR/VR 应用框架（彩图见插页）

智能感知技术主要指的是传感器技术，通过传感器来实现虚拟车间对于物理车间的实时监测感知，比如目前比较流行的传感器技术是射频识别传感器。

目前智能终端设备都带有供数据采集用的接口，可以直接获取需要的数据。生产车间内的设备带有的数据接口大部分可以分为串口和网口两大类。对于串口的生产设备，可以采用串口服务器转以太网通信；对于具有网口的生产设备，可以基于 TCP/IP 协议，通过以太网进行机床信息的采集。

AR/VR 终端设备需要采集人、设备、零件体等车间生产要素以及定位信息作为 AR/VR 可视化系统的特征信息，这些特征信息将对应的车间生产要素绑定在一起。

（2）数字孪生引擎层

数字孪生引擎层主要是针对 AR/VR 功能的数据处理和业务逻辑构建。数据处理是车间多源异构信息集成的核心部分，分为数据预处理和数据存储两大部分。数据存储系统是车间数据的存储仓库。由于车间数据的多样性，所以需要根据不同数据特点来选择关系型数据库、非关系型数据库或者是分布式文件系统来存储不同的数据。实时采集的数据或者外部软件系统接入的数据如果不经过处理直接使用，可能会存在大量脏数据或无效数据，所以在进行数据存储或使用前需要进行重要的一步就是数据的预处理，按照具体需求进行数据的处理过滤，以得到有效符合要求的数据。由于进行一次 ETL 并不能确保得到目标数据，因此需要建立临时存储区将第一次 ETL 后的数据存入，然后再调取该区数据进行第二次 ETL，最后将数据加载至目标数据库，实现多源异构数据的集成。数字孪生引擎与数字化车间和外部软件系统等不同模块的多种服务互联。数字化车间主要为系统提供数据采集服务，是系统实现的基础。外部软件主要提供的服务有物流规划与配送指导、生产调度优化与指导等。

数字孪生引擎可以提供不同的可视化指导功能。图 7-47 列出了物流管理、设备管理和装配作业三种可视化指导。其中，物流管理、设备管理可视化指导基于数据模型及相关的业务逻辑实现，而装配作业可视化指导基于零件语义模型和零件可视化模型实现。基于 AR 的装配可视化指导在 7.3.4 节详细介绍。

（3）基于 AR/VR 的数字孪生服务层

基于 AR/VR 的数字孪生服务层作为系统最顶层也是核心部分，主要包括设备管理功能、车间物流规划与配送指导功能、仓库管理等。比如设备管理应用，可以基于智能感知技术感知设备的实时状态信息：设备基本信息、设备运行时间、设备运行效率信息和设备健康信息等。该层是实现用户的具体操作与数据的交互。

在基于 AR/VR 的数字孪生系统中，利用 VR 技术来增强场景的沉浸感。VR 技术是通过计算机技术来实现场景虚拟化，并通过一定技术手段给用户提供沉浸化感受。Unity 平台支持物理特效和光影渲染便于用户创建虚拟化场景，同时 Unity 自带资源商店为用户提供了实现 VR 所需的插件，同时 Unity 还为 VR 设备提供了支持，如 HTC Vive。AR 技术目前主要通过专用 AR 眼镜或者平板设备方式来实现，目前主流开发 AR 的插件为 Vuforia、Metaio、D'Fusion 等，而这些插件 SDK 都能与 Unity 进行紧密结合。

7.3.3 基于 AR 的生产管理模块

1 AR 技术在生产管理功能中的应用

本节以数字孪生生产系统的生产设备管理和物流指导为例说明数字孪生系统中 AR 技术的应用场景和方式。

在制造过程中，生产人员实时地获取生产线中与生产制造相关的信息是车间制造的重要任务。但是车间生产人员在生产过程中能够获取到有价值的制造信息需要对所使用的设备及其控制系统有很深入的了解。在车间设备维护方面，则需先将设备停机，然后再进行维护，会造成生产加工过程的延误。目前在数字化车间中对车间生产运行的信息管控方式属于集中式。车间生产管理人员查询设备的运行数据或者生产任务的确认，都需要到车间指定地点的计算机终端进行相关操作。而 VR 技术的应用也只是使用标准的计算机监视器在有限的范围内提供设备或者生产过程的监控功能。图 7-48 所示为车间生产可视化系统在车间物流管理功能领域的应用框架。基于 AR 的生产管理模块可实现对数字化车间的设备、物流、质量以及维护管理的可视化功能。

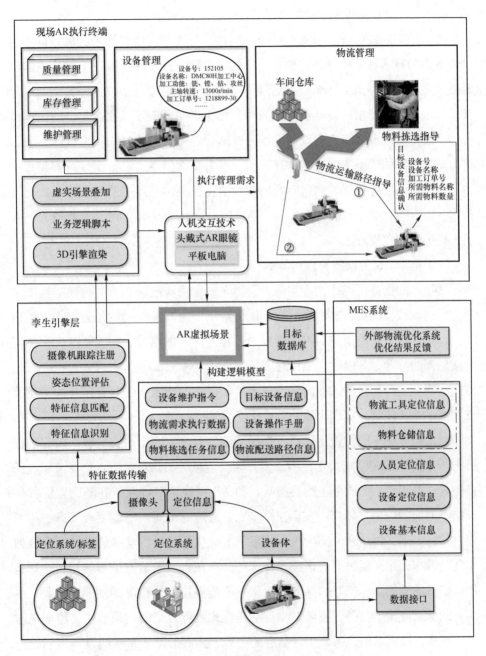

图 7-48　基于 AR 的生产管理模块应用框架（彩图见插页）

（1）基于 AR 的设备管理功能

传统的车间设备管理方式大致分为两种：一种是人员必须来到设备前，通过设备上的显示屏了解设备的相关运行状态参数；另一种是设备上的传感器实时采集数据并保存至工厂 MES，后续人员通过手持平板设备或在办公室通过计算机登录系统进行相应设备数据的查看。如果通过 AR 眼镜的镜头自动识别设备体、设备特征点或特定的设备识别码，结合定位信息或是在指定区域触发，将传感器采集的设备实时数据信息，比如设备基础信息、设备运行数据和数据生产信息等，经过数据处理之后叠加在眼前设备上，并且借助于虚拟触控交互技术、语音交互技术、设备姿态传感器交互技术，能从真正意义上解放人的双手，提供环绕式视野。

（2）基于 AR 的物流管理功能

对于车间物流可视化指导问题，需要先产生物流配送需求，再根据物流需求进行物流调度优化，然后根据物流优化结果产生物流配送的任务指令，最后再根据路径规划的结果指导物流管理人员物流配送的路径。物流调度优化属于管理层面的问题，可以决定工位之间的物流配送模式，包括物流需求指令产生方式和物流实际配送方式；而后者属于技术层面的问题，需要着重考虑工位间点到点的路径规划，实现物流的调度配送。

针对数字化车间物流优化以及指导问题，可分为四个研究过程。研究过程第一步：物流配送模式优化；第二步：物流信息透明化；第三步：物流配送任务指导；第四步：物流配送路径指导。而 AR 可视化指导系统在车间物流优化及指导方面的应用主要集中在后三个步骤，通过对车间中物流要素信息进行采集并进行处理，再结合外部物流优化系统的优化信息，将这些信息一并存储到车间的数据库中。通过可视化技术将这些信息在合适的地方进行展示，这就是物流信息的透明化。但是信息的透明化并不能直接形成指导的功能。因此，透明化的信息应该根据外部系统对物流配送模式进行优化的结果形成物流配送需求的信息，该需求信息形成指导信息的逻辑，然后借助于系统的设备展示给物流配送人员。

订单拣选是物流领域最重要的任务之一。为了避免拣选错误，必须以最佳方式为工人提供拣选信息。如今，有很多不同的技术来为订单选择准备信息，但是它们都有各自的缺点，并且根据各自的技术特征，错误率在 0.1%～0.8% 之间，这意味着在数量 1000 以内的物料订单中有 1～8 个订单有问题，错误有多种类型，例如，选择了错误的物料或者数量不正确，但是生产线可能因为一个错误就会停止运行。为避免这些问题，利用系统的跟踪功能可以显示物料的位置和面向过程的指示信息，例如 3D 箭头显示通往存储位置并指向拣选单元的方式。这样可以减少寻路的时间，同时可以避免误拣，从而提高了订单拣选的质量。图 7-49 所示为车间生产可视化系统生产管理模块在数字化车间中应用的详细流程。

2 融合室内定位技术的 AR 应用方法

传统的增强现实技术多采用 AR 识图方式，AR 识图方式实现三维注册的标记式（marker-based）AR 技术，虽然易于实现，但形式固定，彼此之间还相互干扰。也有利用计算机视觉实现的无标记式（markerless）AR 技术，如 SLAM（Simultaneous Localization And Mapping，同步定位和建图）和 PTAM（Parallel Tracking And Mapping，并行跟踪和建图），但算法复杂，不容易实现。除了利用传统的计算机视觉方式来实现 AR，还可以利用 LBS（Location Based Service，基于位置的服务）技术来确定虚拟物体的位置，类似车辆导航中利用全球定位系统（如北斗系统）来确定位置、利用传感器来确定方向，但通过全球定位系统得到的是室外的地理位置值，对于室内有遮挡的环境，没有卫星信号，而且其民用精度也不适合小范围的空间或者室内场合，就需要寻找合适的室内定位技术。

常见的室内定位技术包括无线局域网（WLAN）、蓝牙和超宽带（UWB）等，UWB 室内定位技术的显著特点之一是数据传输速率高，此外还具有较强的防干扰能力、传输速率快、系统内存大、穿透性能好、发送功率小等特点。UWB 技术在许多无线定位技术中脱颖而出，得到较广泛的应用。通过 UWB 室内定位技术和 AR 技术，结合移动设备，实现"主动推送非接触式"的车间监控系统，可以根据人员的实时位置，触发相应的生产监控信息推送机制，将虚拟监控信息叠加在真实生产场景中，实现对车间产品生产流程的可视化管理与指导。

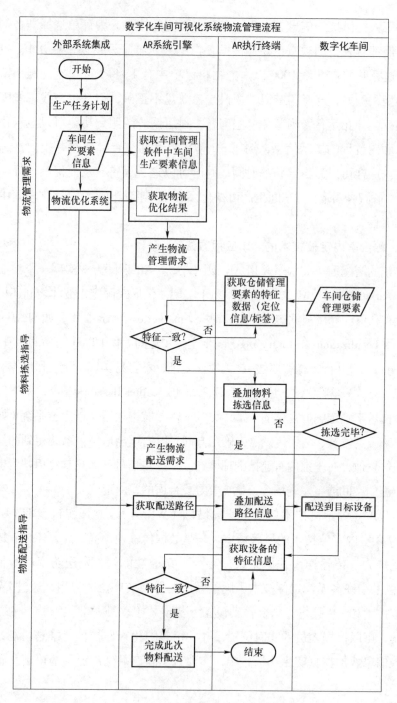

图 7-49　基于 AR 的物流管理模块应用流程

室内位置特征点匹配是指评判特征间的相似程度，一般采用某种代价函数或者距离函数来进行度量。在本书中，需要实现室内移动对象的实时定位信息与特征信息库中的定位特征数据进行匹配，根据匹配的结果触发 AR 的虚拟监控信息的推送机制。特征点匹配包括特征信息库建立和定位特征信息匹配两部分。

特征信息库建立。首先获取车间中定位对象的 3D 坐标，其次采用按照均方差最小准则的 K-L 标准基对兴趣点的三维坐标进行变换，得到降维的特征信息（二维），最后将二维坐标值均映射到 [0，1] 区间（归一化处理），得到相应的特征参数向量，并将其存储在特征信息库中。

定位特征信息匹配。特征匹配算法会根据室内环境的不同而有所差异，主要的匹配算法有概率法、皮尔逊相关系数匹配法、K 近邻法以及核函数法等。考虑到室内环境的特点以及特征匹配的形式，本案例采用具有拒绝决策的最近邻决策算法。具体步骤如下：

步骤 1：将车间每个工作区域划分为一个类别 ω_i，$i=1，2，3，\cdots，C$，工作区域中的设备为这个类别中的一个样本 p^k，$k=1，2，3，\cdots，N$。

步骤 2：计算移动对象的实时定位坐标 p 与类别 ω_i 内每个样本 x^k 之间的距离，并找出最小的距离 $g_i(p)$，将该距离定义为实时定位坐标与类别 ω_i 之间的距离。

$$g_i(x) = \min \left\| p-p^k \right\| \qquad k=1，2，3，\cdots，N$$

步骤 3：找出定位坐标与类别 ω_i 之间的最小距离 $g_j(p)$。

$$g_j(p) = \min g_i(p)$$

步骤 4：确定：

$$g_j(p) \leq l$$

若距离小于某个距离 l，则将定位坐标 x 归为该类别，匹配成功，否则就拒绝决策。

具有拒绝决策的最近邻决策算法流程如图 7-50 所示。

3 系统案例实施

本节以某离散型制造企业车间中的工作区域为应用场景，并实现工作区域

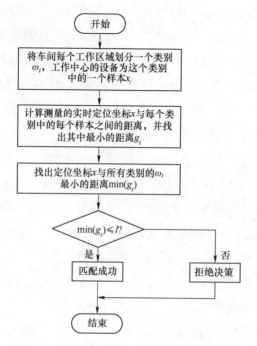

图 7-50　具有拒绝决策的最近邻决策算法流程

中设备监控功能。首先对工作区域中某台设备的可视化内容和可视化 UI 进行设计。根据可视化的设计，在 Unity 中构建虚拟可视化模型，最后利用室内定位技术和 AR 实现该设备移动监控功能。

（1）应用场景设计

生产人员靠近工作中心中的设备 DMC-80H 一定范围之内时，利用室内定位系统获取到移动端设备的室内定位坐标信息，该定位信息作为移动设备摄像头的定位坐标信息。摄像头的定位信息被传输到系统服务器中与该设备（目标兴趣点）的定位特征信息进行匹配。如果匹配成功，根据移动端设备的摄像头位姿估计，推送设备的虚拟监控信息与该设备融合显示，如图 7-51 所示。

（2）基于 AR 的生产设备管理可视化模块案例

在 Unity 构建好 AR 的应用场景后，便可发布到 Android 系统中并安装应用程序，打开应用程序后的首页面有两个可选择的按钮，分别为设备基本数据和设备运行数据，如图 7-52 所示。

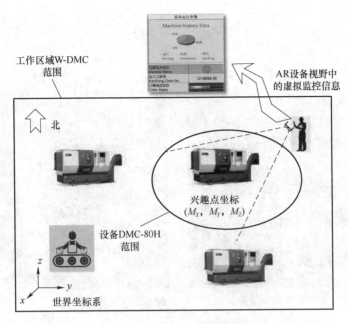

图 7-51　基于室内定位技术和 AR 的移动端生产监控示意图

图 7-52　设备管理 AR 可视化应用首页面

　　分别单击两个按钮之后便是进入到调用摄像机页面，用摄像机对着上述识别图片对象，就会在镜头前方分别出现设备的基本数据与设备的运行数据叠加在识别现场中，具体 AR 可视化交互界面展示，如图 7-53 所示，图中左侧为设备的基本状态数据（包括设备号、设备加工功能、*XYZ* 工作行程、主轴最大转速、快速移动速度等），Machine History Data 用来表达数据库中设备运行、故障、待机的历史状态，而当前机床状态为设备的当前健康状态（包括运行状态、待机状态以及故障状态），订单完成状态为设备当前生产加工任务的进度。

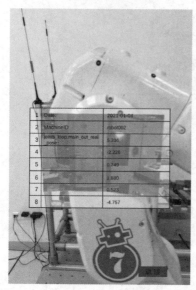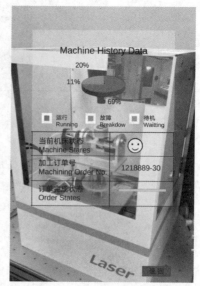

图 7-53　设备、生产订单实时数据可视化交互界面

（3）基于 AR 的物流在线指导功能

基于上述分析，物流在线指导系统功能可分为物流任务指导功能、线边库物料清点功能以及工作站物料清点功能，如图 7-54 所示。

a) 物流任务指导功能　　　　b) 线边库物料清点功能　　　　c) 工作站物料清点功能

图 7-54　基于 AR 的物流在线指导系统功能

1）物流任务指导功能，需要先产生物流配送需求，然后根据物流优化结果产生物流配送的任务指令。物流任务指导功能主要指导车间物流人员到仓库货架取到生产所需的物料并配送到目标工位，指导内容包括需要配送物料的生

产订单号、物料类型、物料在货架上的位置、物料配送数量、物料配送目标工位、配送时长以及最晚到达的时间。

2）线边库物料清点功能，实现清点线边库上的物料订单数量，由于每一张二维码和虚拟可视化模型一对一绑定，因此系统需要加入 OCR（光学字符识别）功能，可以识别二维码的语义信息，最终实现系统可以识别每一个线边库的二维码语义信息，并通过 WebService 获取信息进行可视化展示。

3）工作站物料清点功能，利用室内定位技术和 AR 技术相结合实现的，未采用图像识别的技术。通过 HoloLens 2 眼镜的 UWB Tag 实时获取位置坐标，并与工作站的车间位置坐标范围进行匹配，如果 HoloLens 2 眼镜进入到该范围内，便可知道工作站的物料订单信息。

7.3.4 基于 AR 的装配可视化指导

装配作业是产品生产过程中的重要一环，一般依靠人工完成操作。复杂机械设备装配任务涉及大量的工艺知识和技术，操作者在使用传统的装配作业指导手册时，注意力需要在装配作业和手册之间频繁切换才能提取和理解装配作业信息，因此整个装配过程效率低，给工人的记忆和认知能力造成一定的负担。虚拟装配技术将人"沉浸"在虚拟世界中去操作虚拟的产品模型，对产品开发前期的设计、装配仿真有重要作用，但对实际装配作业的支持有限。因此，针对车间装配生产线，需要在数字孪生生产系统中开发一种以人为中心，指导信息与装配作业同步的基于 AR 技术的诱导可视化功能，将显著提高装配作业效率、减少装配差错。

1 装配语义

在基于 AR 的装配指导中，如果仅从几何层次来定义装配作业意图，而忽略零部件之间装配运动过程中的约束先后顺序，零部件之间进行装配所需满足的装配要求以及零部件装配过程中使用的装配工具等装配工艺信息，将会导致装配作业与实际的工程约束不完全相符，且 AR 技术对装配诱导支持的作用不够突出。因此，本节也从零件的装配语义进行装配意图的捕捉。

装配语义是对零部件间装配关系的抽象表达。它是直接面向操作者的，用装配语义表达零部件间的装配关系，有助于操作者建立传统工艺信息与增强装配工艺信息之间的传递关系。装配特征语义集可表示为一个二元组 AS=(B, R, P)。B 表示零件基本信息集，每个零件基本信息集 B_i 中的元素用来表达该零件的名称、零件类型（轴、齿轮等）、功能类型（连接、传动等）等。R 表示零件间的装配特征语义集，每个装配特征集 R_i 中的元素用来表达零件间的约束名称、类型、参数等。P 表示物理属性集，每个物理属性集 P_i 中的元素用来表达零件的物理特性。本节从语义学的角度对装配特征进行描述，分三个层次展开，分别为基本装配几何图元层、基本几何约束元素层、装配特征语义层，图 7-55 所示为装配特征语义模型。将零件对象装配特征模型以巴科斯范式描述如下：

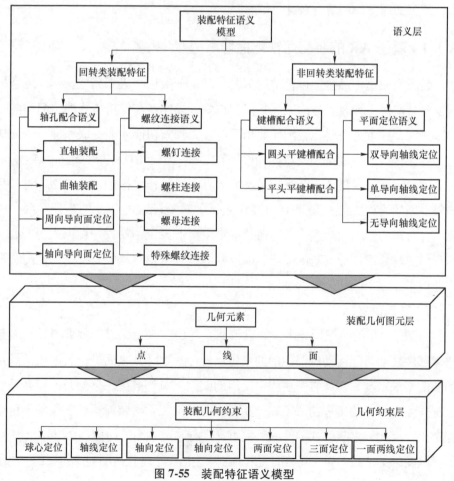

图 7-55 装配特征语义模型

<装配特征语义模型>∷=<回转类装配特征>│<非回转类装配特征>

<非回转类装配特征>∷=<非回转类装配特征><基本几何约束元素集>

<基本几何约束元素集>∷=<基本几何约束元素>│<基本几何约束元素>
<基本几何约束元素集>

<基本几何约束元素>∷=<几何元素><约束类型>

<几何元素>∷=<点>│<线>│<面>

<约束类型>∷=<重合>│<对齐>│<贴合>

结合零件的装配过程，本节将虚拟零件模型诱导场景划分为 3 个层级，如
图 7-56 所示。图中虚线部分是待装配的零件模型。基于增强现实的零件诱导装
配过程将会提示设定的装配路径，同时以三维信息框和文字信息提示装配所使
用工具和装配约束信息特征等。每一子情境层作为后一子情境层的 AR 识别对
象，而子情境层 1 的识别对象为底座-1。

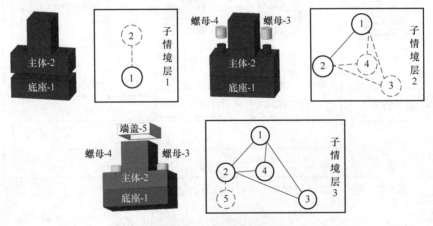

图 7-56　装配情境粒度划分

2　基于 AR 的零件装配指导可视化功能案例设计

基于 AR 的零件装配可视化指导功能案例设计结构图如图 7-57 所示，主要
可分为装配语义建模、装配指导信息建模和 Unity 三维场景部分。

装配指导信息包含了零件几何模型、装配语义信息，其中装配语义信息包
括零件的基本信息、零件间的约束、零件的物理属性等。同时装配语义信息在
可视化指导模型中的表达方式有很多种，比如文字表达、仿真运动、图片等。

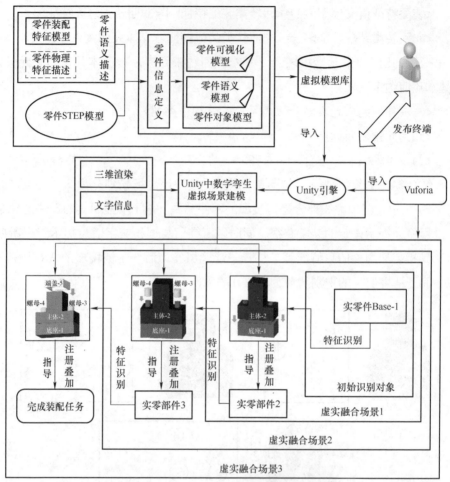

图 7-57　基于 AR 的零件装配可视化指导功能案例设计结构（彩图见插页）

在 Unity 中依据零件装配语义构建装配场景中的可视化指导模型，零件三维几何模型是可视化基础，可利用 3ds Max 等三维画图软件构建，以 FBX 格式导入 Unity 中用于相应的开发，然后在 Unity 中对可视化指导模型进行渲染，添加模型仿真运动的控制脚本。同时，将 Vuforia SDK 导入 Unity 中，通过 Vuforia SDK 完成识别对象的特征提取并与虚拟指导信息模型注册绑定，并通过脚本的触发控制来实现摄像头识别真实零件模型触发指导模型叠加的功能。

最后通过 Unity 将场景打包发布到 AR 眼镜、平板设备等移动端的 Android/iOS 系统平台中，实现人机交互。

3 基于 AR 的零件装配指导可视化案例实现

基于 AR 的零件装配指导可视化的主要功能是零件装配的过程中，在操作者的视野中同时呈现真实零件和虚拟指导信息模型的融合场景，操作者可以根据当前场景中呈现的指导信息模型完成下一步零件装配操作。基于真实零件装配的步骤，零件装配指导可视化功能可以分为四个虚实融合情境指导装配零件，如图 7-58 所示。

a) 装配情境0

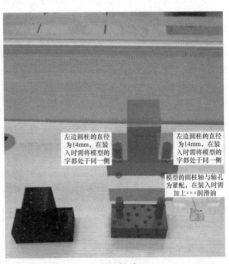

b) 装配情境1

c) 装配情境2

d) 装配情境3

图 7-58　基于 AR 的零件装配指导可视化过程

在装配情境 0 中，移动设备的摄像头对准识别图片，可以显示整个零部件装配过程的仿真运动过程，如图 7-58a 所示。在装配情境 1 中，移动设备的摄像头对准零件 Base-1 识别，操作者可以在平板设备上看到虚拟指导模型叠加在真实零件上，第一个场景中的虚拟指导模型包括三维信息框、文字信息、以及两个零件之间装配路径的仿真运动。三维信息框中的文字信息可以表达装配约束关系、装配需要使用的工具等，如图 7-58b 所示，图片左边黑色零件为待装配的零件。在装配情境 2 中，识别对象是装配情境 1 中已经装配好的零部件，当移动设备摄像头对着装配好的实零部件 2，在操作者的视野中会出现下一装配步骤所需的装配指导信息，装配指导信息同样包括几何约束关系、装配工艺信息以及零件之间装配路径的仿真运动等，图 7-58c 所示为装配情境 2。在装配情境 3 中，识别对象是装配情境 2 中已经装配好的零部件，当移动设备摄像头对着装配好的实零部件 3 时，在操作者的视野中会出现最后装配步骤所需的装配指导信息，图 7-58d 所示为装配情境 3。

7.3.5 基于 VR 的生产管理可视化指导

VR 在生产系统中的应用没有 AR 那么广泛，因为 VR 是一种沉浸式、封闭式的体验，在工业现场的应用场景有限。但相比 AR，VR 的应用开发实施相对简单，而且能给人以震撼的、沉浸的效果。一般在工业现场的应用有：

1）参观浏览。这个是三维数字模型的一个基本应用。通过数字孪生系统的构建会有生产系统的三维数字模型，也包括产品、在制品的数字模型，通过这些数字模型的展示，可以直观地让参观者对生产系统有整体了解。

2）生产系统监控和巡检。这个是辅助应用，通过实时数据的采集和叠加，让管理者可以足不出办公室，了解生产现场的实际情况。通过 VR 可以更加直观、方便地进行各类信息显示。

3）培训。通过构建虚拟场景，实现对操作工人的各类培训，如装配、设备操作、安全防护、应急演练等。利用 VR 可以在虚拟空间叠加电子操作文档和指导书，让培训操作更加直观和方便。

（1）案例背景介绍

本节的案例是在已经存在物理制造车间的基础上构建数字孪生车间系统，该车间面向油缸设备进行小批量、多品种生产。组成油缸的零部件有缸筒、活塞杆和活塞等。在该车间中，大部分订单是基于已有加工工艺实现产品定制化生产，即零件的加工工艺完善，但不同订单中对应的零部件并不能通用。该车间拥有 42 台设备，且在设备所在工位增加线边库，车间还存在货架以及车间原料存储单元，整个车间系统通过 ERP 系统初步生成车间生产计划，将其下发到 MES，然后 MES 生成执行计划并下发至现场控制系统来实现对物理车间的控制。由于该车间是定制化生产、不同订单间零件不能共用，因此对于车间组长以及现场工人而言，在进行产品生产加工时加工任务以及加工内容需要在进行生产前被获取且明确，同时需要物料配送人员及时了解车间内成品及半成品所在位置，以便及时完成配送工作。

（2）基于 VR 的数字孪生生产系统生产指导场景实现效果

本节将 VR 技术应用于某车间的生产监控和物流指导，首先需要构建车间的三维虚拟场景乃至进一步建设虚拟车间系统，图 7-59 所示为某公司车间生产线的物理场景和三维虚拟场景，其中图 7-59a 表示数字化物理车间，图 7-59b 表示虚拟车间三维场景。

a) 物理车间　　　　　　　　　　　　b) 虚拟车间三维场景

图 7-59　三维虚拟场景实现效果图

车间生产物流信息可视化，Unity 平台通过 WebService 接口实时获取物理车间生产物流情况，并将实时数据显示在 UI 界面上，其效果如图 7-60 所示。

图 7-60　车间生产/物流信息及线边库库存信息可视化

基于物流模型的车间物流仿真，Unity 平台通过 WebService 接口获取到智能物流系统中基于物流模型生成的物流计划，将其在虚拟车间中仿真模拟，同时将物流计划数据显示在 UI 界面上。基于 VR 的车间物流仿真效果如图 7-61 所示。

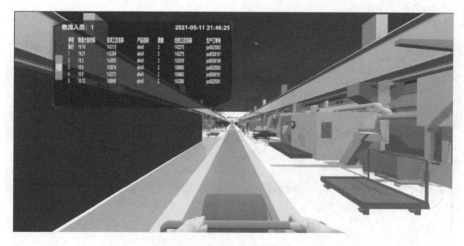

图 7-61　基于物流模型的物流仿真结果展示界面

VR 应用在车间可以用于虚拟参观、虚拟巡检等功能。上述的物流仿真应用可以用来在配送前了解配送物流清单、熟悉配送路线，也是一个虚拟体验的功能。总体来说，VR 的应用在车间现场不是属于刚性需求，一般用来进行辅助的信息展示。

缩略语

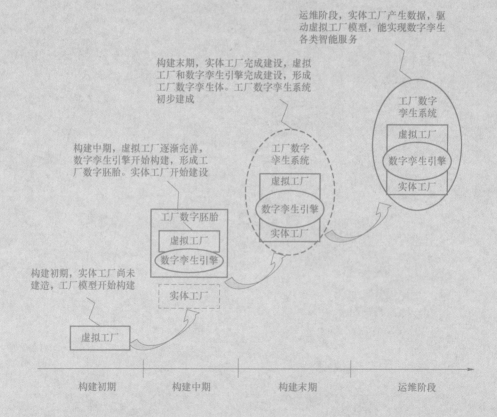

运维阶段，实体工厂产生数据，驱动虚拟工厂模型，能实现数字孪生各类智能服务

构建末期，实体工厂完成建设，虚拟工厂和数字孪生引擎完成建设，形成工厂数字孪生体。工厂数字孪生系统初步建成

构建中期，虚拟工厂逐渐完善，数字孪生引擎开始构建，形成工厂数字胚胎。实体工厂开始建设

构建初期，实体工厂尚未建造，工厂模型开始构建

工厂数字孪生系统

虚拟工厂

数字孪生引擎

实体工厂

工厂数字孪生系统

虚拟工厂

数字孪生引擎

实体工厂

工厂数字胚胎

虚拟工厂

数字孪生引擎

实体工厂

虚拟工厂

构建初期　　　　构建中期　　　　构建末期　　　　运维阶段

AEC	Architecture, Engineering and Construction	建筑、工程和施工
API	Application Programming Interface	应用程序接口
AR	Augmented Reality	增强现实
BIM	Building Information Model	建筑信息模型
BOM	Bill of Material	物料清单
CAD	Computer Aided Design	计算机辅助设计
CAE	Computer Aided Engineering	计算机辅助工程
CAM	Computer Aided Manufacturing	计算机辅助制造
CAPP	Computer Aided Process Planning	计算机辅助工艺过程设计
CIM	City Information Model	城市信息模型
CIM	Computer Integrated Manufacturing	计算机集成制造
CIMS	Computer/contemporary Integrated Manufacturing System	计算机/现代集成制造系统
CNN	Convolutional Neural Network	卷积神经网络
CPS	Cyber-Physical System	信息物理系统
CRM	Customer Relation Management	客户关系管理
DCS	Distributed Control System	集散控制系统
DMU	Digital mock-up	数字样机
DTS	Digital Twins System	数字孪生系统
EBOM	Engineering BOM	工程 BOM
ERP	Enterprise Resource Planning	企业资源计划
ETL	Extract-Transform-Load	抽取、转化、装载

FEA	Finite Element Analysis	有限元分析
GAN	Generative Adversarial Network	生成对抗网络
GIS	Geographic Information System/ Geo-Information system	地理信息系统
HCPS	Human-Cyber-Physical System	人-信息物理系统
HMI	Human Machine Interface	人机交互接口
HVAC	Heating Ventilation and Air Conditioning	供暖通风与空气调节
IaaS	Infrastructure as a service	基础设施即服务
IFC	Industry Foundation Classes	工业基础类
IoT	Internet of Things	物联网
LSTM	Long Short-Term Memory	长短期记忆（人工神经网络）
MBD	Model Based Definition	基于模型的定义
MBE	Model Based Enterprise	基于模型的企业
MBOM	Manufacturing BOM	制造 BOM
MBSE	Model Based System Engineering	基于模型的系统工程
MES	Manufacturing Execution System	制造执行系统
MOM	Manufacturing Operations Management	制造运行管理
MR	Mixed Reality	混合现实
MRP	Material Requirement Planning	物料需求计划
MRPII	Manufacturing Resource Planning	制造资源计划
NASA	National Aeronautics and Space Administration	美国国家航空航天局
OGC	Open Geospatial Consortium	开放地理信息联盟
OLAP	Online Analytical Processing	联机分析处理
OLE	Object Linking and Embedding	对象连接和嵌入
OPC	OLE for Process Control	应用于过程控制的 OLE
PaaS	Plantform as a service	平台即服务
PBOM	Process BOM	工艺 BOM

PDM	Products Data Management	产品数据管理
PLC	Programmable Logic Controller	可编程序（逻辑）控制器
PLM	Products Lifecycle Management	产品生命周期管理
QMS	Quality Management System	质量管理系统
REST	Representational State Transfer	表征状态转移
RFID	Radio Frequency Identification	射频识别
RPC	Remote Procedure Call	远程过程调用
SaaS	Software as a service	软件即服务
SCADA	Supervisory Control And Data Acquisition	数据采集与监视控制
SCM	Supply Chain Management	供应链管理
SOAP	Simple Object Access Protocol	简单对象访问协议
TCP	Transmission Control Protocol	传输控制协议
UDDI	Universal Description Discovery and Integration	通用描述、发现和集成
UDP	User Datagram Protocol	用户数据报协议
UML	Unified Modeling Language	统一建模语言
VR	Virtual Reality	虚拟现实
WSDL	Web Services Description Language	Web 服务描述语言
XML	eXtensible Markup Language	可扩展标记语言

参 考 文 献

[1] Shafto M, Conroy M, Doyle R, et al. Modeling, simulation, information technology & processing roadmap [R]. National Aeronautics and Space Administration, 2010.

[2] Glaessgen E, Stargel D. The digital twin paradigm for future NASA and US Air Force vehicles [C]//the 53rd AIAA/ASME/ASCE/AHS/ASC Structures, Structural Dynamics and Materials Conference 20th AIAA/ASME/AHS Adaptive Structures Conference 14th AIAA, 2012.

[3] Brenner B, Hummel V. Digital Twin as Enabler for an Innovative Digital Shop-floor Management System in the ESB Logistics Learning Factory at Reutlingen University [J]. Procedia Manufacturing, 2017, 9: 198-205.

[4] 陶飞, 张贺, 戚庆林, 等. 数字孪生十问: 分析与思考 [J]. 计算机集成制造系统, 2020, 26 (1): 1-17.

[5] 陶飞, 马昕, 胡天亮, 等. 数字孪生标准体系 [J]. 计算机集成制造系统, 2019, 25 (10): 2405-2418.

[6] Tao F, Qi Q. Make more digital twins [J]. Nature, 2019, 573 (7775): 490-491.

[7] Grieves M. Digital twin: manufacturing excellence through virtual factory replication [R]. 2014.

[8] 陶飞, 张萌, 程江峰, 等. 数字孪生车间——一种未来车间运行新模式 [J]. 计算机集成制造系统, 2017, 23 (1): 1-9.

[9] 陆剑峰, 王盛, 张晨麟, 等. 工业互联网支持下的数字孪生车间 [J]. 自动化仪表, 2019, 40 (5): 1-5, 12.

[10] 庄存波, 刘检华, 熊辉, 等. 产品数字孪生体的内涵、体系结构及其发展趋势 [J]. 计算机集成制造系统, 2017, 23 (4): 753-768.

[11] 陶飞, 刘蔚然, 刘检华, 等. 数字孪生及其应用探索 [J]. 计算机集成制造系统, 2018, 24 (1): 1-18.

[12] 陶飞, 刘蔚然, 张萌, 等. 数字孪生五维模型及十大领域应用 [J]. 计算机集成制造系统, 2019, 25 (1): 1-18.

[13] 杨林瑶, 陈思远, 王晓, 等. 数字孪生与平行系统: 发展现状、对比及展望 [J]. 自动化学报, 2019, 45 (11): 2001-2031.

[14] 樊留群, 丁凯, 刘广杰. 智能制造中的数字孪生技术 [J]. 制造技术与机床, 2019

（7）：61-66.

［15］中国电子技术标准化研究院. 数字孪生应用白皮书 2020 版 ［EB/OL］. http：//www. cesi. cn/images/editor/20201118/20201118163619265. pdf.

［16］赵浩然，刘检华，熊辉，等. 面向数字孪生车间的三维可视化实时监控方法 ［J］. 计算机集成制造系统，2019，25（6）：1432-1443.

［17］胡天亮，连宪辉，马德东，等. 数字孪生诊疗系统的研究 ［J］. 生物医学工程研究，2021，40（1）：1-7.

［18］中国信息通信研究院. 数字孪生城市白皮书（2020 年） ［EB/OL］. http：//www. chuangze. cn/third_down. asp？txtid＝3343.

［19］两机动力控制. 数字孪生技术将如何改变俄罗斯的航空业 ［EB/OL］. https：//www. sohu. com/a/384298976_229282.

［20］新浪 VR. 日本东京公开将街道虚拟化的"数字孪生"计划 ［EB/OL］. http：//vr. sina. com. cn/news/hot/2021-02-03/doc-ikftssap2645112. shtml.

［21］环球科学. 构建高精度的数字孪生地球 ［EB/OL］. https：//huanqiukexue. com/a/qian-yan/2021/0225/31193. html.

［22］BIM 中文网. 数字孪生技术助意大利快速恢复道路系统 ［EB/OL］. https：//www. cnbim. com/2020/0408/5802. html.

［23］中共中央关于制定国民经济和社会发展第十四个五年规划和二〇三五年远景目标的建议 ［EB/OL］. http：//www. gov. cn/zhengce/2020-11/03/content_5556991. htm.

［24］工业和信息化部. 公开征求对《建材工业智能制造数字转型三年行动计划（2020—2022 年）》的意见 ［EB/OL］. https：//www. miit. gov. cn/jgsj/ycls/jzcl/art/2020/art_6ff59ba763a7486d9f9b3f0e0d2d6103. html.

［25］住房和城乡建设部. 城市信息模型（CIM）基础平台技术导则 ［EB/OL］. http：//www. mohurd. gov. cn/wjfb/202009/W020200924023826. pdf.

［26］上海市人民政府. 关于进一步加快智慧城市建设的若干意见 ［EB/OL］. http：//www. szzg. gov. cn/2020/szzg/zcfb/202002/t20200212_5193879. htm.

［27］海南日报."数字孪生"的智慧城市理念 ［EB/OL］. http：//hnrb. hinews. cn/html/2020-09/11/content_58479_12365487. htm.

［28］广东省人民政府办公厅. 关于印发广东省推进新型基础设施建设三年实施方案（2020—2022 年）的通知 ［EB/OL］. http：//www. gd. gov. cn/xxts/content/post_3121407. html.

[29] 北京日报."十四五"副中心将开展数字孪生城市应用试点 [EB/OL]. http://www. beijing. gov. cn/ywdt/zwzt/jjtz/hxyjsfq/202103/t20210304_2298506. html.

[30] 中国勘察设计信息网. 数字孪生模型助韩国汉南大桥修缮不停运 [EB/OL]. http://www. zkschina. com. cn/frontier/show-36. html.

[31] 王君弼. 智能城市中的数字孪生 [J]. 互联网经济, 2020 (7): 84-88.

[32] 路琦. 数字孪生技术助力智能制造发展 [N]. 人民邮电, 2021-05-27 (7).

[33] 李小龙. 基于数字孪生的机床加工过程虚拟监控系统研究与实现 [D]. 成都: 电子科技大学, 2020.

[34] 王金宝. 浅谈城市大脑与智慧城市发展趋势 [J]. 自动化博览, 2020 (5): 58-64.

[35] 陶飞, 程颖, 程江峰, 等. 数字孪生车间信息物理融合理论与技术 [J]. 计算机集成制造系统, 2017, 23 (8): 1603-1611.

[36] 陆剑峰, 张浩, 杨海超, 等, 智能工厂数字化规划方法与应用 [M]. 北京: 机械工业出版社, 2020.

[37] 万珊. 工厂规划中工厂数字模型的研究与应用 [D], 上海: 同济大学, 2011.

[38] 郭楠, 贾超.《信息物理系统白皮书 (2017)》解读 (下) [J]. 信息技术与标准化, 2017 (5): 43-48.

[39] 郭楠, 贾超.《信息物理系统白皮书 (2017)》解读 (上) [J]. 信息技术与标准化, 2017 (4): 36-40.

[40] 周济, 李培根, 周艳红, 等. 走向新一代智能制造 [J]. Engineering, 2018, 4 (1): 28-47.

[41] 余晓晖, 刘默蒋, 昕昊, 等. 工业互联网体系架构 2. 0 [J]. 计算机集成制造系统, 2019, 25 (12): 2983-2996.

[42] 工业互联网产业联盟. 工业互联网平台白皮书 2017 [R/OL]. https://www. miit. gov. cn/n973401/n5993937/n5993968/c6002326/part/6002331. pdf.

[43] 王建民. 工业大数据技术综述 [J]. 大数据, 2017, 3 (6): 3-14.

[44] 董丽喆. 基于数字主线的数字化研制与开发 [N]. 中国航天报, 2019-04-11 (3).

[45] 陶剑, 戴永长, 魏冉. 基于数字线索和数字孪生的生产生命周期研究 [J]. 航空制造技术, 2017 (21): 26-31.

[46] 董丽喆. 基于数字主线的数字化研制与开发 [N]. 中国航天报, 2019-04-11 (3).

[47] Microsoft. 什么是混合现实? [EB/OL]. https://docs. microsoft. com/zh-cn/windows/mixed-reality/discover/mixed-reality.

［48］ ZVEI. The Reference Architectural Model Industrie 4.0（RAMI 4.0）［EB/OL］. https：//www. zvei. org/en/press-media/publications/the-reference-architectural-model-industrie-40-rami-40.

［49］ Lu Y，Morris K，Frechette S. Current Standards Landscape for Smart Manufacturing Systems ［R/OL］，https：//nvlpubs. nist. gov/nistpubs/ir/2016/NIST. IR. 8107. pdf.

［50］ 工业和信息化部，国家标准化管理委员会. 关于印发国家智能制造标准体系建设指南（2018 年版）的通知 ［EB/OL］. http：//www. gov. cn/xinwen/2018-10/16/content_5331149. htm.

［51］ Vanlande R，Nicolle C，Cruz C. IFC and building lifecycle management ［J］. Automation in Construction，2008，18（1）：70-78.

［52］ Al-Sayed R，Yang J. Towards Chinese smart manufacturing ecosystem in the context of the one belt one road initiative ［J］. Journal of Science and Technology Policy Management，2018，11（3）：291-310.

［53］ Li J，Tao F，Cheng Y，et al. Big data in product lifecycle management ［J］. The International Journal of Advanced Manufacturing Technology，2015，81（1）：667-684.

［54］ 许敏，玄文凯，于翔. 工厂数字化交付平台应具备的基本功能探究 ［J］. 软件，2019，40（11）：195-198.

［55］ 张鹤，曹建宁，王永涛，等. 数字化工厂与数字化交付的技术探讨 ［J］. 中国建设信息化，2020（16）：76-78.

［56］ 高星海. 从基于模型的定义（MBD）到基于模型的企业（MBE）——模型驱动的架构：面向智能制造的新起点 ［J］. 智能制造，2017（5）：25-28.

［57］ 西门子工业软件公司，西门子中央研究院. 工业 4.0 实战：装备制造业数字化之道 ［M］. 北京：机械工业出版社，2015.

［58］ NGMTI Communities. Next-Generation Manufacturing Technology Initiative ［EB/OL］. https：//pdfslide. net/documents/next-generation-manufacturing-technology-initiativepdf. html. 2021-11-2.

［59］ 张洋. 基于 BIM 的工程项目集成化建设理论及关键问题研究 ［D］. 上海：同济大学，2010.

［60］ 熊剑，汤浪洪. 基于 BIM 云技术的智能建造 ［J］. 建筑，2015（24）：8-15.

［61］ 毛超，彭窑胭. 智能建造的理论框架与核心逻辑构建 ［J］. 工程管理学报，2020，34（5）：1-6.

［62］ 钱学森，于景元，戴汝为. 一个科学新领域——开放的复杂巨系统及其方法论 ［J］.

自然杂志, 1990 (1): 3-10, 64.

[63] 尤志嘉, 郑莲琼, 冯凌俊. 智能建造系统基础理论与体系结构 [J]. 土木工程与管理学报, 2021, 38 (2): 105-111, 118.

[64] 王建翔, 胡蔚. BIM 技术在智慧城市"数字孪生"建设工程的应用初步分析 [J]. 智能建筑与智慧城市, 2021 (1): 94-95, 98.

[65] 刘云佳. 数字孪生驱动智慧城市转型升级——访清华大学信息国家研究中心副教授杜明芳 [J]. 城市住宅, 2021, 28 (5): 8-12.

[66] 史进, 童昕, 李天宏. 大尺度城市模型研究进展 [J]. 城市规划, 2015 (3): 104-112.

[67] Xu Jian, Ho Zhong-Sheng. Notes on data-driven system approaches [J]. Acta Automatica Sinica, 2009, 35 (6): 668-675.

[68] 杨思. 数据—模型融合驱动的地铁车轮磨耗预测分析 [D]. 北京: 北京建筑大学, 2019.

[69] Zeyu Ma, Zhenpo Wang, Rui Xiong, et al. A mechanism identification model-based state-of-health diagnosis of lithium-ion batteries for energy storage applications [J]. Journal of Cleaner Production, 2018, 193: 379-390.

[70] Liu J, Wang W, Ma F, et al. A data-model-fusion prognostic framework for dynamic system state forecasting [J]. Engineering Applications of Artificial Intelligence, 2012, 25 (4): 814-823.

[71] Goodfellow I J, Pouget-Abadie J, Mirza M, et al. Generative adversarial nets [C]// International Conference on Neural Information Processing Systems. Cambridge, Massachusetts: MIT Press, 2014.

[72] Goodfellow I, Bengio Y, Courville A. Deep Learning [M]. Cambridge, Massachusetts: MIT Press, 2016.

[73] Ratliff L J, Burden S A, Sastry S S. Characterization and computation of local Nash equilibria in continuous games [C]//the 51st Annual Allerton Conference on Communication, Control, and Computing (Allerton), 2013.

[74] Nguyen A, Clune J, Bengio Y, et al. Plug & play generative networks: Conditional iterative generation of images in latent space [C]//the IEEE Conference on Computer Vision and Pattern Recognition (CVPR), 2017.

[75] 史凯钰, 张东霞, 韩肖清, 等. 基于 LSTM 与迁移学习的光伏发电功率预测数字孪生模型 [J/OL]. 电网技术: 1-11 [2021-08-22]. https://doi. org/10. 13335/j. 1000-

3673. pst. 2021. 0738.

［76］孙学民，刘世民，申兴旺，等. 数字孪生驱动的高精密产品智能化装配方法［J/OL］. 计算机集成制造系统：1-17［2021-08-22］. http://kns. cnki. net/kcms/detail/11. 5946. TP. 20210428. 1802. 018. html.

［77］骆伟超. 基于 Digital Twin 的数控机床预测性维护关键技术研究［D］. 济南：山东大学，2020.

［78］张琼琼. 基于视觉的增强现实三维注册技术研究［D］. 西安：西安电子科技大学，2019.

［79］Lung B, Monnin M, Voisin A, et al. Degradation state model-based prognosis for proactively maintaining product performance［J］. CIRP Annals-Manufacturing Technology, 2008, 57（1）：49-52.

［80］Lei Y, Li N, Gontarz S, et al. A Model-Based Method for Remaining Useful Life Prediction of Machinery［J］. IEEE Transactions on Reliability, 2016, 65（3）：1314-1326.

［81］Liao W Z, Wang Y. Dynamic Predictive Maintenance Model Based on Data-Driven Machinery Prognostics Approach［J］. Applied Mechanics & Materials, 2012, 143-144：901-906.

［82］王圮，林圣，杨健维，等. 基于网络分析法的高铁牵引供电系统维修方式决策［J］. 铁道学报，2016，38（1）：18-27.

［83］Baptista M, Sankararaman S, Medeiros I P D, et al. Forecasting fault events for predictive maintenance using data-driven techniques and ARMA modeling［J］. Computers & Industrial Engineering, 2018, 115：41-53.

相关书目推荐

智能工厂是新兴 IT 技术、智能化技术与制造业高度融合与全面渗透而形成的一种新型工厂，着眼于打通企业生产经营的全部流程，实现从设备控制到企业资源管理所有环节的信息快速交换、传递、存储、处理和无缝智能化集成。本书面向智能制造发展过程中对智能工厂规划设计的需求，介绍数字化工厂技术的相关理论和方法，结合该领域中的优势产品——达索公司的 3D EXPERI-ENCE 平台，介绍其数字化工厂解决方案在智能制造、智能建造中的实际应用。

书号：978-7-111-66580-9

定价：79 元

出版时间：2021 年 2 月

超宽带（Ultra Wide Band，UWB）是一种新型的无线通信技术，近年来兴起了对该技术的研究和产品开发热潮。本书以科普性、理论性、技术性和实用性为编写原则，面向智能制造发展过程中对各类生产要素高精度定位的需求，深入浅出地阐述了 UWB 高精度定位技术的相关理论、方法、模型、实现算法及应用案例。为增强本书的技术实用性，在附录部分涵盖了关于 TDOA 的定位程序、定位数据处理及显示程序、UWB 典型产品选型指导以及 UWB 系统标准化接口协议等，兼具实用技术手册的功能。

书号：978-7-111-66744-5

定价：85 元

出版时间：2021 年 1 月